黑龙江省基础学科“101”计划
生物科学领域

高等学校“十四五”农林规划
新形态教材

植物生理学实验教程（第2版）

主　编　苍　晶（东北农业大学）　张　达（东北农业大学）
副主编　陈展宇（吉林农业大学）　樊金娟（沈阳农业大学）
刘丽杰（齐齐哈尔大学）　马春泉（黑龙江大学）
参　编　于　晶（东北农业大学）
徐庆华（东北农业大学）
岳中辉（哈尔滨师范大学）
赫福霞（东北农业大学）
梁喜龙（黑龙江八一农垦大学）
赵长江（黑龙江八一农垦大学）
薛瑞丽（河南农业大学）
王多佳（东北农业大学）
包雨卓（东北农业大学）
彭瞰看（东北农业大学）
于　爽（牡丹江师范学院）
于龙凤（滇西科技师范学院）
孟　婧（东北农业大学）
周静文（东北农业大学）
任治鹏（东北农业大学）
王军虹（东北农业大学）
栾慧勇（东北农业大学）

中国教育出版传媒集团
高等教育出版社·北京

内容简介

本教材是在多年的植物生理学实验教学综合改革基础上编写而成的。全书包括实验训练综合指导、实验项目和附录三部分。实验训练综合指导主要介绍了植物生理实验基本要求与常识；实验项目涵盖了细胞生理、水分生理、矿质营养、光合作用与呼吸作用、有机物代谢、生长物质、植物生长发育、逆境生理 8 个方面的基础性与综合性实验及研究设计性实验（含参考选题），涉及植物生理学的基本原理、基础知识和基本实验技能与综合实践应用。通过每章的“学习引导”，概括本章实验技术的应用，引导各基础性实验的组合及综合应用训练；每个实验后设有“学以致用”小栏目，激发学生兴趣，启发学生思考；通过每章思考与作业题，帮助学生理解并及时复习相应内容。

本教材配有数字课程，其提供了教材相应内容的多个扩展实验或相关知识，可供学生对不同方法进行比较和思考，也可为不同层次学生及不同条件的学校提供不同的教学选择；同时提供了部分实验教学录像及多媒体课件和彩色照片，为学生自学和开展科技创新性研究提供必要的参考资料。

本教材可作为全国高等院校生物类及农学类等相关专业的本科生和研究生实验教学指导用书，也可作为植物生理学相关科技工作者的研究参考书。

图书在版编目（CIP）数据

植物生理学实验教程 / 苍晶，张达主编 . --2 版 . -- 北京：高等教育出版社，2024.8

ISBN 978-7-04-061476-3

Ⅰ. ①植… Ⅱ. ①苍… ②张… Ⅲ. ①植物生理学 - 实验 - 高等学校 - 教材 Ⅳ. ① Q945-33

中国国家版本馆 CIP 数据核字（2023）第 238788 号

ZHIWU SHENGLIXUE SHIYAN JIAOCHENG

策划编辑 李 融　　责任编辑 李 融　　特约编辑 李明洋　　封面设计 李小璐
责任印制 刁 毅

出版发行	高等教育出版社	网　　址	http://www.hep.edu.cn
社　　址	北京市西城区德外大街4号		http://www.hep.com.cn
邮政编码	100120	网上订购	http://www.hepmall.com.cn
印　　刷	北京玥实印刷有限公司		http://www.hepmall.com
开　　本	787mm × 1092mm　1/16		http://www.hepmall.cn
印　　张	14.5	版　　次	2013 年 3 月第 1 版
字　　数	480 千字（含数字课程）		2024 年 8 月第 2 版
购书热线	010-58581118	印　　次	2024 年 8 月第 1 次印刷
咨询电话	400-810-0598	定　　价	38.00元

物 料 号　61476-00

新形态教材 · 数字课程（基础版）

植物生理学实验教程

（第2版）

主编　苍晶　张达

登录方法：

1. 电脑访问 http://abooks.hep.com.cn/61476，或微信扫描下方二维码，打开新形态教材小程序。
2. 注册并登录，进入“个人中心”。
3. 刮开封底数字课程账号涂层，手动输入 20 位密码或通过小程序扫描二维码，完成防伪码绑定。
4. 绑定成功后，即可开始本数字课程的学习。

绑定后一年为数字课程使用有效期。如有使用问题，请点击页面下方的“答疑”按钮。

新形态教材网 Abooks

关于我们 | 联系我们　登录/注册

植物生理学实验教程（第2版）

苍晶　张达

开始学习　收藏

本数字课程与纸质教材一体化设计，紧密配合，内容包括扩展实验、操作视频、教学课件和参考文献等，可供各类高等院校不同专业的师生根据实际需求选择使用，也可供相关科学工作者参考。

http://abooks.hep.com.cn/61476

数字资源目录

第 8 章　逆境生理

第 9 章　植物生理学研究技术拓展

附录

操作视频

第 2 版前言

植物生理学是高等农业院校、师范院校和综合性院校生物科学类、农学类等相关专业重要的专业基础课或核心课程，也是一门实验性学科。随着近年来科学研究突飞猛进的发展及各学科间的交叉融合，其技术方法不断更新。为了紧跟学科发展趋势，适应新时期我国高等学校研究应用型创新人才培养的需求，在不断深化教学改革的基础上，第 2 版教材坚持“基础性、综合性、研究创新性和系统应用性”的实验教学理念，注重理论与实践相结合，恰当引入科研成果或相关技术方法，适当补充综合设计性实验项目，以培养学生的创新性思维，拓展实验教学的维度，提高教学水平。

本次修订由东北农业大学、河南农业大学、沈阳农业大学、吉林农业大学、黑龙江大学、黑龙江八一农垦大学、哈尔滨师范大学、齐齐哈尔大学、滇西科技师范学院和牡丹江师范学院的植物生理学课程骨干教师精心编写、合力完成。

全书保持“纸质内容 + 数字课程”的新形态教材出版模式。纸质教材共有 77 个实验，10 个附录；数字课程含资源 47 项，实验操作视频 11 项。与第 1 版相比，此次修订主要是将教师科研内容和技术方法引入实验教学，新增实验项目 5 个，其中基础性实验 1 个（细胞组织 ROS 的免疫组化法检测），研究设计性实验 4 个（JA 调控冬小麦抗寒性的生理研究，γ - 氨基丁酸对逆境下植物抗氧化酶活性的影响，非编码 RNA 调控植物非生物胁迫的研究，非生物胁迫下植物的表型组观察及其相关生理指标分析）；替换实验项目 1 个（过氧化氢含量测定）。本教材具有较强的可操作性和较好的系统性、先进性与实用性，如通过增加研究设计性实验，强化学生对实验技术综合应用的理解；通过增加操作视频和数字资源，建立线上和线下混合式教学模式。

本书编写分工如下：实验训练综合指导，张达、刘丽杰；第 1 章，张达、梁喜龙、王多佳、赵长江；第 2 章，王军虹、陈展宇、于龙凤；第 3 章，徐庆华、马春泉；第 4 章，于晶、包雨卓、于龙凤、岳中辉、陈展宇；第 5 章，樊金娟、彭瞰看、薛瑞丽、包雨卓、王多佳；第 6 章，张达、梁喜龙；第 7 章，赫福霞、包雨卓；第 8 章，刘丽杰、包雨卓、马春泉、徐庆华、彭瞰看、孟婧；第 9 章，苍晶、张达、于晶、包雨卓、彭瞰看；附录，孟婧、周静文。全书由苍晶、张达统稿，张瑶负责校对。教材编写过程中得到了高等教育出版社的鼎力支持和帮助，在此表示衷心感谢！

由于编者水平有限，书中纰漏和错误在所难免，欢迎读者批评指正。

编　者

2023 年 8 月于东北农业大学

第1版前言

植物生理学实验技术是验证和探索植物生命活动规律的重要手段，植物生理学的快速发展有赖于实验技术的不断创新。通过实验教学不仅能够加深学生对理论知识的理解，而且对于培养学生的观察和动手能力、分析和解决问题能力，以及科研创新能力，具有重要意义。为了适应新世纪我国高等学校研究应用型人才培养的需要，我们在多年实验教学综合改革基础上编写了这本《植物生理学实验教程》，其内容和编写思路特别注重对学生综合实践能力和创新意识的培养，体现植物生理实验教学"基础性、综合性、研究创新性、系统应用性"有机融合的创新理念。该教材具有较强的可操作性和较好的系统性、先进性与实用性，其主要特色如下：

（1）内容体系完整，综合训练实用。全书分三部分，一是实验训练综合指导，主要介绍了实验样品和数据的采集与处理、实验报告（论文）的撰写和答辩、"三性（综合性、设计性、研究创新性）实验"的原则及选题、实验室安全常识等内容；二是实验项目，共编排72个实验，其中基础性与综合性实验57个，结合生活、生产实际的研究设计性实验15个（含参考选题）；三是附录，主要介绍了常用数据表、常用试剂的配制方法等。

（2）项目组合优化，经典现代融合。在实验选材上，既保留一些对加强学生基本技能训练行之有效的传统、经典实验，同时，通过综合性实验项目，将一些单个小实验有机结合，系统探讨植物生理生化相关问题，使学生深入理解实验、了解其应用，启发学生对实验方案综合设计的创新思维，培养其综合实践能力。实验方法适当引入了一些现代植物生理技术手段，如荧光标记、叶绿素荧光、酶联免疫、气相和液相色谱、组织培养等技术。

（3）栏目设计新颖，引导学习应用。每章设置的"本章学习引导"，概括了本章实验技术的应用，引导各基础性实验的组合及综合应用训练；每个实验后的"学以致用"小栏目，可激发学生兴趣，启发思考，拓展技术理论应用；每章的思考与作业题，可帮助学生理解并及时掌握相应内容。

（4）出版形式现代，纸质数字结合。为了方便学生灵活自主学习，本教材配套制作了"植物生理学实验教程"数字资源。该数字课程不仅包含植物生理学的理论内容，还提供了实验教材相应内容的36个扩展实验，可供学生对不同方法进行比较和思考，也可为不同层次学生及不同条件的学校提供不同的教学选择；同时提供了植物生理学实验部分教学录像及多媒体课件；也为学生自学、开展科技创新性研究提供必要的参考资料。

该书由多年从事植物生理学教学和科研的教师编写，汇集了丰富的实践经验和研究成果。本书编写分工如下：实验训练综合指导，张达、张东向、金忠民；第一章，苍晶、王军虹、赵长江；第二章，张达、于龙凤；第三章，张达、徐庆华、彭立新；第四章，于晶、张东向、丁国华、梁喜龙；第五章，张达、王多佳、刘丽杰、卢宝伟、张东向、苍晶；第六章，于晶、李秀霞、邵红、于晶；第七章，赫福霞、赵会杰；第八章，于晶、张治安；第九章，苍晶、李富恒、于晶；附录，张达、孟婧、于晶。全书由苍晶、赵会杰统稿。感谢朱祥春高级实验师对书稿的校对，感谢郝再彬教授对书稿的审阅。本书编写过程得到高等教育出版社生命科学与医学出版事业部的大力支持和帮助，在此表示衷心感谢。

由于编者水平和时间有限，书中纰漏和错误在所难免，欢迎读者批评指正。

编　者

2012 年 12 月于东北农业大学

目　录

实验训练综合指导

一、实验材料的处理与保存

（一）植物材料的选取

实验分析的准确性在很大程度上取决于选用的材料是否具有最大的代表性。如果取样方法不科学，没有充分考虑样品的代表性，即使结果分析准确无误，也不可能得出正确的结论。为了保证植物材料的代表性，取样时需遵循随机性和均匀性原则。从大田、实验地或实验器皿中采取的植物材料，称为“原始材料”。“原始材料”有根、茎、叶、花、果实、种子之分，进一步选出“平均样品”和“分析样品”。“平均样品”或者是整株植物（即不分根、茎、叶、花、果实、种子），或者是多株植物的某个部位（如根系）的混合样；“分析样品”是指从“平均样品”中选取出的将要检测分析的材料。即根据分析目的、要求和样品种类的特征，采用适当的方法，从“平均样品”中选出供分析用的“分析样品”。

1. 原始样品的取样法

（1）随机取样

在实验地（或大田）中选择有代表性的取样点，取样点的数目视实验地面积大小而定。选好点后，随机采取一定数量的样株，或在每一个取样点上按规定的面积从中选取样株。

（2）对角线取样

在实验地（或大田）可按对角线选定 5 个取样点，然后在每个点上随机选取一定数量的样株，或在每个取样点上按规定的面积从中选取样株。

2. 平均样品的取样法

（1）混合取样

一般对颗粒状（如种子等）或已碾磨成粉状的样品可采取混合取样法。具体做法是：将供取样的材料平铺在光滑的纸（或玻璃板、木板）上成均匀一层，按照对角线划分为 4 等份；取对角的 2 份为进一步取样的材料，而将其余对角的 2 份淘汰；再把已取的 2 份样品充分混合后重复上述方法取样。反复操作，每次均淘汰50%的样品,直至所取样品达到所要求的取样量为止。这种取样方法称为"四分法"。

一般对禾谷类、豆类及油料作物的种子取样均可采用此法,但应注意样品中不能混有不成熟的种子及其他杂物。

(2) 按比例取样

对生长不均等的植物、果品等材料取样时,应将原始样品按不同类型的比例选取平均样品。例如,对胡萝卜、甜菜、马铃薯等块根、块茎材料选取平均样品时,应按大、中、小不同类型样品的比例取样,然后再将每一单个样品纵切剖开,每个切取1/4、1/8或1/16,混在一起组成平均样品。

在采取桃、梨、苹果、柑橘等果实的平均样品时,即使是从同一株果树上取样,也应考虑到树冠上不同方位和部位的果枝,以及果实体积的大小和成熟度的差异,按各自相关的比例取样混合成平均样品。

3. 取样注意事项

(1) 取样地点。一般在距田埂或地边一定距离的株行取样,或在特定的取样区内取样。取样点的四周不应有缺株现象。

(2) 取样后,按分析目的分成各部分(如根、茎、叶、果等),然后捆齐,并附上标签,装入纸袋。有些多汁果实取样时,应用锋利的不锈钢刀子,并注意勿使果汁流失。

(3) 多汁的瓜、果、蔬菜及幼嫩器官等样品,因含水分较多,容易变质或霉烂,可放在冰箱中冷藏,或进行灭菌处理或烘干处理以供分析之用。

(4) 选取平均样品的量不应当少于供分析用样品的量的两倍。

(5) 为了了解供试植物在不同生育期的生理状况,常按植物不同的生育期采取样品进行分析。取样方法是在植物的不同生育期先调查植株的生育状况并区分为若干类型,计算出各种类型株所占的百分比,再按此比例采取相应数目的样株作为平均样品。

(二) 分析样品的前处理及保存

1. 种子样品的前处理及保存

一般种子(如禾谷类种子)选取平均样品时需清除杂质后进行磨碎,最好使用电动磨粉机,并尽量保证使用前后磨粉机(或其他碾磨用具)内部的清洁。最初磨出的少量样品可弃去不要,然后正式磨碎,并使样品全部通过80~100目筛子,混合均匀,作为分析样品贮存于具磨口玻塞的广口瓶中,并随即贴上标签,注明样品的采取地点、处理方法、采样日期和采样人姓名等。长期保存样品时,其贮存瓶上的标签还需要涂蜡。为防止样品在贮存期间生虫,可在瓶中放置一点樟脑或对二氯甲苯。

测定油料作物种子(如花生、亚麻、芝麻、蓖麻等)的含油量时,不宜用磨粉机磨碎,以免样品中所含的油分吸附在磨粉机上影响分析的准确性。应将少量油料种子样品放在研钵中磨碎或用切片机切成薄片作为分析样品。

2. 茎叶样品的前处理及保存

新鲜样品(平均样品)采回后,根据用途需经过净化、杀青、烘干(或风干)等一系列前处理。

(1) 净化

从田间或实验地取回的新鲜样品常沾有泥土等杂质,应用柔软湿布擦净,不宜用水冲洗。

(2) 杀青

为了保持样品的化学成分不发生转变和损耗,务必及时终止样品的酶活,因此,需要将样品置于105 ℃烘箱中处理15 ~20 min。

(3) 烘干

样品经杀青后,应立即降低烘箱温度,维持在70 ~80 ℃,直到样品烘干至恒重。一般样品所需的烘干时间大约为1天。烘干时应注意温度不能过高,否则会把样品烤焦。

烘干(或风干)的茎叶样品,均要进行磨碎,磨茎叶用的粉碎机与磨种子的磨粉机结构不同,不宜用后者来代替前者。如果茎叶样品中的水分偏高而不利于磨碎时,需进一步烘干再磨碎。磨碎后样品的保存方法同种子干粉。

此外,在测定植物材料中酶的活性或某些成分(如维生素C、DNA、RNA等)含量时,需要用新鲜样品。取样时注意保鲜,取样后应立即进行待测组分提取;也可采用液氮速冻,再放入-70 ℃冰箱中保存或冰冻真空干燥法得到干燥的制品,放在0 ~4 ℃冰箱中保存等方法。在鲜样已进行了匀浆,尚未完成提取、纯化,不能进行分析测定等特殊情况下,也可加入防腐剂(甲苯、苯甲酸),以液态形式保存在缓冲液中,置于0 ~4 ℃冰箱,但保存时间不宜过长。

(三) 待测组分的提取、分离、纯化和测定

1. 待测组分的提取

提取是指将经过破碎或预处理的材料置于溶剂中,使被分离的物质充分释放到溶剂中,并尽可能保持原来的天然状态而不丢失生物活性的过程。这一过程是将目的产物与细胞中其他化合物和生物物质分离开,由固相转入液相,或从细胞内的生理状况转入外界特定的溶液中。

影响提取的因素主要包括目的产物在提取液中溶解度的大小、由固相扩散到液相的难易程度、溶剂的pH及提取时间等。一种物质在某一溶剂中溶解度的大小与该物质的分子结构及使用溶剂的理化性质有关。一般来说,极性物质(亲水性的)易溶于极性溶剂,非极性物质(亲脂性的)易溶于非极性有机溶剂;碱性物质易溶于酸性溶剂,反之亦然;温度升高,溶解度加大;远离等电点的pH,溶解度增加。提取时所选择的条件应有利于目的产物溶解度的增加和保持其生物活性。

对于色素、植物激素、氨基酸、可溶性糖、有机酸等小分子物质的提取,首要是选择适当的溶剂。例如,叶绿素可以用95%乙醇(体积百分浓度,后同)或800 $g \cdot L^{-1}$丙酮溶液提取;脱落酸、赤霉素可用丙酮、甲醇溶液提取;还原糖可用蒸馏水提取;维生素C可用20 $g \cdot L^{-1}$草酸溶液提取。两性物质氨基酸在等电点以外任何pH的溶液中都呈解离态,一般可用100 $g \cdot L^{-1}$乙酸提取。为使待测组分更快、更充分地从其他细胞组分中分离出来,可以采用电炉加热、煮沸、恒温水浴保温、剧烈搅拌或振荡等方法,使待测组分最大限度地存在于提取液中,再经过离心或过滤除去残渣,即可得到较理想的粗提液。

对于核酸、蛋白质及酶等生物大分子的提取,相对复杂。由于不同蛋白质分子中含有不同比例的极性基团与非极性基团,氨基酸排列顺序存在很大差别,因此,提取蛋白质时,要根据蛋白质的结构、溶解性及等电点等因素配制不同的蛋白质提取液。一般而言,蛋白质提取液以水

为主，再加少量酸、碱或盐组成，这样可以通过少量离子的作用，减少蛋白质分子极性基团之间的静电引力，加强蛋白质与提取液之间的相互作用，从而提高其溶解性。缓冲液的 pH 应选择在偏离等电点的两侧，使蛋白质分子带净电荷，以提高其溶解度。因此，稀盐溶液和缓冲液是提取蛋白质和酶常用的试剂。提取液的用量一般为组织的 1 ~ 5 倍，增大用量有利于提高得率，但工作量大。用水溶液提取生物大分子应注意盐浓度（或离子浓度）、pH、温度、防止蛋白酶或核酸酶的降解作用、搅拌与氧化、降低酚类物质的影响等。

在提取酶时，一般情况下要在冰浴或低温下进行。其提取液应为偏离等电点两侧的 pH 缓冲液，离子强度适中，以维持酶结构的稳定。此外，还应加入适量的巯基乙醇和聚乙烯吡咯烷酮（PVP），以防止酶分子中的巯基氧化和样品中的酚氧化。重金属离子的络合剂乙二胺四乙酸（EDTA）也是提取液中常用的成分之一，可防止酶变性失活。为防止酶蛋白在分离过程中发生降解，有时还需加入蛋白酶抑制剂。

核酸的提取方法有多种。提取核酸时，常采用盐溶法，即根据 DNA 核蛋白易溶于高盐（1 ~ 2 $mol \cdot L^{-1}$ NaCl）溶液、难溶于低盐（0.14 $mol \cdot L^{-1}$ NaCl）溶液，而 RNA 核蛋白则易溶于低盐（0.14 $mol \cdot L^{-1}$ NaCl）溶液这一原理进行提取。对 RNA 和 DNA 的分离也可根据 RNA 易被碱解，DNA 易被酸解的性质进行。在提取植物组织中的 DNA 时，常用液氮冻融法改善匀浆效果，缩短匀浆时间，并抑制 DNA 酶活性。

2. 待测组分的分离纯化

在一般的生理生化分析中，如果待测组分与分析试剂（如显色剂、氧化还原剂）反应的专一性程度高，受其他杂质干扰少，则不需要进一步纯化。但在制备性生化实验中，必须采用一系列生化分离纯化技术，除去粗提液中的杂质（异类物质和同类物质），以制成高纯品。常用的生化分离纯化技术有：盐析、透析、离心（数字资源 0－1）、电泳（数字资源 0－2）和层析（数字资源 0－3）等技术，这里重点介绍盐析和透析技术。

（1）盐析

向含有待测组分的粗提液中加入高浓度中性盐并达到饱和状态，使待测组分沉淀析出的过程称为盐析。蛋白质、酶、多糖、核酸等都可应用盐析技术进行沉淀分离。盐析是一种由提取到分离纯化的衔接技术，在蛋白质或酶的分离纯化中应用最广，其原理是：当溶液中的中性盐浓度增至一定程度时，蛋白质分子表面电荷被中和，包围蛋白质分子的水膜被破坏，导致蛋白质分子因溶解度下降而凝聚析出。

在盐析中使用的中性盐种类有硫酸铵、硫酸镁、氯化钠、醋酸钠等。硫酸铵以其溶解度大、受温度影响小、不易引起蛋白质变性、价格便宜等优点而得到广泛应用。在使用硫酸铵进行蛋白质盐析时，要选用纯度较高的或重结晶的硫酸铵。硫酸铵的浓度常用饱和度表示，达到饱和状态时的硫酸铵饱和度为 100%。不同的硫酸铵饱和度可用加入固体盐法、加入饱和溶液法及透析平衡法任意调节。不同浓度的蛋白质溶液，使用硫酸铵的饱和度范围不同。蛋白质浓度较高时，需硫酸铵量较少；蛋白质浓度较低时，需硫酸铵量较多。在实际进行盐析时，因制备阶段不同，其操作方法各异。一般在制备早期，应保持一定的 pH 和温度，而改变离子强度（盐浓度）进行蛋白质的分步分离；在制备后期，分离纯化及结晶阶段，则往往保持一定的离子强度，而改变 pH 和温度。为保证实验的重现性，对盐析的条件如 pH、温度和硫酸铵的纯度和用量都必须严加控制。盐析后放置0.5～1 h,待沉淀完全后,可采用离心法或过滤法进行固液分离。

（2）透析

透析用于分离大小不同的分子,是膜分离技术的一种。透析膜只允许小分子通过,阻止大分子通过。盐析得到的蛋白质沉淀,用缓冲液悬浮,装入透析袋内进行脱盐,可除去硫酸铵等盐类。具体方法是:把盛有蛋白质溶液的透析袋两端系紧,悬挂在装有缓冲液的三角瓶中,置于磁力搅拌器上,在低温(4 ℃左右)条件下透析30～36 h,由于透析袋只允许小分子盐类透过,而不充许蛋白质大分子透过,经多次更换透析外液,不断降低膜外液中小分子盐类的浓度,即可将混杂于蛋白质大分子中的盐类等杂质透析掉。透析时,要选用透析速度快、透性界限明确的透析袋。

3. 浓缩与干燥

（1）浓缩

浓缩是指通过对水或溶剂的吸收和透析等方法,使低浓度溶液变为高浓度溶液的过程。浓缩的方法很多,如加热蒸发、加沉淀剂、离子交换法、吸收浓缩法、减压浓缩法、膜浓缩法、亲和层析法等。在实验室中最常用的是吸收浓缩法,即通过向溶液中加入吸收剂(如聚乙二醇、聚丙烯酰胺干凝胶等),直接吸收溶液中的水分,使溶液浓缩的方法。在使用吸收剂时,也可先将生物大分子溶液装入透析袋内,扎紧袋口,外加聚乙二醇覆盖,袋内水分渗出,即被聚乙二醇迅速吸收而被浓缩,称为高渗透析法,兼有脱盐效果。在实验室中也经常用到超滤法,即使用一种特制的薄膜对溶液中的各种溶质分子进行选择性过滤的方法。应用超滤法,关键在于滤膜类型和规格的选择。该法除浓缩、脱盐外,还可应用于生物大分子的分离纯化,如进行多成分提取液的分离时,可先用超滤器分组,再进行柱层析,将多种待测组分分离。

此外,也常用减压浓缩法对不耐热的生物大分子及生物制品进行浓缩,其原理是通过降低液面上的气体压力使液体沸点降低,加快蒸发。

（2）干燥

干燥就是将潮湿的固体及液体中的水或溶剂清除干净的过程。在生化研究中最常用的干燥方法是真空干燥法(减压干燥法)和冰冻真空干燥法(升华干燥法)。前者适用于不耐高温、易氧化物质的干燥和保存,其真空度越高,溶液沸点越低,蒸发越快;后者适用于蛋白质、酶等各类生物大分子的干燥保存,可保持其天然结构与活力。在相同压力下,水蒸气压力随温度的下降而下降,因而在低温和高度真空下,液态水变成固态冰,固态冰可以升华为气体,并直接被真空泵抽走而使样品得以干燥。

4. 待测组分的测定

样品中待测组分的测定可采用化学分析、物理分析等方法,而现代植物生理生化实验则更依赖于仪器分析方法。这就要求待测样品在上机之前,须经一些特殊处理,提供特异信号,使仪器做出反应。如比色技术、色谱技术等,多以化学变化过程中待测组分与试剂反应产生颜色的消长,通过仪器检测得知某组分的含量。其中像茚三酮比色法测定氨基酸含量,就是利用氨基酸在酸性条件下与水合茚三酮作用后产生的二酮茚胺的取代盐等蓝紫色化合物,在一定范围内其颜色的深浅与氨基酸的含量成正比的原理来进行测定。

在植物生理实验技术中,对同一待测组分含量可以采用不同的测定方法。实际工作中应当根据测试目的、要求、样品的特点以及实验设备条件等,选择合适的方法,制定合理的检测实施方案。

二、实验数据的处理与分析

在植物生理学实验定量测定中，正确运用统计学方法是对实验数据进行统计分析的关键。首先，应注意实验测定结果中有效数字位数的确定问题。记录数据时，只应保留一位不定数字，在去掉多余尾数时以“四舍五入”为原则。计算所得数字有几位有效，取决于计算时所用原始数字中有效数字的位数。在乘除法中乘数与被乘数，或除数与被除数有效位数不等时，其积或商的有效位数取决于有效数字位数最少的那一个数据。而在加减法中有效数字的位数，由小数点后位数最少的一个数据决定。在运算过程中，也可以暂时多保留一位不定数字，得到计算结果后，再去掉多余的尾数。

在待测组分定量测定中，误差是绝对存在的，因此，必须善于利用统计学方法，分析实验结果的正确性，并判断其可靠程度。实验中，每种处理至少要设 2 次重复，定量测定数据要有 3 次重复，否则，无法进行统计分析。而且，在统计分析前，不能只对数据进行选择性统计。由于取材误差、仪器误差、试剂误差、操作误差等一些经常性的原因所引起的误差称为系统误差；由于一些偶然的外因所引起的误差，称为偶然误差。前者影响分析结果的准确度，后者影响分析结果的精密度。准确度是指测得值与真实值符合的程度，用误差表示。误差分为绝对误差和相对误差。精密度是指几次重复测定彼此间符合的程度，显示其重现性状况，用偏差来表示。偏差也分为绝对偏差和相对偏差。准确度和精密度共同反映测定结果的可靠性。误差小表示可靠性好，误差大表示可靠性差。

在对实验结果进行分析时，对同一待测组分得到的多个实验数据，最简单的办法是计算其算术平均值，但这还不能很好地反映测定结果的可靠性，尚需计算出偏差或相对偏差。在分析中，如果实验数据不多，则可采用算术平均偏差或相对平均偏差表示精密度；但当实验数据较多或分散程度较大时，用标准偏差（即均方差）S 或相对标准偏差（即变异系数）$C.V$ 表示精密度更可靠。还可用置信区间表示指定置信度 α 的偏差。几种数据计算方法如下：

1. 算术平均值 $\bar{x} = \dfrac{\sum x_i}{n}$

2. 平均偏差 $= \dfrac{\sum |x_i - \bar{x}|}{n}$

3. 相对平均偏差 $= \dfrac{\sum |x_i - \bar{x}|}{n\bar{x}} \times 100\%$

4. 标准偏差（均方差）$S = \sqrt{\dfrac{\sum (x_i - \bar{x})^2}{n-1}}$

5. 变异系数 $C.V = \dfrac{S}{x} \times 100\%$

6. 置信区间的界限 $P = \dfrac{t_{(\alpha, n-1)} S}{\sqrt{n}}$

置信区间 $= \bar{x} \pm P$

在科学研究中，为了检测某一样品 $\bar{x}$ 所属总体平均数和某一指定的类同样品的总体平均数之间，或者两种处理取样所属的总体平均数之间有无显著差异时，在总体方差未知，又是小样本情况下，可以用 t 检验求得 t 值，再根据设定的显著水平和自由度，从 t 值表中查得概率值(P)，即可推断不同样品或同一样品的不同处理之间是否具有显著性差异及其差异水平。

t 检验实质上是差数的 5% 和 1% 置信区间，它只适用于检验两个相互独立的样品平均数。要明确多个平均数之间的差异显著性，还必须对各平均数进行多重比较。多重比较的方法，过去沿用最小显著差数法(简称 LSD 法)，但此法有一定局限性。近来多采用最小显著极差法(简称 LSR 法)，此方法的特点是不同平均数间的比较采用不同的显著差数标准，可用于平均数间所有的相互比较，其常用方法有新复极差检验和 q 检验两种。各平均数经多重比较后，常采用标记字母法表示。在平均数之间，凡有一个相同标记字母的即为差异不显著，具有完全不同标记字母的即为差异显著，可用小写字母 a、b、c 等表示 $\alpha=0.05$ 显著水平，大写字母 A、B、C 等表示 $\alpha=0.01$ 显著水平。差异显著性也可用标“ * ”号的方法表示，凡达到 $\alpha=0.05$ 水平(差异显著)的数据，在其右上角标一个“ * ”号，凡达到 $\alpha=0.01$ 水平(差异极显著)的数据，在其右上角标两个“ * ”号，凡未达到 $\alpha=0.05$ 水平的数据，则不予标记。

在科学实验中，方差分析可帮助我们掌握客观规律的主要矛盾或技术关键。方差分析的基本步骤可概括为：①将资料总变异的自由度及平方和分解为各变异因素的自由度及平方和，进而算得其均方差；②计算均方比，作出 F 测验，以了解各变异因素的重要程度；③对各平均数进行多重比较。具体方法可参考有关专业书籍。

三、实验记录与实验报告(论文)的撰写

(一) 实验记录

做好实验记录是进行实验结果处理和分析的前提。实验中观察到的现象、结果和数据应及时如实地记在记录本上，切勿写错，更不能涂改，也不要随意用单张纸片或实验室中的滤纸、吸水纸等做记录。原始记录必须准确、简练、详尽、清楚，切勿夹杂主观因素。在定量实验中观测的数据，如称量物的质量、滴定的读数、分光光度计比色的读数等，都可设计适合的表格帮助记录，并根据仪器的精确度准确记录有效数字。实验记录上的每个数字，都是每一次的测量结果的直观反映，所以重复观测时即使数据完全相同也应如实记录下来。

实验中使用仪器的类型、编号以及试剂的规格、化学式、分子量、准确的浓度，以及数据计算方程等，也都应记录清楚，以便总结实验时，进行核对或作为查找失败原因的参考依据。如果发现记录的结果有疑问、遗漏或丢失等，都必须重做实验。

(二) 实验报告的撰写

实验课前应认真预习，最好撰写预习报告，明确实验目的和要求、实验原理和内容、操作方法和步骤，并思考实验的关键之处及可能影响实验结果的因素。

实验结束后应及时整理和总结实验结果，撰写实验报告。实验报告是对实验的全面总结，

是应用知识、理论联系实际的重要环节，是对学生撰写科学论文能力的初步培养，可为今后的科学研究打下良好的基础。

实验报告要文字简练、条理清晰、观点明确、字迹清楚、正确使用标点符号。实验报告可参考以下格式：

植物生理学实验报告

姓名	班级	组别	日期	室温

实验题目

实验目的

实验原理

实验材料

主要仪器和试剂

实验方法及步骤

实验结果

讨论和结论

书写实验报告时应注意以下几点：

1. 实验目的

应简明扼要。

2. 实验原理

对本次实验涉及的基本理论进行有重点的简明叙述，写出要点即可。

3. 实验方法

若与实验指导所提方法相同，只需简要写出主要实验步骤，或以图表、箭头等方式表明操作流程即可，不要完全照抄实验指导。若实验仪器或方法有所变动，可将变动之处做简要说明。

4. 实验结果

结果是实验报告的核心部分，包括实验所得的原始数据。要根据实验目的将原始数据系统化、条理化，并进行统计学分析（视具体情况而定）。对实验过程中所观察到的现象应如实、客观地描述；对实验结果数据，可绘制成图表呈现。在具体写作过程中上述各部分可相互融合，详略得当。

5. 讨论和结论

这是实验报告中最具有创造性的部分，是学生独立思考、独立工作能力的具体体现，因此，应严肃、认真对待，不能盲目抄袭书本和他人的实验报告。讨论的基本思路是以实验结果为论据，论证实验目的。对实验结果的讨论，首先要判断其结果是否符合预期，然后根据已掌握的理论或查阅资料所获得的知识，对实验结果进行有针对性的解释、分析，并指出其生理意义。如果出现的实验结果与预期设想相矛盾，也应分析其产生的原因。如实验中尚有遗留问题没有解决，学生应尽可能地对问题的关键提出自己的见解。绝对不可以修改实验结果来迎合理论，更不能用已知的理论或生活经验硬套在实验结果上，也不要简单重复教材上的理论知识。

实验的结论是从实验结果中进一步归纳出来的一般性、概括性的判断，即对本次实验所能验证的概念、原则或理论的简明总结。结论应与本次实验的目的相呼应。结论的书写要简明扼要，概括性强，不必再罗列具体的结果，也不要轻易推论和引申。实验中未能得到充分论证的理论分析不要写入结论。所引用的课外参考资料应注明出处。

（三）实验论文的撰写

撰写科研论文是以作者自己设计和实施的实验所获得的原始资料为依据而撰写的研究论文，是科研工作的重要部分。一篇高质量的科研论文可以全面概括科研工作的过程，体现研究者工作的新发现、新方法、新观点及其研究价值，并体现研究者的科研水平及科学态度。

实验论文的书写与一般的实验报告有所不同，要求按照科研论文的格式书写。论文内容和格式通常包括题目、摘要、关键词、前言、材料与方法、结果与分析、讨论与结论、参考文献等部分。

1. 题目

字数不超过25个字，能反映研究课题的基本要素，有创新。

2. 摘要

按照目的、方法、结果、结论等进行描述，要求有重要的数据（用具体数据和显著性检验结果表示），能概括全文的主要内容和观点。中文摘要字数一般250～400字，中、英文摘要的主要内容应一致。摘要一般采用第三人称的写法，不列图表，不引用文献，不加评论和解释。

3. 关键词

一般要求3～6个关键词，应反映全文最主要的内容。中、英文关键词要一致，均不用缩写。

4. 前言（引言）

简要说明本研究领域的研究概况和本课题研究拟解决的问题。

注意：前言容易出现的问题是学生往往不会组织上述内容而简单带过，或不会组织文字，表述杂乱；或叙述了大量与主题关系不大的内容，甚至从参考文献中摘抄一段。前言可以体现学生理论知识掌握的情况、知识面的宽窄、文字表达能力的强弱。

5. 材料与方法

包括植物、药品、仪器、实验分组及处理方法、详尽完善的实验方法、明确的观测指标和数据统计分析方法等。属于创造性的方法应详细叙述方法的细节，以备他人重复；改进的方法应详细叙述改进之处，并以引用文献的方式给出原方法的出处；完全使用他人方法，应以引用文献的方式给出方法的出处。

6. 结果与分析

客观实验结果用数据表示，统计处理的实验结果用统计表或图表表示，显著性检验应标注显著性水平，图表应按规定标注图序、图题、表序和表题。同时须用文字条理清晰地描述结果。

7. 讨论与结论

根据实验结果及相关理论文献进行讨论，分析其产生的机制，并作出结论。应着重讨论研究中的新发现及从中得出的结论，包括发现的意义及其局限性，以及对进一步研究的启示。

注意：讨论部分切忌对实验数据进行误差分析。

8. 参考文献

参考文献引用在句末，按顺序用上标在方括号内注明序号，只列与本研究有关的文献，按照引用序号、作者、标题、期刊或著作、出版时间、卷、期、起止页码等注明。

（四）研究设计性实验论文实例

学生习作，详见数字资源 0－4。

（五）实验论文的答辩

实验论文撰写之后，可将整个实验的立题目的与意义、前言、材料与方法、结果与分析、讨论与结论以幻灯片的形式向老师、同学汇报。实验结果以图表形式表示更形象、直观。

通过这样的系统训练，考查学生对研究背景、实验设计、实验观察指标、技术路线、结果与讨论的掌握程度。考查学生答辩时的语言表达能力、逻辑思维能力等。

四、“三性”实验及其实施原则

高等学校实验课教学内容的优化与创新一直是教学改革的重要组成部分，而综合性、设计性和研究创新性实验（即“三性”实验）的开设是优化和整合实验教学内容的重要途径，是培养学生综合能力、实践能力及创新能力的主要方式。

（一）开设“三性”实验的目的和意义

开设综合性实验的目的在于培养学生获取知识、处理信息及综合运用知识的能力；设计性实验可开发学生的智能，着重培养学生提出问题、分析问题及解决问题的能力；研究创新性实验的目的在于着重培养学生大胆质疑、敢于探索、勇于创新的能力。

（二）“三性”实验的界定

1. 综合性实验

综合性实验是指在学生具有一定基础知识储备和基本操作技能的基础上运用某一门课程或多门课程的综合知识，对实验技能和实验方法进行综合训练的一种复合性实验。一般而言，综合性实验的综合特征除了体现在实验内容的综合性以外，还体现在实验方法的多元性、实验手段的多样性上。

（1）实验内容的综合性

实验内容的综合性是综合性实验的重要特征，旨在培养学生对知识的整合能力和对综合知识的应用能力。对基础课而言，实验内容一般为涉及本课程的知识综合或系列课程的知识综合,而专业课则常常涉及相关课程或多门课程的知识综合。将一门课程中两个及两个以上的知识点有机结合,或者将两门或两门以上课程的知识点有机结合的实验可认定为综合性实验。

(2) 实验方法的多元性

即在同一个实验中,综合运用两种或两种以上的基本实验方法,培养学生运用不同的思维方式和不同的实验方法综合分析问题、解决问题的能力,此类实验可根据学科的具体情况视为综合性实验。

(3) 实验手段的多样性

综合运用两种或两种以上的实验手段完成同一个实验,培养学生从不同的角度、通过不同的手段分析和解决问题,掌握不同的实验技能,此类实验也可根据学科的实际情况视为综合性实验。

(4) 人才培养的综合性

通过实验内容、方法、手段的综合运用,达到对学生能力、素质的综合培养。

综合性实验可以在一门课程的一个循环之后开设,也可以在几门课程之后安排一次有一定规模的、时间较长的实验。

2. 设计性实验

设计性实验是指在给定实验目的要求和实验条件的前提下,在教师指导下由学生自行设计实验方案、选择实验方法和实验仪器、拟定实验步骤,开展实验并对实验结果进行分析处理的实验。

设计性实验可以采取如下形式:

(1) 教师给定题目,学生自定实验方案、实验步骤、自选(或自行设计、制作)仪器设备并独立完成实验。

(2) 学生自定题目,并独立完成从查阅资料、拟定实验方案到完成实验的全过程。

设计性实验在教师指导下学生可以单人或组成小组、团队协同合作完成。小组或团队协同完成时,教师应明确学生在小组或团队内的分工,尽量使每个学生都能受到全面训练。设计性实验一般可在学生完成常规或综合性实验的基础上,在经历了由浅入深的训练过程后开设。

3. 研究创新性实验

研究创新性实验是指学生在教师指导下,在自己感兴趣的研究领域或教师选定的学科方向,针对某一或某些选定研究目标进行的具有研究、探索性质的实验,是学生早期参加科学研究、教学与科研相结合的一种重要形式。研究创新性实验也属于设计性实验的范畴,是具有科学研究和探索创新性质的设计性实验,与设计性实验相比,研究创新性实验具有实验内容的自主性、实验结果的未知性、实验方法和手段的探索性等特点。

(三) 实验设计的原则

为确保实验设计的科学性,尽可能减少实验误差,取得可靠的实验结果,实验设计需遵循对照、随机和重复 3 个基本原则。

对照原则　即设立参照物,通常实验分组为处理组和对照组。在比较的各组间,除处理因素不同外,其他非处理因素应尽量保持相同,了解处理因素带来的特殊效应。根据实验目的和要求的不同,可选用阴性对照、阳性对照、自身对照、相互对照(又称组间对照)、历史对照等。

随机原则　是指每一个体都有均等机会被分配到任何一个组中或接受处理,以减少人为因素的干扰和影响,消除混杂因素引起的误差。随机化的方法很多,常用的有完全随机(单纯随机)和均衡随机(分层随机)。

重复原则　重复是指各实验组及对照组中受试对象的个数(或实验次数)须达到一定数量,可靠的实验应能在相同条件下重复出来,即实验结果能保持在一个相对稳定的范围内,即重现性。实验结果的重现率至少要大于95%。

(四) 综合性、设计性实验的开设方式及实施原则

1. 综合性、设计性实验的开设方式

综合性、设计性实验通常分三个阶段开展。第一阶段安排植物生理学必做的基础实验。第二阶段安排部分提高性选做实验。这两个阶段主要以加强学生基础操作训练和基本技能训练为主,培养和提高学生的基本实验素质和基本实验能力。第三阶段主要安排综合性、设计性实验,以培养学生运用植物生理学理论和技术解决实际问题的综合能力。题目可由学生自由选定,每个实验完成时间只有周次限制,每周的实验时间不受限制,实验室实行全开放,由学生自己查阅资料、设计方案、选择仪器、完成实验、撰写总结报告并口头交流。此阶段的开放实验,注重创新意识和创新能力的培养,为学生提供发展个性和施展才能的空间,学生通过开展综合性、设计性实验,从成功和失败中总结经验教训,实现整体素质的提高。

2. 综合性、设计性实验教学实施原则

(1) 学生自由选题为主,教师宏观调控为辅;

(2) 提倡“交互式”教学,注重师生间及同学间的讨论,适时组织口头汇报交流;

(3) 践行“启发式”和“因材施教”的教学原则。

在确定实验方案的过程中,教师重点考查设计方案的思想性及可行性,通过启发式提问,启发学生修改完善方案,充分发挥学生主体作用。在开放实验进程中,赋予学生充分的自主权,启发学生自行解决实验中遇到的具体困难,独立分析实验中出现的各种现象,自我评价实验结果的可靠性。对于不同层次的学生因材施教,提出不同要求,让其完成课题的部分或全部内容,并适时给予个性辅导。如果学生提出多种方案,尽可能让他们实地操作,使之从多种方案的分析、比较、验证、探讨中优化方案并得出结论,进而解决问题。即使有些设计方案教师看来不可行,也应鼓励学生反复探索,使他们从失败和成功中吸取经验,磨炼意志,获得科学素养和创新能力的培养和锻炼。

3. 综合性、设计性实验选题

(1) 综合性实验选题

综合性实验的选题应体现实验内容的综合性和实验方法的多元性。

选题1　植物水分状况分析

水占原生质总量的70% ~90%,植物水分状况对植物的生理活动具有重要影响。此实验可对不同水分状况下的植株进行自由水和束缚水含水量、水势及渗透势等生理指标的测定,进而分析水对植物生长发育的影响。

选题 2　氮素对植物根系活力及氮代谢的影响

氮是植物体内的生命元素，影响植物的生理活动和形态表现。此实验可对植物材料进行完全营养液培养和缺氮培养，2～3 周后观察缺素症状，通过测定根系活力、硝酸还原酶活性等生理指标，进一步探讨氮素对植物根系活力及氮代谢的影响。

选题 3　激素生理效应的研究

植物的生长发育既受遗传因素的严格控制，也受到营养物质、激素等活性物质调控。此实验可对 3 叶期的植株幼苗进行外源激素（如 ABA）处理，5 天后测定植株根系活力、叶绿素含量、光合速率、呼吸速率等生理指标，分析激素对植物生长发育的影响。

选题 4　种子萌发时的生理生化变化研究

植物种子萌发时，其内部进行着旺盛的生理生化代谢。此实验可对种子萌发过程中的呼吸速率、蛋白质含量、淀粉含量、可溶性糖含量、淀粉酶活性等生理指标进行测定，进而分析种子萌发过程中贮藏物的代谢变化规律。

选题 5　果蔬或种子品质分析

以应季蔬菜及果实为材料，分析其可溶性蛋白质、维生素 C、可溶性糖、可溶性固形物、有机酸、色素、硝酸盐含量，并对不同材料和品种进行比较，分析其营养成分的差异。

（2）研究设计性实验选题

研究设计性实验选题见第 9 章。

五、实验室安全

（一）试剂使用规则

1. 使用试剂前一定要仔细辨认标签，看清名称、浓度是否为本实验所用。

2. 使用药品试剂盒须注意节约，特别要注意保持药品和试剂的纯净。公用试剂用毕，立即将瓶塞盖严，切勿盖错，然后放回原处。未用完的试剂不得倒回瓶内。

3. 使用有毒或腐蚀性较强的试剂时尽可能用量筒量取，若必须用吸管时，一定要使用吸耳球，切勿用嘴吸取，以免造成意外。

（二）实验安全事项

1. 实验室所用的易燃物品，如乙醚、石油醚、乙醇等有机溶剂使用时严禁明火，远离火源。若需加热，不可直接在电炉上加热，应使用水浴加热。

2. 凡使用有害或有毒的物品如盐酸、巯基乙醇等均应在通风橱内进行，以免损害人体健康、危害人身安全。

3. 若操作时不慎被强酸、强碱溅到皮肤上，应立即用大量自来水冲洗。若被强酸灼伤，应用饱和 $NaHCO_3$ 溶液中和；若被碱灼伤应用饱和 HBO_3 溶液中和；若被氧化剂伤害，要用 $Na_2S_2O_3$ 处理。

4. 实验用过的有机溶剂等废液，应集中倒入指定的废液收集桶，不得随意倒入下水道。

5. 若实验室发生起火事件，要保持镇静，首先立即切断室内一切火源和电源，然后根据火情性质，采用砂、水或相应类型的灭火器等灭火。

6. 实验结束后，离开实验室前，一定要切断电源、火源、水源以确保安全。

【本章思考与作业】

1. 如何做到采取的植物材料具有最大的代表性？
2. 简述盐析和透析的基本原理和技术要点。
3. 如何做到对实验结果进行科学的统计和分析？
4. 讨论实验设计的原则。
5. 讨论学生实验论文（数字资源 0-4）的写作规范。
6. 填空练习

（1）原始样品的取样通常采用________和________法，而平均样品的取样多采取________和________法。

（2）茎叶样品的前处理包括________、________、________等过程。

（3）常用的待测组分的分离纯化技术有________、________、________、________和________等。

（4）通过对水或溶剂的吸收和透析等方法，使低浓度溶液变为高浓度溶液的过程称为________，将潮湿的固体及液体中的水或溶剂清除干净的过程叫________。

（5）由于取材误差、仪器误差、试剂误差、操作误差等一些经常性的原因所引起的误差称为________；由于一些偶然的外因所引起的误差，称为________。前者影响分析结果的________，后者影响分析结果的________。

（6）实验论文一般由________、________、________、________、________、________、________、________组成。

（7）实验设计的基本原则是________、________、________。

（参考答案见数字资源）

（张　达）

第 1 章 细胞生理

本章学习引导

细胞是除病毒以外的所有生物体的基本结构单位，是代谢和遗传的基本功能单位，细胞的分裂、生长、分化及信号传递是有机体生长发育的基础。本章既选择了经典的植物组织（细胞）化学染色鉴定技术，也介绍了细胞荧光检测等现代植物细胞生理学研究技术，引导学生从细胞生理的角度学习研究组织和细胞内物质、结构及功能的关系，进而阐明植物的生理活动机制。

组织化学是运用物理学、化学、免疫学和分子生物学等原理与技术，对组织与细胞的化学成分、化学反应及其变化规律进行定性、定量和定位的科学。常用的组织化学染色方法主要有 3 种，即化学方法、物理学方法和免疫学方法（数字资源 1－1），本章主要介绍植物细胞中细胞色素氧化酶、酸性磷酸酯酶、三磷酸腺苷酶的组织化学检测和细胞组织 ROS 的免疫组化法检测 4 个基础性实验。学生也可将实验材料进行不同的处理，然后对 3 种酶进行组织化学综合检测分析，开展综合性实验训练。

细胞荧光检测技术是利用荧光来鉴定组织细胞内某些生物化学成分，探讨细胞功能状态的常用方法。相比于一般化学检测技术，该技术具有灵敏度高、特异性强和检测速度快等优点（数字资源 1－2）。本章主要介绍植物细胞肌动蛋白和微管蛋白 2 个细胞骨架荧光标记及植物细胞中游离钙离子的荧光探针检测技术。肌动蛋白和微管蛋白荧光标记可针对某一特定材料，组合成综合性实验来研究植物的生长发育规律或探讨细胞骨架与植物抗寒性的关系。

实验 1　细胞色素氧化酶的组织化学鉴定

【目的】

掌握细胞色素氧化酶的组织化学鉴定原理和方法。

【原理】

细胞色素氧化酶作用于 Nadi 试剂(含萘酚和对氨基二甲基苯胺),生成蓝色的吲哚酚蓝,反应式如下:

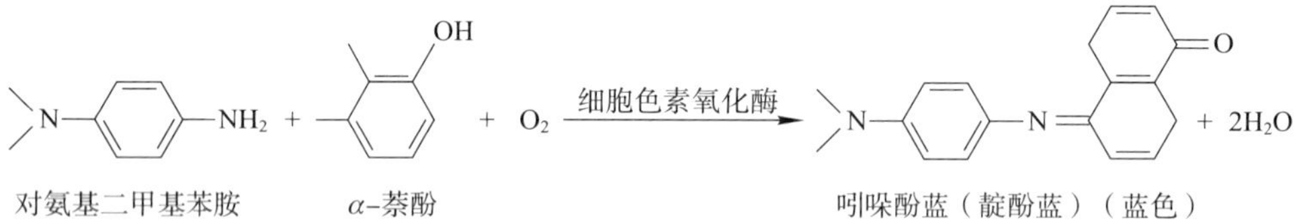

因此,产生蓝色的部位表示有细胞色素氧化酶的存在。

【实验用品】

1. 材料

蒜薹或蚕豆幼茎。

2. 器具

显微镜;烧杯;培养皿;吸管;镊子;载玻片;盖玻片;双面刀片等。

3. 试剂

(1) 10 $g \cdot L^{-1}$ α－萘酚溶液:α－萘酚 1 g 溶于 100 mL 蒸馏水,加热煮沸后逐渐滴入 250 $g \cdot L^{-1}$ KOH 至全溶,过滤,滤液保存于暗处。

(2) 10 $g \cdot L^{-1}$盐酸对氨基二甲基苯胺溶液:取盐酸对氨基二甲基苯胺 1 g,溶于 100 mL 蒸馏水,加热煮沸,冷却后存放于冰箱,仅供一周内使用。

(3) pH 5.8 磷酸缓冲液:取 0.1 $mol \cdot L^{-1}$ KH_2PO_4溶液 90 mL 和 0.1 $mol \cdot L^{-1}$ Na_2HPO_4溶液 10 mL 进行配制。

【实验步骤】

1. 将蒜薹或蚕豆幼茎进行冰冻切片(厚 10～15 μm);如无冰冻切片机,也可徒手切片;或撕取叶片表皮,切成 0.5 cm^2小块,放入蒸馏水中。

2. 将新鲜制片浸入 pH 5.8 的磷酸缓冲液内 5～10 min。

3. 将数滴 α－萘酚溶液与对氨基二甲基苯胺溶液等量混匀(即 Nadi 试剂),将制片移入混合液内处理 20～30 min,双蒸水冲洗后镜检。

4. 另取制片放入双蒸水内加热处理 10 min,再依次用试剂处理及双蒸水冲洗,作为对照。

5. 镜检观察:显示蓝色的部分表示有细胞色素氧化酶的存在,绘图或拍照记录实验结果。

【注意事项】

1. 盐酸对氨基二甲基苯胺为有毒物,使用时要特别小心,避免接触皮肤。
2. α - 萘酚有毒,应在通风橱内配制。
3. 若反应或观察时间过长,则蓝色络合物会在空气中被氧化成棕色络合物。

【思考题】

1. 实验步骤 4 将制片加热的目的是什么? 比较步骤 3 与步骤 4 的镜检结果有何不同?
2. 细胞色素氧化酶在植物生命活动中的主要生理作用是什么?

学以致用

呼吸强度标志着植物体各种生理活性的代谢水平,而细胞色素氧化酶是呼吸链中重要的末端氧化酶,直接关系到 ATP 的形成。研究细胞色素氧化酶在植物体内的分布及活力变化规律,对于了解代谢能量的来源具有重要意义。许多学者采用细胞色素氧化酶组织化学鉴定技术来探讨植物胚胎发育及植物雄性不育系花药等组织器官的代谢规律。

请同学们想一想,本实验的知识点还有哪些应用?

(梁喜龙)

实验 2 酸性磷酸酯酶的组织化学鉴定

【目的】

掌握酸性磷酸酯酶的组织化学鉴定原理和方法,观察酸性磷酸酯酶在细胞中的分布。

【原理】

酸性磷酸酯酶是一种能在 pH 5.0 ~ 5.5 范围内水解磷酸单酯的非特异性酶,是溶酶体的特征酶。在酸性介质中,酸性磷酸酯酶水解磷酸酯,释放磷酸基(PO_4^{3-}),PO_4^{3-} 立即与反应液中的 Pb^{2+} 形成磷酸铅沉淀。磷酸铅在光镜下不可见,加入($(NH_4)_2S$)后反应生成棕黄到棕黑色硫化铅沉淀(光镜下可检测到),即表明有酸性磷酸酯酶活性。

本实验以 β - 甘油磷酸钠为底物,反应过程如下:

$$\beta\text{ - 甘油磷酸钠} \xrightarrow{\text{酸性磷酸酯酶}} \text{甘油} + PO_4^{3-}$$

$$PO_4^{3-} + Pb(NO_3)_2 \longrightarrow Pb_3(PO_4)_2 \downarrow$$
$$Pb_3(PO_4)_2 + (NH_4)_2S \longrightarrow PbS \downarrow \text{（棕黄到棕黑色）}$$

【实验用品】

1. 材料

蒜薹或蚕豆幼茎。

2. 器具

显微镜；烧杯；培养皿；吸管；镊子；载玻片；盖玻片；双面刀片等。

3. 试剂

（1）酸性磷酸酯酶底物反应液：0.1 $mol \cdot L^{-1}$ 的乙酸缓冲液（pH 5.1 的 0.1 $mol \cdot L^{-1}$ 乙酸 21 mL、0.1 $mol \cdot L^{-1}$ 乙酸钠 79 mL）30 mL，50 $g \cdot L^{-1}$ $Pb(NO_3)_2$ 溶液 10 mL，20 $g \cdot L^{-1}$ 甘油磷酸钠 30 mL，双蒸水 60 mL。混匀后贮存于冰箱内，用前过滤并稀释 2 倍。

（2）5 $g \cdot L^{-1}$ $(NH_4)_2S$；20 $g \cdot L^{-1}$ 乙酸；丙酮。

【实验步骤】

1. 将蒜薹或蚕豆幼茎进行冰冻切片（厚 10 ~ 15 μm），或制成徒手切片。如用叶片，可撕取表皮，切成 0.5 cm^2 小块，置于蒸馏水中，用于制片。
2. 将制片浸入冰冻丙酮内固定 15 min，双蒸水冲洗 1 ~ 2 次。
3. 移入底物反应液内，37 ℃ 保温 1 ~ 2 h，双蒸水冲洗 3 次。
4. 移入 20 $g \cdot L^{-1}$ 乙酸中 1 ~ 2 min，双蒸水冲洗 3 次。
5. 移入 50 $g \cdot L^{-1}$ $(NH_4)_2S$ 溶液浸泡 1 ~ 2 min，双蒸水冲洗后镜检。
6. 另取制片，放入双蒸水内加热煮沸 10 min，再依次用试剂处理及双蒸水冲洗，作为对照。
7. 镜检观察：有酸性磷酸酯酶活性的部位显示棕黄到棕黑色 PbS 沉淀，颜色深浅可表示酶活性的强弱。绘图或拍照记录实验结果。

【注意事项】

反应液中的铅离子浓度至关重要，最好现用现配。当铅离子浓度过低时酸性丙磷酸酯酶水解磷酸酯产生的磷酸根不能被完全捕获而引起弥散，并可进入细胞核内造成细胞核染色的假阳性；孵育时间过长也可能发生酶扩散和核染色现象。

【思考题】

实验过程中多次用到双蒸水冲洗制片，这些过程是否可用自来水代替？为什么？

学以致用

酸性磷酸酯酶在生物磷代谢中起着重要作用，广泛存在于生物体液、组织中。酸性磷酸酯酶最早是从米糠中发现的，它除了参与磷酸酯代谢外，还参与代谢调节、能量转换和信号转导等重要的生命活动。植物体内的酸性磷酸酯酶在糖类转化及蛋白质的合成代谢中起着重要作用，与土壤中有机磷的分解利用及植物体内磷的再利用有密切关系。在环境科学研究领域可用磷酸酯酶活性变化作为检测土壤重金属污染水平的指标。

请同学们想一想，本实验的知识点还有哪些应用？

（张　达）

实验3　三磷酸腺苷酶的组织化学鉴定

【目的】

掌握三磷酸腺苷酶的组织化学鉴定原理和方法，观察三磷酸腺苷酶在细胞中的分布。

【原理】

三磷酸腺苷酶水解三磷酸腺苷（ATP），为细胞生命活动提供能量。ATP在三磷酸腺苷酶（ATP酶）的作用下，释放出PO_4^{3-}，立即被反应液中的Pb^{2+}捕获，在反应部位产生磷酸铅沉淀，磷酸铅遇硫生成棕色或棕黑色硫化铅沉淀。因此，显示棕色或棕黑色的部位表明有三磷酸腺苷酶活性存在。

【实验用品】

1. 材料

蒜薹或蚕豆幼茎等。

2. 器具

显微镜；烧杯；培养皿；吸管；镊子；载玻片；盖玻片；双面刀片等。

3. 试剂

（1）ATP酶底物反应液：0.1 $mol \cdot L^{-1}$乙酸50 mL，0.1 $mol \cdot L^{-1}$ $Pb(NO_3)_2$ 25 mL，1 $g \cdot L^{-1}$ ATP－Na_2 25 mL，0.1 $mol \cdot L^{-1}$ $CaCl_2$ 10 mL，0.1 $mol \cdot L^{-1}$乙酸钠15 mL。混匀后贮存于冰箱中。

（2）5 $g \cdot L^{-1}$ $(NH_4)_2S$。

（3）20%乙醇（体积百分浓度，后同）。

（4）丙酮，置冰箱冷冻室内。

【实验步骤】

1. 将蒜薹或蚕豆幼茎进行冰冻切片（厚10～15 μm），或制成徒手切片。如用叶片，则撕取表皮，切成0.5 cm^2小块，置于蒸馏水中，用于制片。

2. 将制片在冰冻丙酮内固定15 min。

3. 置于酸性底物反应液中，37 ℃保温 0.5 ~ 2 h。

4. 用 20 g · L^{-1}乙酸冲洗制片 2 次，再用双蒸水冲洗数次。

5. 移入 5 g · L^{-1} $(NH_4)_2S$ 溶液浸泡 2 ~ 3 min，双蒸水冲洗后镜检。

6. 镜检观察。

有 ATP 酶活性的部位显棕色或棕黑色，颜色深浅可表示酶活性的强弱。绘图或拍照记录实验结果。

【注意事项】

1. 在底物反应液中保温的时间视材料而定，幼嫩组织的酶活性高，保温时间不宜太长，否则颜色太深不易观察。

2. 将切片从底物反应液中移出后要充分冲洗，去掉非特异吸附在切片表面的铅离子，避免影响检测结果。

3. 要做到酶的准确定位必须注意：反应过程中保持酶的活性；不使酶扩散或移位；反应要有专一性。

【思考题】

1. 观察比较 ATP 酶在叶片表皮和幼茎中的分布情况，并分析原因。

2. 做酶的鉴定和定位实验时，如何控制好酶与底物的反应时间？

学以致用

ATP 酶可催化 ATP 水解生成二磷酸腺苷（ADP）及无机磷，并释放大量能量，用于运送离子进出细胞，为生物体的生命活动提供能量。ATP 酶存在于生物细胞的多个部位，如细胞质膜上、叶绿体类囊体膜上等。组织化学分析法检测、鉴定组织细胞中的 ATP 酶（活性），是分析、判断生物体器官代谢活动常用的方法。

请同学们想一想，本实验在植物生理学研究中还有哪些应用？

（张　达）

实验 4　细胞组织 ROS 的免疫组化法检测

【目的】

深入了解活性氧（ROS）对维持植物细胞内环境稳态的作用，学习免疫组化法定性检测 H_2O_2 和超氧阴离子自由基（$O_2^{\cdot -}$）的原理和方法。

【原理】

ROS 如 H_2O_2 和 $O_2^{\cdot -}$ 对维持植物细胞内环境稳态至关重要。ROS 的过量积累会破坏细胞膜的稳定性。组织化学染色法及定量分析法可检测 H_2O_2 和 $O_2^{\cdot -}$ 的产生及积累。3,3′－二氨基联苯胺（DAB）和硝基四氮唑蓝（NBT）染料可分别将植物组织染成深棕色和深蓝色，通过颜色变化可分别观察到过量的 H_2O_2 和 $O_2^{\cdot -}$ 的积累。颜色越深，表明 H_2O_2 和 $O_2^{\cdot -}$ 的积累量越多。

【材料、仪器设备及试剂】

1. 材料

拟南芥叶片。

2. 仪器设备

温箱、水浴锅、搪瓷盘、镊子、培养皿、剪刀等。

3. 试剂

（1） 2 g·L^{-1} NBT 溶液（pH＝7.5）：0.1 g NBT＋50 ml 50 mM PBS（pH＝7.5）；

（2） 1 mg·mL^{-1} DAB 溶液（pH＝5.8）：1 mg·mL^{-1} DAB 用蒸馏水溶解，用 NaOH 调节 pH＝5.8；

（3） 50 mmol·L^{-1} PBS（pH＝7.5）：1 mmol·L^{-1} 12 g NaH_2PO_4 100 mL，1 mmol·L^{-1} 14.2 g Na_2HPO_4 100 mL，16 mL NaH_2PO_4 和 84 mL Na_2HPO_4，加蒸馏水至 2 L；

（4） 95% 乙醇；

（5） 500 g·L^{-1} 甘油。

【实验步骤】

1. 选择长势一致的拟南芥叶片。
2. 将拟南芥叶片浸泡在 2 g·L^{-1} NBT 溶液（pH＝7.5）和 1 mg·mL^{-1} 的 DAB 溶液（pH＝5.8）中，28 ℃避光染色 12 h。
3. 染色完毕后，倒掉染液加入 95% 乙醇溶液，100 ℃水浴煮沸 5 min，脱色去除叶绿素。
4. 冷却至室温后，选择染色较好的样品并成像。
5. 随后将叶片置于 500 g·L^{-1} 甘油中保存。

【注意事项】

1. 煮沸过程中视乙醇挥发程度及时补充。

2. NBT 水溶液需 4 ℃避光保存,DAB 溶液应低温密封保存。

【思考题】

1. 细胞内 ROS 的检测还可以采用哪些方法?

学以致用

植物在代谢过程中不可避免地产生活性氧(Ractive Oxygen Species,ROS),在长期进化过程中,植物形成了一整套避免和减轻 ROS 伤害的机制。ROS 是一类有毒分子,但也是信号分子,在介导植物体的生长发育对生物与非生物胁迫响应、蛋白修饰和基因表达调控方面具有重要功能。在植物体内主要包括以下几种类型:超氧阴离子自由基($O_2^{\cdot -}$)、过氧化氢(H_2O_2)、羟自由基(·OH)、氢过氧自由基(·O_2H)和单线态氧($^1O_2$)等。

植物细胞中产生 ROS 的部位有细胞膜、叶绿体、线粒体和过氧化物体等,其中叶绿体和线粒体是产生 ROS 的主要部位。ROS 在线粒体和叶绿体中的产生途径主要是电子传递;除此之外,ROS 也可以通过代谢产生,如脂肪酸氧化等。

请同学们想一想,本实验知识点还有哪些应用?

(张　达)

实验5　植物细胞骨架肌动蛋白的荧光标记

【目的】

掌握植物细胞骨架肌动蛋白荧光标记的原理和方法;了解植物细胞内微丝的结构。

【原理】

细胞骨架由中间纤维、微丝和微管组成。微丝的主要成分是肌动蛋白,研究细胞骨架组分肌动蛋白常用的方法是免疫荧光染色。该技术采用鬼笔环肽(phalloidin)连接荧光标记物进行标记。鬼笔环肽能够与微丝特异性结合。当用连有荧光标记物的鬼笔环肽处理植物材料后,鬼笔环肽与微丝结合,进而使微丝蛋白标记上荧光,在荧光显微镜下即可观察到细胞骨架肌动蛋白的分布情况。

鬼笔环肽可用不同的荧光标记物标记,本实验采用四甲基异硫氰酸罗丹明(TRITC)连接的鬼笔环肽标记细胞骨架的 F-肌动蛋白。大多数细胞内丰富的肌动蛋白丝将提供一个较强的信号而引起光漂白作用(在光照条件下使其发生化学反应或构象改变,而失去发荧光的特性),

但 TRITC 标记能够较好的抵抗光漂白，故可用于暴露时间较长的细胞精细结构的研究。

【实验用品】

1. 材料

百合花粉。

2. 器具

荧光显微镜或共聚焦激光显微镜；摇床；培养皿；镊子；载玻片；盖玻片等。

3. 试剂

（1）花粉萌发液：pH 5.6、50 mmol · L^{-1} Pipes 缓冲液，含 150 g · L^{-1} 蔗糖、0.1 g · L^{-1} KNO_3、0.2 g · L^{-1} $MgSO_4$、0.1 g · L^{-1} H_3BO_3 和 0.3 g · L^{-1} $Ca(NO_3)_2$。

（2）37 g · L^{-1} 多聚甲醛固定液（用 50 mmol · L^{-1} Pipes 配制）。

（3）pH 7.4 磷酸缓冲液（PBS）。

（4）1 μmol · L^{-1}TRITC – 鬼笔环肽［用 PBS 配制，内含 10 g · L^{-1} 二甲基亚砜（DMSO）］。

（5）500 g · L^{-1} 甘油：用 PBS 配制，含 20 g · L^{-1} 的防荧光褪色剂 1,4 – 二氮杂二环［2.2.2］辛烷（DABCO）。

【实验步骤】

1. 将百合花粉在 4 ℃下水合，花粉萌发液在 26 ℃黑暗条件下摇床培养，转速 60 r · min^{-1}。
2. 萌发 1.5 h 后，花粉管长 100 ~ 200 μm，在小离心管中自发沉降，除去培养液。
3. 加 3.7% 多聚甲醛固定液，25 ℃固定 1 h，同时抽气 10 min。
4. PBS 洗涤固定的细胞 3 次，每次 5 min。
5. 转移至 1 μmol · L^{-1} 的 TRITC – 鬼笔环肽溶液中标记 2 h。
6. PBS 洗涤后，用 500 g · L^{-1} 甘油装片，指甲油封片。
7. 在荧光显微镜或共聚焦激光显微镜下观察，激发光为绿光。可观察到明亮的微丝分布在花粉管中。拍照记录实验结果。

【注意事项】

1. 鬼笔环肽的分子量小，很容易通过细胞，不需要对细胞进行冷丙酮等处理。
2. 鬼笔环肽有毒，操作时应戴手套。

【思考题】

1. 步骤 3 用 37 g · L^{-1} 多聚甲醛进行固定时，为什么要抽气？
2. 本实验选用 TRITC 进行标记，有何优点？

学以致用

鬼笔环肽（phalloidin，又叫鬼笔鹅膏素）是从一种毒性菇类中分离的生物碱（数字资源1-3)。鬼笔环肽能够与微丝特异性结合,且只与聚合的微丝结合,而不与肌动蛋白单体分子结合。用荧光标记的鬼笔环肽染色可以清晰地显示细胞中微丝的分布。鬼笔环肽可与聚合的微丝结合的特殊性质使其具有了颇富前景的用途,即通过让其吸附于荧光染料上来研究细胞的内部工作机制。

请同学们想一想,本实验的知识点和技术还有哪些应用?

(赵长江)

实验 6　植物微管蛋白的免疫荧光染色

【目的】

掌握植物细胞骨架微管蛋白的免疫荧光标记的原理和方法;了解植物细胞内微管的结构。

【原理】

观察微管可以用电镜和免疫组织化学的方法,其中较常用的是间接免疫荧光技术。间接免疫荧光技术是指首先用未标记的抗体处理待检细胞,使之与特异的抗原形成复合物,然后再用抗抗体的荧光标记抗体着色,即可检测出特异抗原在细胞中的存在部位,具有荧光增强效应。本实验用抗微管蛋白的抗体(一抗,如兔抗微管蛋白抗体)与植物细胞温育,该抗体将与细胞内微管(抗原)特异结合,然后再加入荧光标记物标记的羊抗兔抗体[二抗,如异硫氰酸荧光素(FITC)连接的羊抗兔抗体]共同温育,该二抗与一抗结合,从而使微管间接地标记上荧光素,在荧光显微镜下即可观察到细胞微管的形态和分布。间接免疫荧光技术的特异性和灵敏度均较高。

【实验用品】

1. 材料

百合花粉或叶肉细胞原生质体。

2. 器具

荧光显微镜或共聚焦激光显微镜;培养皿;镊子;载玻片;盖玻片等。

3. 试剂

(1) 花粉萌发液:pH 5.6、50 $mmol\cdot L^{-1}$ Pipes 缓冲液,含 150 $g\cdot L^{-1}$ 蔗糖、0.1 $g\cdot L^{-1}$ KNO_3、0.2 $g\cdot L^{-1}$ $MgSO_4$、0.1 $g\cdot L^{-1}$ H_3BO_3 和 0.3 $g\cdot L^{-1}$ $Ca(NO_3)_2$。

(2) 0.1 $mol\cdot L^{-1}$ Pipes(pH 6.9)。

(3) 用 0.1 $mol\cdot L^{-1}$ Pipes(pH 6.9)配制的 37 $g\cdot L^{-1}$ 甲醛溶液。

(4) pH 7.4 磷酸缓冲液(PBS)。

（5）用 PBS 配制的 5 g·L^{-1} Triton X－100。
（6）用 PBS 配制的 10 g·L^{-1}纤维素酶和 10 g·L^{-1}果胶酶溶液。
（7）兔抗微管蛋白抗体（一抗）。
（8）FITC 连接的羊抗兔抗体（二抗）。
（9）含 1 g·L^{-1}吐温 20 的 PBS。
（10）500 g·L^{-1}甘油（用 PBS 配制，含 20 g·L^{-1}的防荧光褪色剂 DABCO）。

【实验步骤】

1. 将百合花粉 4 ℃下水合过夜，花粉萌发液 26 ℃黑暗条件下摇床培养，转速 60 r·min^{-1}。
2. 在 37 g·L^{-1}甲醛溶液中固定 1 h，同时抽气 3～5 min。
3. 用 Pipes 缓冲液清洗 3 次，再用 10 g·L^{-1}纤维素酶和 10 g·L^{-1}果胶酶酶解 8 min，冲洗 3 次。
4. 5 g·L^{-1} Triton X－100 处理 30 min，PBS 洗 3 次，每次 10 min。
5. 加一抗（1∶40 稀释），37 ℃温育 1 h，PBS 洗 3 次，每次 10 min。
6. 加二抗（1∶40 稀释），37 ℃温育 1 h，PBS 洗 3 次，每次 10 min。
7. 用含 1 g·L^{-1}吐温 20 的 PBS 洗 1 次，滴加 500 g·L^{-1}甘油，指甲油封片。
8. 用荧光显微镜或共聚焦激光显微镜观察，激发光为绿光。拍照记录实验结果。

【注意事项】

1. 染色后的微管呈黄绿色，交错成网状，注意观察微管的分布及密集程度。
2. 荧光检测的灵敏度很高，需要注意操作的严谨性及做好对照。

【思考题】

实验步骤 3 加入纤维素酶和果胶酶的作用是什么？实验 4 植物细胞骨架肌动蛋白的荧光标记中为什么没有加这两种酶？

学以致用

微管是真核细胞所特有并普遍存在的结构，参与植物细胞的许多生命活动过程。低温、干旱、盐渍等逆境胁迫会影响植物细胞骨架的稳定性，进而影响植物的抗逆性。采用间接免疫荧光标记法和间接酶联免疫法（ELISA），可以观察研究逆境胁迫条件下植物组织细胞内微管排列的变化及其与胁迫诱导的内源激素积累间的关系，探讨微管对逆境胁迫的应答反应。

请同学们想一想，荧光标记技术在植物生理及生物大分子等相关科研及生产实践中还有哪些应用？

（王多佳）

实验 7　荧光探针法检测气孔保卫细胞中的游离钙

【目的】

掌握小分子荧光探针法测定胞质中钙离子水平的技术原理和方法；了解胞质中钙离子浓度变化在保卫细胞对激素刺激反应中的作用。

【原理】

钙是细胞内重要的信号分子，测定细胞内钙浓度的时空变化，对于研究细胞信号转导十分重要。目前，测定胞质中钙离子水平主要有小分子荧光探针法和水母发光蛋白法。这里主要介绍小分子荧光探针测定法。该测定方法的主要原理是：小分子探针自由扩散跨膜（或显微注射）进入胞质，在胞质内自发解离或在胞质非特异性酯酶作用下转化为阴离子形式，进而与钙离子结合。与钙离子结合后，探针的荧光特性发生变化，如荧光强度增强、吸收光或发射光波长发生迁移等。这种变化与其结合的钙离子数量有关，进而可由公式计算出胞质游离的钙离子浓度。

目前主要应用的荧光探针有两类，即单波长荧光探针和双波长荧光探针。单波长荧光探针与钙结合前后的激发和发射波长不发生变化，测定样品时只测定其发射光荧光强度即可；双波长荧光探针与钙结合后，其发射或激发波长发生迁移，测定样品时需同时测定两个发射波长处的荧光强度并计算出两者的比值，或同时测定每个激发下的发射荧光强度并计算其比值。

本实验采用单波长荧光探针（fluo）测定气孔保卫细胞中游离钙离子浓度的变化。气孔保卫细胞在 ABA 处理后会引起其胞内信号分子钙离子浓度变化，进而激活细胞的进一步反应。利用温育法将钙荧光指示剂导入气孔保卫细胞，用荧光分光光度计或激光共聚焦显微镜直接检测其荧光强度值或荧光比值，然后通过标准浓度的钙溶液进行校正，确定静息状态下及 ABA 处理后保卫细胞的胞质钙离子浓度，从而初步认识胞质钙离子浓度变化在保卫细胞对激素刺激反应中的作用。

【实验用品】

1. 材料

蚕豆叶片。

2. 器具

激光扫描共聚焦显微镜或荧光显微镜；载玻片；盖玻片等。

3. 试剂

（1）将钙离子荧光探针（fluo－3AM）溶于二甲基亚枫（DMSO），使其浓度为 1 $mmol \cdot L^{-1}$，于 －20 ℃保存。用时经 10 $mmol \cdot L^{-1}$吗啉乙磺酸（MES）缓冲液（pH 6.1）稀释 100 倍。

（2）缓冲液：30 $mmol \cdot L^{-1}$ KCl，10 $mmol \cdot L^{-1}$ MES－Tris，pH 6.1。

（3）10 $\mu mol \cdot L^{-1}$ ABA 溶液，用缓冲液配制。

【实验步骤】

1. 孵育法导入荧光染料

选取生长良好的 3 ~4 周蚕豆幼苗顶端刚展开的叶片，撕取下表皮，置于 20 μmol · L^{-1} fluo – 3AM 中，4 ℃暗孵育 2 h 左右，缓冲液冲洗 3 ~5 次。

2. 荧光强度测定

装载好荧光指示剂的材料置于显微镜下观察，荧光下找到视野，用激光扫描共聚焦显微镜扫描，在激发波长为 488 nm、发射波长为 535 nm 的条件下，测定发射光强度（F），收集荧光图像。

3. ABA 处理

加 10 μmol · L^{-1} ABA 溶液，记录不同时间间隔保卫细胞荧光强度变化及气孔孔径变化。

4. 校正

用钙校正试剂盒（Molecular Probe，Inc.）进行钙浓度校正。

5. 根据公式计算细胞质中游离钙离子的水平

$$[Ca^{2+}]_{cyt} = K_d(F - F_{min}) \cdot (F_{max} - F)^{-1}$$

式中：K_d——荧光探针与钙离子结合的解离常数；

F——测定样品得到的荧光强度值；

F_{min}——无钙情况下测得的荧光强度值；

F_{max}——饱和钙情况下测得的荧光强度值。

钙离子浓度高低也可用荧光强度直观表示。将荧光图像转化为假色彩图像，一般以红色表示高钙浓度，蓝色表示低钙浓度。

【注意事项】

1. 取材尽量一致，以免造成人为误差。
2. 缓冲液中应无钙离子干扰。
3. 荧光染料有淬灭问题，应尽量避光保存。
4. 实验时注意个人防护，戴手套、口罩。

【思考题】

1. 测定胞质游离钙离子浓度的方法有哪些？其原理是什么？
2. 测定胞质钙离子浓度变化有何意义？

学以致用

荧光探针技术最大的特点是具有高度的灵敏性和极宽的动态响应范围。近年来荧光染料与生物大分子结合后的荧光特性、动力学特征、电化学特征等备受关注，并以此为基础建立了相应的分析方法。荧光分析法具有灵敏度高、试剂用量少、方法简便等优点，在有机磷农药引起的环境、食品等监测领域显示出其独特的优越性。在医学领域，荧光探针法也被应用于研究抗癌多糖与 DNA 的直接作用机制，检测患者细胞或活检组织里蛋白的活性，研究药物对患者体内信号通路的影响等。

请同学们想一想，荧光探针技术在科研或生活、生产实践中还有哪些应用？

（王多佳）

【本章思考与作业】

1. 进行酶的组织化学染色时，应注意哪些事项？
2. 讨论实验中鉴定的几种酶在植物生命活动中的主要生理作用。
3. 通过网络自学，比较几种常用荧光标记物的应用特性。
4. 填空练习

（1）组织化学是运用________、________、________和分子生物学等原理与技术，对组织与细胞的化学成分、化学反应及其变化规律进行________、________和定量研究的科学，是介于这些学科之间的一门边缘科学。

（2）常用的组织化学染色方法主要有 3 种，即________、________和________。

（3）细胞荧光检测技术是利用荧光来鉴定组织细胞内某些生物化学成分，探讨细胞功能状态的常用方法，该技术与一般化学检测技术相比具有________、________和________等优点。

（4）细胞色素氧化酶的组织化学鉴定所用的试剂是________和________。

（5）酸性磷酸酯酶在 pH ________范围内水解磷酸单酯，是________细胞器的特征酶。在酸性介质中，酸性磷酸酯酶水解磷酸酯，释放磷酸基（PO_4^{3-}），与________反应形成________沉淀，该沉淀物在光镜下不可见，加入$(NH_4)_2S$后生成光镜下可检测到的________色沉淀。

（6）鬼笔环肽能够与细胞骨架的________特异性结合。与四甲基异硫氰酸罗丹明（TRITC）连接的鬼笔环肽标记细胞骨架能够________光致漂白作用，故可用于暴露时间较长的细胞精细结构的研究。

（7）间接免疫荧光技术是指待检细胞首先用________抗体处理，使之与特异的抗原形成复合物，然后再用________染色，即可检测出特异抗原在细胞中的存在部位，具有荧光________效应。

（8）测定胞质中钙离子水平主要有小分子荧光探针法和________法。小分子荧光探针有两类，即________和________，前者与钙结合前后的激发和发射波长________变化，测定样品时只测定其________即可；后者与钙结合后，其发射或激发波长发生________，测定样品时需________。

（9）ABA 处理后实验材料的保卫细胞荧光强度________，气孔孔径________。

（参考答案见数字资源）

（王多佳）

第2章 水分生理

本章学习引导

水是植物生命活动的基础,在农业生产中有“有收无收在于水”的谚语。水分在植物体内有自由水及束缚水两种存在形式,二者比值可反映代谢活性与抗性强弱。本章选择了经典的植物组织自由水和束缚水含量测定方法、植物组织汁液浓度(可溶固形物)的测定方法,引导学生从水分生理的角度学习和研究水分状态、代谢活性及其与抗性的关系。

植物水分代谢包括水的吸收、运输和散失过程,研究植物水分代谢的基本规律,对合理用水、节约用水、提高农产品质量和产量都很重要。本章主要介绍了植物组织水势的测定、植物组织渗透势的测定、K^+对气孔运动的影响等基础性实验,使学生重视理论结合实际,加深对合理灌溉指标的认识及对气孔运动调节的理解。其中“K^+对气孔运动的影响”设计了不同浓度K^+处理,及光、暗处理,同时结合折射仪法测定处理前后细胞的渗透势变化,综合分析气孔运动的变化,组成了综合性实验。学生也可将实验材料进行不同的处理,然后测定不同组织的含水量、水势、渗透势,并结合叶片的气孔运动调节,进行综合比较分析,开展综合性实验训练。

实验 8　植物组织自由水和束缚水含量的测定

【目的】

了解植物组织中水分的存在状态与植物生命活动的关系;掌握折射仪的使用方法。

【原理】

自由水未被细胞原生质胶体颗粒吸附,可以自由移动、蒸发和结冰,也可作为溶剂;束缚水则被细胞原生质胶体颗粒吸附而不易移动,因而不易被夺取,不能作为溶剂。基于上述特点及水分因水势差而移动的原理,将植物组织浸入高浓度(低水势)糖溶液中一定时间后,组织中的自由水可以扩散到糖液中,使糖液质量增加,同时降低了糖液的浓度。测定此时的糖液浓度,再根据原糖液的浓度及质量,可求出浓度降低了的糖液的质量。用浓度降低了的糖液的质量减去原来高浓度糖液的质量即为植物组织中自由水的质量(即扩散到高浓度糖液中的水的质量)。最后,用同样植物组织的总含水量减去此自由水量即是植物组织中束缚水含量。

【实验用品】

1. 材料

新鲜植物组织,如叶片、马铃薯块茎等。

2. 器具

阿贝折射仪;分析天平(感量 0.1 mg);烘箱;干燥器;称量瓶;打孔器(面积 0.5 cm^2);烧杯;瓷盘;天平(感量 0.1 g);量筒等。

3. 试剂

质量百分比浓度为 60% ~65% 的蔗糖溶液:称取蔗糖 60 ~ 65 g,加蒸馏水 40 ~ 35 g,使溶液总质量为 100 g,溶解后备用。

【实验步骤】

1. 植物组织中总含水量的测定

(1) 取称量瓶 3 只(设三次重复),依次编号 1、2、3 并分别准确称重。称量瓶质量记为 W_1。

(2) 选取生长一致的待测植株数株,各选部位、长势、叶龄等一致的有代表性的叶子数片。用打孔器在叶片上对称打孔钻取小圆叶片 150 片(注意避开粗大叶脉),立即装入称量瓶(每瓶随机装 50 片),盖紧瓶盖并精确称重。称量瓶与小圆叶片的质量记为 W_2。

(3) 将称量瓶连同小圆叶片置于烘箱中 105 ℃ 烘 10 min 以杀死植物组织细胞,再于 80 ~ 90 ℃ 下烘至恒重(称重前须置于干燥器中,待冷却后称)。称量瓶与烘干的小圆叶片的质量记为 W_3。所有数据记录到表 8 - 1 中。依表中数据,按下式可算出植物组织的总含水量(%)。

$$植物组织的总含水量(\%)=(W_2-W_3)\cdot(W_2-W_1)^{-1}$$

将三次重复测定所得数据进一步求出平均值。

2. 植物组织中自由水含量的测定

(1) 另取称量瓶 3 只,编号 4、5、6 并分别准确称重。称量瓶质量记为 W_1。

(2) 按上述取样方法,用打孔器打取小圆叶片 150 片,立即随机装入 3 个称量瓶中(每瓶 50 片),盖紧瓶盖并立即称重。称量瓶与小圆叶片的质量记做 W_2。

(3) 三个称量瓶中各加蔗糖溶液 5 mL,分别准确称重。称量瓶与小圆叶片及糖液的质量为 W_4。

(4) 各瓶于暗处放置 4 ~ 6 h(其间不时轻轻摇动)后,用折射仪分别测定各瓶糖液浓度(C_2),同时测定原糖液浓度(C_1)。所有数据记录到表 8 - 1 中。依表中数据,按下式可算出植物组织中自由水的含量(%)。

$$\text{自由水的含量}(\%) = (W_4 - W_2) \cdot (C_1 - C_2) \cdot [C_2(W_2 - W_1)]^{-1}$$

将三次重复测定所得数据进一步求出平均值。

3. 植物组织中束缚水含量的计算

$$\text{束缚水含量}(\%) = \text{组织总含水量}(\%) - \text{组织中自由水含量}(\%)$$

表 8 - 1　植物组织中自由水和束缚水含量测定记录表

测定项目		称量瓶编号					
		1	2	3	4	5	6
W_1/g							
W_2/g							
W_3/g					/	/	/
W_4/g		/	/	/			
C_1/g		/	/	/			
C_2/g		/	/	/			
$(W_2 - W_1)$/g							
$(W_2 - W_3)$/g					/	/	/
组织总含水量/%					/	/	/
$(W_4 - W_2)$/g		/	/	/			
糖液浓度/%	C_1	/	/	/			
	C_2	/	/	/			

【附注】

1. 植物组织中自由水含量公式的推导

根据前面的设定,已知吸收组织水分前糖液的浓度为 C_1,质量为 $W_4 - W_2$;吸收组织水分后,糖液的浓度为 C_2。设被糖液吸收的组织中的水分(即自由水)的量为 x,则吸收组织水分后糖液的质量为$(W_4 - W_2) + x$。糖液浓度和质量的变化是由溶剂(自由水)引起的,而糖溶液中溶质的数量是不变的。就质量百分浓度来说:

$$\text{溶液中溶质的质量} = \text{溶液的质量} \times \text{溶液的浓度}$$

故有下式成立:

$$C_1(W_4-W_2)=C_2[(W_4-W_2)+x]$$

则

$$(W_4-W_2)+x=C_1(W_4-W_2)\cdot C_2^{-1}$$

$$\begin{aligned}x&=(W_4-W_2)\cdot(C_1\cdot C_2^{-1}-1)\\&=(W_4-W_2)\cdot(C_1\cdot C_2^{-1}-C_2\cdot C_2^{-1})\\&=(W_4-W_2)\cdot(C_1-C_2)\cdot C_2^{-1}\end{aligned}$$

已知植物组织的鲜重为(W_2-W_1)，则

植物组织中自由水含量(%) $=x\cdot(W_2-W_1)^{-1}$

$$=(W_4-W_2)\cdot(C_1-C_2)\cdot[C_2(W_2-W_1)]^{-1}$$

2. 自由水含量测定中的称量瓶也可改用注射器(10 mL)，操作过程与使用称量瓶时基本相同。使用注射器的优点是可通过抽拉活塞而使针筒内部减压，从而有利于组织中细胞间隙里空气的排出，加强糖液的渗入和吸水，因此可以大大节省时间(一般1 h内即可完成自由水含量的测定)。

【注意事项】

1. 用于计算含水量的叶圆片和用于测定的叶圆片，必须在同一叶片的对称位置上取下。
2. 用折射仪测定蔗糖浓度时要注意控温和校对温度。

【思考题】

1. 测定植物组织中自由水和束缚水的含量有何意义？
2. 自由水与束缚水的比值大小与植物生长及抗性的关系如何？

学以致用

种子的含水量及其水分存在状态与种子生命活动密切相关。当种子只含有束缚水时，种子中的酶钝化，代谢缓慢，有利于种子活力的保持和寿命的延长；而当自由水出现时，种子中的酶活性增强，呼吸加强。呼吸不仅导致种子中的贮藏物降解，而且呼吸放出的水和热还会引起周围环境仓虫、微生物的活动，严重时贮藏种子会“发热”发霉，当水分超过一定限度时，还会引起发芽。因此，种子入仓贮存之前一定要检测其含水量。

生产上，储粮的含水量是粮食储备安全性最主要的质量指标。粮食收购是保证粮食储备成功有效的最主要环节之一，而此过程工作的核心就是对粮食水分的检测。种子含水只有达到“安全含水量”方可入仓贮藏。不同作物安全含水量不同，例如，小麦安全含水量是12%～14%，谷子、玉米、高粱为13%～14%，大豆为10%～12%。粮食在储藏过程中，其各层点水分的变化是保管人员选择储藏技术的重要参考依据。

请同学们想一想，本实验知识点还有哪些应用？

(陈展宇)

实验9　植物组织汁液浓度(可溶性固形物)的测定

【目的】

掌握折射仪法测定植物组织中可溶性固形物含量的原理及方法。

【原理】

溶液的折射率与溶液浓度密切相关。溶液浓度越高,折射率越大。对于单一溶质的溶液,可由折射率直接查出溶液浓度。溶液的折射率可以用折射仪或手持糖量计测得。手持糖量计是特为现场快速测定甘蔗或甜菜的含糖量而设计的折射仪,可直接读出汁液含糖量的百分率(无折射率标尺)。由于甘蔗、甜菜榨汁中的溶质以蔗糖为主,其他种类溶质(如无机盐等)数量很少,由这部分溶质产生的折射率均一并计入蔗糖浓度中。

可溶性固形物是指液体或流体食品中所有溶解于水的化合物的总称,包括糖、酸、维生素、矿物质等。果品、蔬菜的溶质含量也可用细胞汁液浓度表示,即可溶性固形物,是果蔬品质的重要指标。用折射仪或手持糖量计测量果品汁液浓度时,由于果汁中除糖以外,含酸量也很可观,所以测得数值实际上是糖、酸两部分(及少量其他物质)的总和,常以可溶性固形物表示(不溶物质对溶液折射率无影响)。

【实验用品】

1. 材料

多汁植物叶片或苹果、梨、葡萄、番茄等果实。

2. 器具

阿贝折射仪或手持糖量计;榨汁钳;温度计;擦镜纸;滴管;纱布;打孔器;吸水纸等。

手持式糖量计也称为手持式折光仪、糖镜,测定时糖量最小分度值为0.5%,可估读至0.25%。该仪器的构造如图9-1所示。

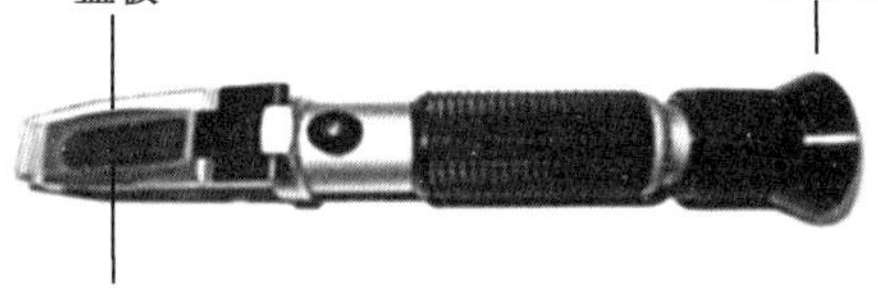

图9-1　手持式糖量计结构示意图

3. 试剂

蒸馏水。

【实验步骤】

1. 取材

选取新鲜植物叶片或葡萄、苹果、番茄、梨等果实。

2. 材料处理

大型多汁的果实(如苹果、梨)等材料,可用纱布将其表面泥土拭净,用打孔器在待测部位打出圆柱状组织,切下适当大小的小块,用榨汁钳榨汁;小型多汁材料直接榨汁即可。如测定植物叶片汁液浓度，最好在田间进行，用纱布将待测叶片上的尘土擦净，取下后迅速将叶片折叠成方块状，置榨汁钳上榨汁。

3. 测量

(1) 折射仪法　用滴管取 1 滴汁液，滴在折射仪棱镜的毛玻璃面上，关闭棱镜，读出折射率或相当于糖浓度的百分率。下次测定时，必须用蒸馏水将棱镜上汁液洗净，再用擦镜纸擦干。

(2) 手持式糖量计法

① 零点校正　打开手持式糖量计盖板，在棱镜玻璃面上滴 2 滴蒸馏水，盖上盖板，检查视野中明暗交界线是否在刻度的零线上。若与零线不重合，则旋动刻度调节螺旋，使分界线刚好落在零线上。

② 测量　打开盖板，用吸水纸将棱镜表面的蒸馏水擦干，然后如上法在棱镜玻璃面上滴 2 滴待测汁液，观测并读取视野中明暗交界线上的刻度，即为样品中可溶性固形物的含量(%)。

4. 结果记录与计算

取相同部位叶片或相同部位的大型果实，重复测定 3 ~ 5 次，记录结果，并计算其平均值。多次重复测定可进行统计学分析。

【注意事项】

1. 果实不同部位所含可溶性固形物不同，所以对于大型果实，需要固定取样部位，也可将整个果实榨汁混匀测定。若果汁中存在固体果肉，要用 4 层纱布滤除，因为折光仪上不能反映出悬浮的固体颗粒的折射率。

2. 对于含水量较低的器官，直接榨汁有困难，可包在塑料薄膜中置于 -30 ℃以下的低温冰箱中冷冻 3 h，取出解冻后，即可榨汁取液。

3. 溶液折射率受温度影响很大。若待测材料需要精确测定、比较时，应使用阿贝折射仪，并将超级恒温水浴与折射仪上的保温水接口相连接，利用恒温循环水控制折射仪棱镜温度。最好将温度调整到 20 ℃。

【思考题】

测定植物组织中汁液浓度有何意义？

学以致用

可溶性固形物是食品行业一个常用的技术参数。可溶性固形物主要指可溶性糖类，包括单糖、双糖。我们喝的果汁一般糖含量都在 100 $g \cdot L^{-1}$以上（以葡萄糖计），主要是蔗糖、葡萄糖和果糖，可溶性固形物可以达到 9% 左右。在食品行业中，根据产品类型不同，其可溶性固形物的测定方法也有所不同。例如，水果、蔬菜制品可溶性固形物含量的测定采用折射仪法（GB/T 12295 - 1990）；罐头食品中可溶性固形物含量的测定采用折光计法（GB/T 10788 - 1989）；软饮料中可溶性固形物的测定采用折光计法（GB/T 12143.1－1989）。在农业生产上，测定可溶性固形物含量可以衡量水果成熟情况，以便确定采摘时间。

请同学们想一想，本实验知识点还有哪些应用？

（陈展宇）

实验 10 植物组织水势的测定

I 折射仪法

【目的】

了解植物组织水势可作为合理灌溉的生理指标；掌握折射仪法测定植物组织水势的原理及方法。

【原理】

利用折射仪可以测定溶液的折光率，折光率的大小与溶液的浓度和温度有关，温度一定时，溶液浓度升高，其折光率提高；浓度降低，其折光率下降；如果浓度不变，其折光率也不变。将待测植物组织放入不同浓度的外界溶液中，浸泡一段时间后，若植物组织水势小于外界溶液的渗透势（水势），植物组织吸水，外界溶液浓度增加，其折光率变大；反之则变小；若折光率不变，说明外界溶液与植物组织的水分达到了动态平衡，此时外界溶液的渗透势等于植物组织的水势。根据组织质量或质量浓度的变化情况即可确定与植物组织相同水势的溶液浓度（等渗浓度），然后根据公式计算出溶液的渗透势，即为植物组织的水势。溶液渗透势的计算：

$$\Psi_S = -i \cdot C \cdot R \cdot T \qquad (10-1)$$

式中：Ψ_S——溶液的渗透势（MPa）；

R——气体常数，为 0.008 314 $L \cdot MPa \cdot mol^{-1} \cdot K^{-1}$；

T——绝对温度（K）；

C——溶液的等渗浓度（$mol \cdot L^{-1}$）；

i——溶液的等渗系数，蔗糖溶液为 1（$CaCl_2$ 为 2.6）。

【实验用品】

1. 材料

植物叶片或马铃薯块茎。

2. 器具

阿贝折射仪；试管；青霉素小瓶；打孔器；镊子；解剖针；移液管；温度计等。

3. 试剂

1 mol · L^{-1}蔗糖溶液。

【实验步骤】

1. 取干燥洁净的试管6支，用1 mol · L^{-1}的蔗糖母液配制一系列浓度梯度的蔗糖溶液(0.05、0.1、0.2、0.3、0.4、0.5 mol · L^{-1})各10 mL，分别注入编好号的试管中，各管盖好试管塞，按编号顺序摆放到试管架上。

2. 用折射仪分别测定1—6号试管中糖液的折光率，记录结果。取各管中的糖液4 mL分别加到6只青霉素小瓶中，并将小瓶对应编号。

3. 选取均匀一致的植物叶片8～10片，叠在一起，用打孔器打取叶圆片，并将相同数量的叶圆片分别放入盛有4 mL不同浓度糖液的青霉素小瓶中，使叶片浸入溶液，盖紧瓶塞，平衡30 min，期间多次摇动。然后用折射仪测定各瓶糖液的折光率，将结果记录到表10－1中。

表10－1　折射仪法测定植物组织水势记录表

蔗糖浓度/(mol · L^{-1})	0.05	0.1	0.2	0.3	0.4	0.5
浸泡叶片前的折光率						
浸泡叶片后的折光率						
折光率变化						
反应液浓度变化						
植物组织水势变化						

4. 分析表10－1中的数据，比较浸泡叶片前后的测定结果，找出折光率未变的糖液浓度或相邻两管(折光率一个增加，一个降低)的浓度平均值，即为等渗浓度。

5. 用温度计测量室温，根据公式(10－1)计算出组织的水势。

【注意事项】

1. 所取材料在植株上的部位要一致，打取叶圆片要避开主脉和伤口。
2. 取材及打取叶圆片的操作要迅速，以免组织失水。
3. 测定植物组织水势时，所用试管、青霉素小瓶应保持干燥。
4. 折射仪测定浸泡叶片前后溶液折光率时的温度应保持一致。

【思考题】

1. 测定植物组织水势时，为什么强调所用试管、青霉素小瓶应保持干燥？打取叶圆片并投入青霉小瓶中时为什么动作要迅速？

2. 实验步骤1装有浓度梯度蔗糖溶液的试管为什么要盖上塞子？

Ⅱ　小液流法

【目的】

掌握小液流法测定植物组织水势的原理和方法。

【原理】

当植物组织与外界溶液接触时，若组织的水势低于外界溶液的渗透势（溶质势），组织吸水、质量增大而使外界溶液浓度变大；反之，则组织失水、质量减小而使外界溶液浓度变小；若两者相等，则水分交换保持动态平衡，组织质量及外界溶液浓度保持不变。根据组织质量或外界溶液浓度的变化情况即可确定与植物组织相同水势的溶液浓度，然后根据公式计算出溶液的渗透势，即为植物组织的水势。溶液渗透势的计算同公式（10－1），即，渗透势 $\Psi_S = -i \cdot C \cdot R \cdot T$。

【实验用品】

1. 材料

植物叶片或马铃薯块茎。

2. 器具

试管（25 mL）；指形管；青霉素小瓶；打孔器；镊子；解剖针；移液管（或移液器）等。

3. 试剂

1 mol·L^{-1}蔗糖溶液；甲烯蓝粉末。

【实验步骤】

1. 取干燥洁净的试管8支，用1 mol·L^{-1}的蔗糖母液配制一系列浓度梯度的蔗糖溶液（0.05、0.1、0.2、0.3、0.4、0.5、0.6、0.7 mol·L^{-1}）各10 mL，并注入编好号的试管中。每一浓度各取2 mL分别放入青霉素小瓶中，其余倒入指形管中。

2. 选取均匀一致的植物叶片8～10片，叠在一起，用打孔器打取叶圆片，并将相同数量的叶圆片分别放入盛有不同浓度糖液的青霉素小瓶中，使叶片浸入溶液，盖紧瓶塞，平衡20 min以上，期间多次摇动。

3. 用解剖针取微量甲烯蓝粉末放入青霉素小瓶中，摇匀，溶液变蓝。

4. 用毛细管吸取青霉素小瓶中有色溶液少许，插入装有相同浓度溶液的指形管中，毛细管尖端放在溶液中部，轻轻挤出有色溶液1小滴，小心取出毛细管（勿搅动有色液滴）。观察有色小液滴的升降情况。若液滴下降，表示溶液浓度变大，植物组织吸水，组织水势低于溶液渗透势；若液滴上升，表示青霉素小瓶中相应溶液浓度变小，植物组织失水，组织水势高于溶液渗透势；若液滴不动，则表示植物组织既不失水也不吸水，组织水势与溶液渗透势相等，该溶液的渗透势即为植物组织水势。若前一浓度中液滴下降，后一浓度中液滴上升，则用二者浓度的平均值表示植物组织水势。分别测定不同浓度中有色液滴的升降，找出与组织水势相等的浓度，根据公式(10－1)计算出组织的水势,即,渗透势 $\Psi_S = -i \cdot C \cdot R \cdot T$。

5. 测定并记录不同处理植物组织的水势,分析各自的水分状况。

【注意事项】

1. 所取材料在植株上的部位要一致,打取叶圆片要避开主脉和伤口。
2. 取材以及打取叶圆片的操作过程要迅速,以免组织失水。

【思考题】

1. 比较小液流法和折射仪法测定植物组织水势的异同。
2. 通过网络自学,测定植物组织水势的方法还有哪些(数字资源 2－1,数字资源 2－2)?比较各种不同测定方法的优缺点。

● 学以致用 ●

植物组织的水分状况可用水势来表示,水势体现了植物体内水的能量状态。植物体细胞之间、组织之间以及植物体与环境之间的水分移动方向都由水势差决定,这对植物的生长、发育及光合、呼吸等生理活动有重要的影响。植物组织水势的测定还是农业生产中合理灌溉的生理指标。

请同学们想一想,本实验的知识点在植物生理学研究和生产实践中还有哪些应用?

(王军虹,于　爽)

实验 11　植物组织渗透势的测定

【目的】

观察质壁分离的过程;掌握质壁分离法测定植物组织渗透势的原理及方法。

【原理】

植物细胞是一个渗透系统,如果将植物组织置于不同浓度的溶液(如蔗糖溶液或盐溶液)中,植物组织将与外界溶液进行水分交换,经过一段时间达到渗透平衡。如果外部溶液浓度高,植物组织失水,细胞壁和原生质体剥离,出现质壁分离现象。当发生初始质壁分离时,细胞的压力势为零,植物组织的水势等于外部溶液的渗透势,即 $\Psi_{W组织} = \Psi_{S外液}$,代入公式 $\Psi_S = -i \cdot C \cdot R \cdot T$,即可计算出组织的渗透势。

【实验用品】

1. 材料

小麦叶片、洋葱或大葱鳞茎等。

2. 器具

显微镜;载玻片;盖玻片;温度计;培养皿;尖头镊子;刀片;容量瓶;试管;烧杯;量筒;吸管;吸水纸;天平等。

3. 试剂

1 mol · L^{-1}蔗糖溶液;0.3 g · L^{-1}中性红溶液。

【实验步骤】

1. 取干燥洁净的试管 9 支,用 1 mol · L^{-1}的蔗糖母液配制一系列浓度梯度的蔗糖溶液(0.2、0.25、0.3、0.35、0.4、0.45、0.5、0.55、0.6 mol · L^{-1})各 10 mL,注入编号的试管中,各管盖好试管,按编号顺序放到试管架上。

2. 取干燥洁净的培养皿 9 套,编号,依次倒入不同浓度的蔗糖溶液,使其平铺成一层,盖好皿盖备用。

3. 用镊子撕取叶片表皮或用刀片刮取洋葱鳞茎内表皮(0.5 cm^2),置于 0.3 g · L^{-1}中性红染料中染色 5 min(有色材料不染色),取出后用吸水纸吸干材料表面染料,然后依次放入不同浓度的蔗糖溶液中(每培养皿 3 ~4 片),浸泡 20 ~30 min(如温度低,则适当延长浸泡时间),同时记录室温。

4. 取出材料放在载玻片上,加 1 滴相同浓度的糖溶液,盖上盖玻片,显微镜下观察质壁分离情况。确定引起 50% 左右细胞初始质壁分离(即原生质从细胞角隅处分离)时的溶液浓度即为等渗浓度。检查时可先从中间浓度开始。

5. 按照公式(10 -1),即渗透势 $\Psi_S = -i \cdot C \cdot R \cdot T$,计算植物组织的渗透势。

【注意事项】

洋葱鳞茎内表皮经中性红处理后,活细胞液泡被染成红色,细胞核不着色;死细胞的细胞核被染成红色。

【思考题】

1. 质壁分离除了用于细胞渗透势测定外,还有哪些应用?

2. 用中性红浸泡洋葱内表皮的目的是什么? 如果用洋葱的外表皮做本实验,是否需要中性红浸泡?

学以致用

植物细胞的渗透势主要取决于液泡的溶质浓度,因此也称为溶质势。渗透势与植物水分代谢、生长及抗性等密切相关。当植物处于干旱、盐渍条件下，常通过细胞内主动积累溶质，以降低其渗透势，增加吸水能力，在一定程度上维持膨压，保障细胞的生长和气孔的开放，此称为渗透调节。逆境条件下细胞的渗透势降低值可表示渗透调节能力的大小，是水分生理与抗性生理研究中的常用指标。

请同学们想一想，本实验的知识点在植物生理学研究和生产实践中还有哪些应用？

（王军虹，于　爽）

实验 12　K^+对气孔运动的影响

【目的】

了解 K^+ 对气孔运动的调节作用；掌握观察气孔运动状况的方法和技术。

【原理】

气孔运动与保卫细胞内 K^+ 浓度变化密切相关。光照下保卫细胞叶绿体通过光合磷酸化合成 ATP，活化质膜上的 H^+ -ATP 酶，将 H^+ 分泌到细胞壁，同时 K^+ 进入保卫细胞，K^+ 浓度增高引起渗透势下降，水势降低，促进保卫细胞吸水，气孔打开。Na^+ 可以代替 K^+ 使气孔开放，但不如 K^+ 有效。

【实验用品】

1. 材料

鸭跖草、蚕豆等植物叶片。

2. 器具

显微镜；尖头镊子；温箱；光源（1 000 W 碘钨灯）；培养皿；载玻片；盖玻片；天平等。

3. 试剂

（1）5 g · L^{-1} KNO_3溶液：称取 0.5 g 分析纯 KNO_3，用 90 mL 蒸馏水溶解，定容至 100 mL。

（2）5 g · L^{-1} $NaNO_3$溶液：称取 0.5 g 分析纯 $NaNO_3$，用 90 mL 蒸馏水溶解，定容至 100 mL。

（3）用 pH 6.1 的 10 mmol · L^{-1} Tris 缓冲液配制浓度分别为 50、100 和 200 mmol · L^{-1}的钾溶液。

【实验步骤】

1. 取 3 只培养皿，分别加 5 g · L^{-1} KNO_3、5 g · L^{-1} $NaNO_3$和蒸馏水各 15 mL。

2. 实验前，用 1 000 W 碘钨灯对植物材料照光处理 1 ~2 h，期间保持叶片润湿（随时用水喷湿叶片)，促进气孔开放。

3. 从植株上选取叶片，用镊子撕取下表皮，于显微镜下镜检，如发现有相当部分的气孔已张开，即可开展实验。

4. 撕取鸭跖草或蚕豆叶片下表皮若干，分别放入上述 3 个培养皿中。

5. 将 3 只培养皿置于 25 ℃温箱中，使溶液温度达 25 ℃。

6. 取出培养皿置于 1 000 W 碘钨灯下照光 0.5 ~ 1 h，光照强度约 4 000 lx。

7. 分别取出叶表皮置于载玻片上，加盖玻片，于显微镜下观察气孔开度。

8. 比较 3 种溶液处理后叶片的气孔开度情况。

9. 在上述实验结果基础上，重新撕取面积相等的鸭跖草或蚕豆叶片下表皮若干，平均分成 4 组，分别放入盛有 50、100、200 $mmol \cdot L^{-1}$的钾溶液（各 15 mL）及等量蒸馏水（对照）的 4 个培养皿中，室温、光下培养 2 h，显微镜下观察并测量气孔开度，作出 K^+浓度和气孔孔径的关系图。

10. 用折射仪法测定供试材料表皮细胞处理前后的渗透势变化，并与气孔开度变化进行比较。

11. 重复实验步骤 9，在室温、暗处培养 2 h，观察并测量气孔开度，实验结果与光下培养所得结果进行比较分析。

【注意事项】

1. 实验步骤 9 所取的 4 组叶片下表皮、面积或质量要相等，以保证实验步骤 10 的测定结果具有可比性。

2. 实验步骤 9 所取的 4 组叶片应达到一定数量，使其处理后溶液浓度变化达到可检测范围。

【思考题】

1. 比较 Na^+和 K^+对气孔运动的影响，K^+对气孔运动有何作用？

2. 比较用缓冲溶液配制的处理液和直接用 5 $g \cdot L^{-1}$ KNO_3溶液处理材料的实验结果有何不同？哪种效果更好？为什么？

3. 根据所得实验结果，对综合实验设计进行评价分析。

学以致用

干旱是限制植物生长的主要环境因子。研究干旱胁迫下，植物对逆境信息感受的生理学机制及其适应性反应，是基础研究中的重要课题，而气孔作为植物与环境之间气体及水分交换的关键门户，是研究的重点和难点。气孔运动是一个相当复杂的生理活动，受许多内外因子的影响，保卫细胞能感受内外环境信号而调节其体积，控制气孔开度，主宰植物与外界环境所进行的水分、气体等交换。植物受到水分胁迫时，一个重要的生理反应是气孔关闭，而 K^+等离子进出保卫细胞与气孔的运动密切相关。因此，测定水分胁迫下 K^+、Na^+等离子对气孔运动的影响，不仅对揭示气孔运动机制具有重要的理论意义，而且可为农业生产栽培管理提供科学依据。

请同学们想一想，本实验知识点在植物生理学研究和生产实践中还有哪些应用？

（王军虹）

【本章思考与作业】

1. 植物组织水势的测定有哪几种方法？各有何特点？

2. 判断一块田地是否需要合理灌溉，可通过测定本章的哪些生理指标来加以证实？试写出主要技术路线（图）。

3. 填空练习

（1）溶液的折射率与溶液浓度密切相关。当温度一定时，溶液浓度________，折射率________。对于单一溶质的溶液，可由折射率直接查出溶液浓度。溶液的折射率可以用________或________测得。果品、蔬菜的溶质含量也可用细胞汁液浓度表示，称为________，是果蔬品质的重要指标。测量果品汁液浓度时，由于果汁中除糖以外，含酸量也很可观，所以测得数值实际上是________两部分（及少量其他物质）的总和，常以可溶性固形物表示。

（2）植物组织中的水分主要以________、________形式存在。________和________相对含量可作为植物组织代谢强弱和抗性强弱的重要指标。________/________比值________时，植物组织或器官的代谢活动一般较旺盛，生长较快；比值________时，生长可能较缓慢，但抗逆性________。

（3）植物组织中________水可以作为溶剂，________水则不能作为溶剂。将植物组织浸入高浓度的糖溶液中一定时间后，易移动的________水可全部扩散到糖液中，组织中便留下不易移动的________水。

（4）将待测的植物组织放入不同浓度的外液中一段时间后，若植物组织水势小于外界溶液的渗透势，植物组织________，外液浓度________，其折光率________；反之，则________；若折光率不变，说明外液与植物组织的水分达到了________，此时外液的渗透势________植物组织的水势。根据公式______________可计算出溶液的渗透势，即为植物组织的水势。

（5）当发生初始质壁分离时，细胞的压力势为________，植物组织的水势________外部溶液的渗透势，即$\Psi_{W组织}$________$\Psi_{S外液}$，代入公式________，即可计算出渗透势。

（6）K^+促进气孔开放理论认为，光下保卫细胞叶绿体通过光合磷酸化合成 ATP，活化了质膜上的________，使________分泌到细胞壁，________进入保卫细胞，引起渗透势________，水势________，促进保卫细胞________，气孔________。

（参考答案见数字资源）

（王军虹）

第3章 矿质营养

本章学习引导

“有收无收在于水，收多收少在于肥。”植物除了从土壤中吸收水分外，还必须吸收矿质元素，以维持正常的生命活动。植物对矿质元素的吸收、转运和同化作用称为植物的矿质营养。某一矿质营养缺乏时，植物体会表现出相应的缺素症状，在科研和生产中常使用溶液培养法、植物体矿质元素含量分析、根系活力及重要的相关酶活性分析等方法综合评价植物体矿质营养状况。

本章主要介绍了植物的溶液培养法及其缺素症观察、根系活力的测定、硝酸还原酶活力的测定、硝态氮含量的测定等基础实验方法，以及原子吸收光谱法综合测定植物体内的矿质元素的技术。学生可以采用溶液培养法，改变培养条件，培养植株，然后测定根系活力、硝酸还原酶活力等指标，综合分析植物在不同培养条件下的氮素代谢状况；也可以综合测定植物组织的水势、叶绿素含量、光合速率等指标，开展综合设计性实验训练。

实验 13　植物的溶液培养及其缺素观察

【目的】

掌握植物溶液培养技术及植物必需元素的生理作用和缺素症状的主要特征。

【原理】

将植物必需的矿质元素按一定比例配成完全营养液来培养植物,可使植物正常生长发育。也可配置缺素营养液(缺少某一必需元素)培养植物,则植物会表现出相应的缺素症状;若将所缺元素加入培养液中,则该缺素症状可减轻或逐渐消失。

【实验用品】

1. 材料

玉米、水稻、番茄等植物的种子。

2. 器具

烧杯(500 mL);移液管(1 mL、5 mL);量筒(1 000 mL、500 mL);培养瓶(可用 500 mL 玻璃广口瓶);黑色蜡光纸;塑料纱网或纱布;精密试纸(pH 5 ~ 6);搪瓷盘(带盖);石英砂;试剂瓶(500 mL)。

3. 试剂

KNO_3;$MgSO_4 \cdot 7H_2O$;KH_2PO_4;K_2SO_4;Na_2SO_4;NaH_2PO_4;$NaNO_3$;$Ca(NO_3)_2 \cdot 4H_2O$;$CaCl_2$;$FeSO_4 \cdot 7H_2O$;H_3BO_3;$MnCl_2$;$CuSO_4 \cdot 5H_2O$;$ZnSO_4 \cdot 7H_2O$;$H_2MoO_4 \cdot H_2O$;HCl;EDTA – 2Na(乙二胺四乙酸二钠)。以上试剂均为分析纯或化学纯。多菌灵乳浊液或 50 $g \cdot L^{-1}$ 次氯酸钠溶液;10 $g \cdot L^{-1}$ 盐酸(调 pH 用)。

【实验步骤】

1. 种子处理

选取大小一致、饱满的植物种子,用多菌灵乳浊液(或 5% 次氯酸钠溶液)消毒浸种约 20 min,蒸馏水漂洗后,再浸种 12 h,25 ℃下催芽 24 h。

2. 培养幼苗

取搪瓷盘 1 个,内放塑料纱网框(用纱网与粗铅丝自制),并用细铅丝钩在瓷盘边上(可通过细铅丝调节纱网高度),加水至与纱网平齐,将催好芽的种子均匀摆放在纱网上,加盖,置于温暖处生长。若以玉米或水稻为材料,可一直用水培养,直到出现第 2 片真叶;若培养番茄苗,则待子叶完全展开后,改用稀释的培养液(浓度为完全培养液的 1/4)培养,当番茄苗高 3 ~ 4 cm 且展开一片真叶时,移苗。也可用搪瓷盘装石英砂或蛭石来培养幼苗。

3. 配制培养液

大量元素及铁的储备液配制:用蒸馏水按表 13 – 1 分别配制。

表 13-1　大量元素及铁的储备液配制表

营养盐	浓度/($g \cdot L^{-1}$)	营养盐	浓度/($g \cdot L^{-1}$)
$Ca(NO_3)_2 \cdot 4H_2O$	236	NaH_2PO_4	24
KNO_3	102	$NaNO_3$	170
$MgSO_4 \cdot 7H_2O$	98	Na_2SO_4	21
KH_2PO_4	27	EDTA-Fe:	
K_2SO_4	88	①EDTA-Na_2	7.45
$CaCl_2$	111	②$FeSO_4 \cdot 7H_2O$	5.57

微量元素储备液配制：称取 2.86 g H_3BO_3、1.81 g $MnCl_2 \cdot 4H_2O$、0.08 g $CuSO_4 \cdot 5H_2O$、0.22 g $ZnSO_4 \cdot 7H_2O$、0.09 g $H_2MoO_4 \cdot H_2O$，溶于 1 L 蒸馏水中。

完全培养液和缺素培养液配制：上述储备液按表 13-2 配成完全培养液或缺乏某种元素的培养液，用 10 $g \cdot L^{-1}$稀盐酸调 pH 至 5.5～5.8。

表 13-2　完全培养液和各种缺素培养液配制表

储备液	每 100 mL 培养液中储备液的用量/mL						
	完全	缺 N	缺 P	缺 K	缺 Ca	缺 Mg	缺 Fe
$Ca(NO_3)_2$	0.5	—	0.5	0.5	—	0.5	0.5
KNO_3	0.5	—	0.5	—	0.5	0.5	0.5
$MgSO_4$	0.5	0.5	0.5	0.5	0.5	—	0.5
KH_2PO_4	0.5	0.5	—	—	0.5	0.5	0.5
K_2SO_4	—	0.5	0.5	—	—	—	—
$CaCl_2$	—	0.5	—	—	—	—	—
NaH_2PO_4	—	—	—	0.5	—	—	—
$NaNO_3$	—	—	—	0.5	0.5	—	—
Na_2SO_4	—	—	—	—	—	0.5	—
EDTA-Fe	0.5	0.5	0.5	0.5	0.5	0.5	—
微量元素	0.1	0.1	0.1	0.1	0.1	0.1	0.1

4. 取 7 个 500 mL 广口瓶，分别装入以上配制的完全培养液及各种缺素培养液 400 mL，贴上标签，写明日期。然后把各瓶用黑色蜡光纸或黑布包起来（黑面向里），用泡沫塑料做成瓶盖，并用打孔器在瓶盖上打数个圆孔，将生长一致的植株去胚乳，并用棉花或海绵缠住茎基部，小心通过圆孔固定在瓶盖上，使整个根系浸入培养液中。培养瓶置于阳光充足、温度适宜（20～25 ℃）的地方，培养 3～4 周。

5. 实验开始后每 2 d 观察一次，并用精密 pH 试纸检测培养液的 pH，用 10 $g \cdot L^{-1}$盐酸调至 pH 5～6。为使根系氧气充足，每天可定时用吸耳球打气 2～3 次，或在瓶盖与溶液间保留一定空隙，以利通气。每隔 2 d 加蒸馏水一次补充瓶内蒸腾损失的水分，每隔 1 周更换培养液一次。记录幼苗发育状况（茎长、根长、叶片大小、颜色、植株高度等），注意记录缺乏某一必需元素时所表现的症状和最先出现症状的部位。待各缺素培养液中的幼苗表现出明显的症状后，可把缺素培养液一律更换为完全培养液，观察症状逐渐消失的情况，并记录结果。必要时可根据需要测定植株体内元素的含量。

【注意事项】

1. 使用沙培时，要用自来水将沙冲洗干净。
2. 注意调节培养液的 pH 到 5 ~ 6，pH 太低会对根产生伤害，pH 太高会抑制植物生长。
3. 选取生长一致的植株是指植株高矮、粗细和叶片数一致。
4. 培养液每周更换一次，每天定时向培养液通气。

【思考题】

1. 比较植株缺乏 N、P、K、Ca、Mg、Fe 元素时症状有何不同，为什么？
2. 溶液培养应注意哪些问题？
3. 为什么说无土栽培是研究植物矿质营养的重要方法？

学以致用

植物的生长发育，除需要充足的阳光、水分外，还需要矿质元素，否则植物就不能正常生长发育，甚至死亡。用溶液培养植物可以观察矿质元素对植物生长的作用及缺乏某元素时的症状，可避免土壤中复杂因素的影响；溶液培养也可用于根系生理研究。近年来，由溶液培养技术衍生的植物无土栽培（数字资源 3 –1）得到了快速发展。无土栽培生产的蔬菜、瓜果不仅产量高，而且品质优，低污染或无污染。

请同学们想一想，溶液培养技术在设施农业（数字资源 3 –2）中还有哪些应用，其发展前景如何？

（徐庆华）

实验 14　植物根系活力的测定

【目的】

掌握 TTC 法测定根系活力的原理和方法。

【原理】

氯化三苯基四氮唑（TTC）是一种氧化还原物质，溶于水为无色溶液，被还原后生成红色不

溶于水的三苯基甲臜(TTF),反应式如下:

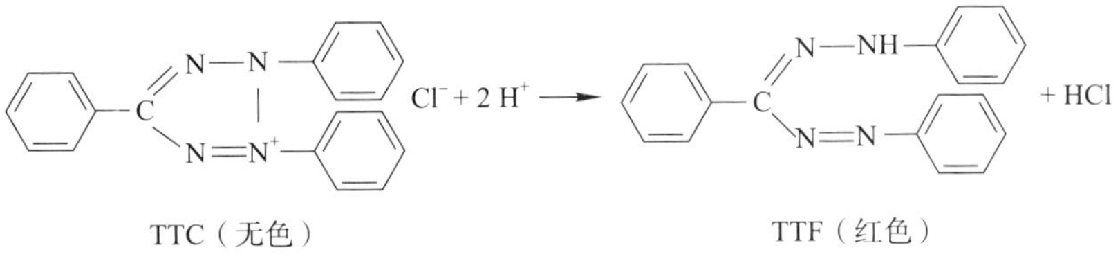

生成的 TTF 比较稳定,不会被空气中的氧自动氧化,所以 TTC 被广泛用作氧化还原酶的氢受体。植物根细胞内的脱氢酶(如琥珀酸脱氢酶等)可将 TTC 还原,其还原量能表示脱氢酶活性,并在一定程度上反映根系活力。

【实验用品】

1. 材料

玉米或小麦幼苗根系。

2. 器具

分光光度计;分析天平;恒温振荡箱;研钵;三角瓶(100 mL);漏斗;移液管;刻度试管(20 mL);容量瓶;小培养皿;试管架等。

3. 试剂

(1) 乙酸乙酯(分析纯)。

(2) $Na_2S_2O_4$(连二亚硫酸钠,强还原剂,俗称保险粉)。

(3) 10 g · L^{-1} TTC 溶液:准确称取 TTC 1.0 g,溶于少量蒸馏水,并定容至 100 mL。

(4) 4 g · L^{-1} TTC 溶液:准确称取 TTC 0.4 g,溶于少量蒸馏水,并定容至 100 mL。

(5) 磷酸缓冲液(0.067 mol · L^{-1},pH 7.0)。

(6) 1 mol · L^{-1} H_2SO_4:用量筒量取相对密度 1.84 的浓 H_2SO_4 55 mL,边搅拌边加入盛有 500 mL 蒸馏水的烧杯中,冷却后稀释至 1 000 mL。

(7) 0.4 mol · L^{-1} 琥珀酸溶液:称取琥珀酸 4.72 g,溶于蒸馏水,定容至 100 mL。

【实验步骤】

1. 定性测定

(1) 配制反应液　把 10 g · L^{-1} TTC 溶液,0.4 mol · L^{-1} 琥珀酸和 0.067 mol · L^{-1} 磷酸缓冲液(pH 7.0)按体积比 1∶5∶4 比例混合。

(2) 仔细洗净根,并从茎基切除地上部分,将根放入三角瓶中,倒入反应液,至浸没根为止,置于 37 ℃暗处恒温振荡培养 1 h,以观察着色情况。新根尖端几毫米处,以及细侧根都明显变成红色,表明该处有脱氢酶存在。

2. 定量测定

(1) TTC 标准曲线的制作　吸取 4 g · L^{-1} TTC 溶液 0.25 mL 放入 10 mL 容量瓶,加少许 $Na_2S_2O_4$ 粉末,摇匀后立即产生红色的 TTF。再用乙酸乙酯定容至刻度线,摇匀。然后分别取此液 0.25、0.50、1.00、1.50、2.00 mL 置 10 mL 容量瓶中,用乙酸乙酯定容至刻度线,即得到含 TTC

25、50、100、150、200 μg 的标准比色系列，以空白作参比，在 485 nm 波长下测定吸光度，绘制标准曲线。

（2）样品处理　称取根 0.5 g，放入小培养皿（空白试验先加硫酸再加入根样品，其他操作相同），加入 $4\ g \cdot L^{-1}$ TTC 溶液和磷酸缓冲液的等量（1∶1）混合液 10 mL，使根充分浸于溶液内，37 ℃暗处恒温振荡培养 1 h 后，加入 $1\ mol \cdot L^{-1}\ H_2SO_4$ 2 mL，终止反应。

（3）比色测定　取出根，吸干溶液后加乙酸乙酯 3 ~ 4 mL 和少量石英砂研磨，以提取 TTF。把红色提取液移入试管，用少量乙酸乙酯洗涤残渣 2 ~ 3 次，直至洗液不带红色为止，全部洗液合并于试管中，最后用乙酸乙酯定容至 10 mL，以乙酸乙酯为对照于 485 nm 波长下测定并记录吸光度，查标准曲线，求出 TTC 的还原量。

（4）计算

$$\text{TTC 还原量}(\mu g \cdot g^{-1} \cdot h^{-1}) = X \cdot (W \cdot t)^{-1}$$

式中：X——TTC 还原量（μg）

W——根重（g）

t——反应时间（h）

【注意事项】

反应时间长短因根系活力差异而不同，以目测有差异为度，时间太长，显色的差异测不出来。

【思考题】

1. 测定植物根系活力有何意义？
2. 设计不同处理，测定植物根系活力，分析所得实验结果。

学以致用

根系不仅是植物吸收水分和矿质营养的主要器官，也是合成氨基酸、激素等物质的重要部位，同时合成并输送感受外界刺激的信息物质。根系的生长状况和活力对于地上部的营养、生长和最终产量的形成至关重要。因此，根系活力是植物生长的重要生理指标之一。生产上，为了培育壮秧，可通过测定作物幼苗的根系活力，来指导栽培管理。根系活力的测定方法主要有氯化三苯基四氮唑（TTC）法和 α－萘胺氧化法（数字资源 3－3）。

请同学们想一想，根系活力的测定在科研或生产实践中还有哪些应用？

（徐庆华）

实验 15　植物体内硝态氮的测定

【目的】

掌握水杨酸法测定植物体内硝态氮含量的原理和方法。

【原理】

在浓酸条件下，NO_3^- 与水杨酸反应，生成硝基水杨酸。其反应式如下：

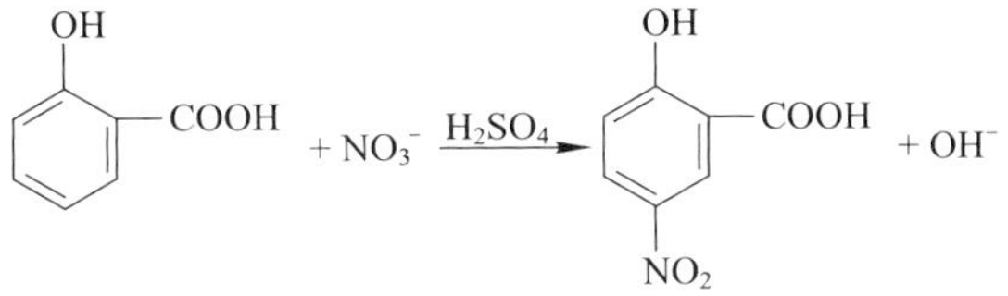

生成的硝基水杨酸在碱性条件下（pH > 12）呈黄色，最大吸收峰在波长 410 nm 处，在一定范围内，其颜色的深浅与其含量成正比，可直接比色测定。该方法现象稳定、结果可靠。

【实验用品】

1. 材料

植物叶片、根系等组织。

2. 器具

分光光度计；分析天平；刻度试管；移液管；容量瓶；小漏斗；电炉；铝锅；玻璃球；定性滤纸等。

3. 试剂

（1）500 mg · L^{-1} NO_3^- – N 标准溶液：精确称取烘至恒重的 KNO_3 0.722 1 g 溶于蒸馏水，定容至 200 mL。

（2）50 g · L^{-1} 水杨酸 – H_2SO_4 溶液：称取 5 g 水杨酸溶于 100 mL 相对密度为 1.84 的浓 H_2SO_4 中，搅拌溶解后，贮于棕色瓶中，置于冰箱保存，1 周有效。

（3）80 g · L^{-1} NaOH 溶液：称取 80 g NaOH 溶于 1 L 蒸馏水中。

【实验步骤】

1. 标准曲线的制作

（1）吸取 500 mg · L^{-1} NO_3^- – N 标准溶液 1、2、3、4、6、8、10、12 mL 分别放入 50 mL 容量瓶中，用去离子水定容至刻度线，配成 10、20、30、40、60、80、100、120 mg · L^{-1} 的系列标准溶液。

（2）吸取上述系列标准溶液 0.1 mL，分别放入刻度试管中，以 0.1 mL 去离子水代替标准溶液作空白。再分别加入 50 g · L^{-1} 水杨酸 – H_2SO_4 溶液 0.4 mL，摇匀，室温放置 20 min，再加 80 g · L^{-1} NaOH 溶液 9.5 mL，摇匀冷却至室温。显色液总体积为 10 mL。

（3）以空白作对照，在410 nm波长下测定吸光值。以NO_3^- - N浓度为横坐标，吸光值为纵坐标，绘制标准曲线，或计算出回归方程。

2. 样品中硝酸盐的测定

（1）样品液的制备 取一定量的植物材料剪碎混匀，用感量为0.01 g的天平准确称取材料2 g 3份，分别放入3支刻度试管中，各加10 mL去离子水，用橡胶塞封口，置于沸水浴中提取30 min。取出试管，自来水冷却，将硝酸盐提取液过滤到25 mL容量瓶中，并反复冲洗残渣，最后定容至刻度线。

（2）样品液硝态氮的测定 分别吸取样品液0.1 mL于3支刻度试管中，然后加50 $g \cdot L^{-1}$水杨酸 - H_2SO_4溶液0.4 mL，混匀后置于室温下20 min，再慢慢加入80 $g \cdot L^{-1}$ NaOH溶液9.5 mL，冷却至室温，以空白作对照，在410 nm波长下测吸光值。在标准曲线上查得或用回归方程计算出NO_3^- - N浓度。

（3）结果计算

$$NO_3^- - N\text{ 含量}(mg \cdot g^{-1}) = D \cdot V_T \cdot W^{-1} \cdot V_S^{-1}$$

式中：D——标准曲线上查得或回归方程计算得NO_3^- - N含量（mg）；

V_T——样品液总量（mL）；

W——样品鲜重（g）；

V_S——测定取用的样品提取液体积（mL）。

【思考题】

1. 试判断以下植物器官中硝态氮含量的高低，并说明原因。

（1）萝卜的根、叶柄、叶片相比较；

（2）大白菜绿叶、外层包心叶、菜心、菜帮相比较。

2. 为什么要测定植物体内的硝态氮含量？

3. 测定试剂中水杨酸的作用是什么？

学以致用

硝酸盐是植物吸收的主要含氮物质之一，它必须还原成氨才能参加有机氮化合物的合成。硝酸盐在植物体内的还原可在根、叶肉细胞内进行。因此，测定植物体内硝态氮含量变化对于了解氮代谢机制极为重要。植物体内硝态氮的含量，不仅能够反映出植物的氮素营养状况，而且对鉴定蔬菜及其加工产品的品质也有重要意义。

请同学们想一想，测定植物体内硝态氮含量在植物生理学研究及生产实践中还有哪些意义？

（徐庆华）

实验 16　硝酸还原酶活力的测定

【目的】

掌握活体法测定硝酸还原酶活力的原理和方法。

【原理】

硝酸还原酶(NR)是植物氮素同化的关键酶,它催化植物体内的硝酸盐还原为亚硝酸盐:

$$NO_3^- + NADH + H^+ \rightarrow NO_2^- + NAD^+ + H_2O$$

产生的亚硝酸盐与对氨基苯磺酸(或对氨基苯磺酰胺)及 α - 萘胺(或萘基乙烯胺)在酸性条件下定量生成红色偶氮化合物。其反应如下:

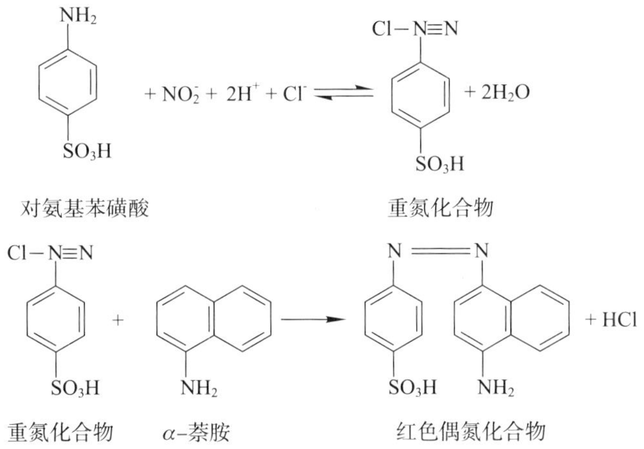

生成的红色偶氮化合物在波长 540 nm 处有最大吸收峰,可用分光光度计测定。硝酸还原酶活性可由产生的亚硝态氮的量表示。一般以每克鲜重含氮量表示($\mu g \cdot g^{-1} \cdot h^{-1}$)。硝酸还原酶活性测定可分为活体法和离体法(数字资源 3 -4),活体法操作步骤简单,适合快速、多组测定;离体法复杂,但重复性较好。

【实验用品】

1. 材料

大豆等植物叶片。

2. 器具

真空抽气泵;抽气用真空干燥器;三角瓶(50 mL);冷冻离心机;分光光度计;天平;冰箱;恒温水浴;研钵;刻度试管;移液管等。

3. 试剂

(1) $NaNO_2$(亚硝酸钠)标准液。

(2) 0. 1 mol · L^{-1} KNO_3。

（3）10 g · L^{-1}磺胺。

（4）0.2 g · L^{-1}萘基乙烯胺溶液：0.02 g 萘基乙烯胺溶于 100 mL 去离子水，贮于棕色瓶中。

（5）0.1 mol · L^{-1} KNO_3溶液：2.527 5 g KNO_3溶于 0.1 mol · L^{-1} pH 7.5 的磷酸缓冲液 250 mL 中。

（6）300 g · L^{-1} TCA（三氯乙酸）溶液：30 g 三氯乙酸溶于去离子水后定容至 100 mL。

【实验步骤】

1. 标准曲线制作

取 7 支洁净烘干的 15 mL 刻度试管按表 16－1 顺序加入试剂，配成 0～2.0 μg 的系列标准亚硝态氮溶液。摇匀后 25 ℃保温 30 min，然后在 540 nm 波长下测定吸光值。以亚硝态氮含量（μg）为横坐标（X），吸光值为纵坐标（Y），计算回归方程或绘制标准曲线。

表 16－1　标准亚硝态氮溶液配制表

试管号	1	2	3	4	5	6	7
$NaNO_2$ 标准液/mL	0	0.2	0.4	0.8	1.2	1.6	2.0
蒸馏水/mL	2	1.8	1.6	1.2	0.8	0.4	0
1% 磺胺/mL	4	4	4	4	4	4	4
0.02% 萘基乙烯胺/mL	4	4	4	4	4	4	4
每管亚硝态氮含量/μg	0	0.2	0.4	0.8	1.2	1.6	2.0

2. 样品测定

（1）取样　称取植物叶片 1.0～2.0 g 共 4 份，剪成 1 cm 左右的小段，放于 4 只三角瓶中，其中 1 份作为对照。

（2）反应　对照瓶中加 300 g · L^{-1} TCA 溶液 1 mL，然后向 4 只三角瓶中各加 0.1 mol · L^{-1} KNO_3溶液 9 mL，混匀后立即放入干燥器中，抽气 1 min，再通入空气，再抽真空，反复几次，以排除组织间隙的气体，至叶片完全沉入瓶底，以便底物溶液进入组织。最后通入氮气密封，25 ℃暗处反应 0.5 h，分别向测定瓶（对照瓶除外）加入 300 g · L^{-1} TCA 1 mL 终止酶反应。

（3）比色测定　将各瓶摇匀静置 2 min 后，各取 2 mL 反应液放入试管中，加磺胺和萘基乙烯胺各 1 mL，摇匀显色 15 min 后，4 000 r · min^{-1}离心 5 min，取上清液于 540 nm 波长处测定吸光值。根据标准曲线计算出反应液中生成的亚硝态氮总量（μg）。

3. 结果计算

$$样品中酶活性(\mu g \cdot g^{-1} \cdot h^{-1}) = X \cdot V_1 \cdot (V_2 \cdot W \cdot t)^{-1}$$

式中：X——反应液酶催化产生的亚硝态氮总量（μg）；

V_1——提取酶时加入的缓冲液体积（mL）；

V_2——酶反应时加入的粗酶液体积（mL）；

W——样品重量(g);

t——反应时间(h)。

【注意事项】

1. 取样应选在晴天进行,最好提前一天施用一定量的硝态氮肥,取样部位应一致。
2. 硝酸还原酶容易失活,活体法测定时,操作应迅速,并且在 4 ℃下进行。
3. 硝酸盐还原过程应在黑暗中进行,以防止亚硝酸盐还原为氨。
4. 从显色到比色时间应一致,显色时间过长或过短对颜色都有影响。

【思考题】

1. 测定硝酸还原酶的材料为什么要提前一天施用一定量的硝态氮肥,且取样应在晴天?
2. 活体法测定硝酸还原酶活性有何特点?
3. 查阅文献了解离体法测定硝酸还原酶活性与活体法测定有何不同?
4. 如果在材料处理时,事先将植物分成 4 组,第一组与第二组在培养过程中施用的是一定量的硝态氮肥,而第三组与第四组施用的是铵态氮肥;第一组与第三组在取材当天,将植物培养于充分照光条件下,而第二组与第四组则在取材当天将植物置于暗中培养。试问最终测定的硝酸还原酶活性将有什么不同?为什么?
5. 真空泵抽气前,小叶圆片为何浮于水面?真空泵抽气完并放气后,小叶圆片为何能沉入水中?本实验中为何要用真空泵抽气?
6. 本实验显色原理与 α-萘胺氧化法检测植物根系活力的原理一致,为何两者所选用的测定波长不一致?
7. 本实验应用的是活体法测定 NR 活力,如果采用离体法测定,实验该如何进行?

● 学以致用 ●

植物从土壤中吸收硝态氮后,需经过硝酸盐还原和亚硝酸盐还原,形成的氨参与氨的同化,并进入氨基酸代谢,进而参与蛋白质及核酸等含氮物质代谢,为植物的生长发育发挥作用。硝酸还原酶催化硝酸盐还原为亚硝酸盐,是植物氮素代谢的关键酶。硝酸还原酶与作物吸收和利用氮肥有关,不同品种、年龄、器官组织以及环境条件对硝酸还原活性都有影响。

请同学们想一想,测定硝酸还原酶活性在植物生理学研究及生产实践中有何意义?

(徐庆华)

实验 17　原子吸收光谱法测定植物组织矿质元素

【目的】

掌握原子吸收分光光度法测定植物组织矿质元素的原理和方法；了解植物组织中矿质元素的含量。

【原理】

除铬以外，几乎所有的金属均可溶解在一定浓度的硝酸溶液中。因此，可用原子吸收分光光度法测定绝大多数金属元素，而用比色法测定铬元素。将植物样品灰化后，用稀硝酸在低温电炉上加热提取，随着温度的升高，灰分中各种金属元素会逐渐溶解在硝酸中，样品中所含的多种金属元素可同时被抽提出来。用原子吸收分光光度计，采用不同的金属阴极灯即可测出样品中除铬以外多种金属元素的浓度。

分析植物样品中某种金属元素含量，首先需制备该金属元素的标准溶液。用浓硝酸溶解该纯金属，用去离子水稀释成一定浓度的母液，再配制成一系列不同浓度的标准溶液，通过测定其原子吸收光谱的吸光度，绘制标准曲线。然后保持仪器在同样的工作状态下，测出样品待测液中该金属原子吸收光谱的吸光度，利用吸光度与原子浓度成正比的原理，在曲线上即可查到待测金属原子的浓度。配有电脑的原子吸收分光光度计，能自动绘制标准曲线，进行误差校正、含量换算，并在记录屏幕上直接显示出待测样品中各种金属原子的浓度结果。本实验可结合缺素培养实验综合测定分析正常植株和缺锌植株叶片中 Pb、Zn 的含量。

【实验用品】

1. 材料

水稻或其他植物叶片（如实验 13 获得的缺锌植株及完全培养液培养的正常植株的叶片）。

2. 器具

原子吸收分光光度计（HITACHI Z－2000）；低温电炉；马弗炉；吸液管；容量瓶；瓷坩埚；不锈钢剪。

3. 试剂

（1）纯度为 99% 的 Pb、Zn。

（2）500 $g \cdot L^{-1}$、100 $g \cdot L^{-1}$、10 $g \cdot L^{-1}$的 HNO_3 溶液。

（3）Pb 和 Zn 标准母液的制备：精确称取高纯度的 Pb 和 Zn 各 0.1 g，分别用 500 $g \cdot L^{-1}$的 HNO_3 10 mL 略加热溶解，用去离子水稀释并定容至 100 mL，得到浓度为 1 $mg \cdot L^{-1}$的 Pb 和 Zn 母液。

（4）标准溶液 1（Pb）的制备：用去离子水将 Pb 的母液分别稀释成 1、10、20、40、80 $\mu g \cdot mL^{-1}$。

（5）标准溶液 2（Zn）的制备：用去离子水将 Zn 的母液稀释成 2、4、8、16 $\mu g \cdot mL^{-1}$。

【实验步骤】

1. 样品的预处理(干灰化法)

(1) 按平均取样法称取待测水稻叶片 5 ~ 10 g,先用流动水冲洗叶片表面污物,再用去离子水冲洗 2 ~ 3 次。用吸水纸吸干叶面水分,称取 5 g 左右待用(记录准确质量)。

(2) 将干净的水稻叶片剪成 1 cm 长叶段,直接放入 50 mL 瓷坩埚内,先在低温电炉上碳化 1 ~ 2 h。

(3) 将瓷坩埚转入马弗炉,升温至 200 ℃ 继续碳化 30 min(至无烟外溢)。然后每升温 100 ℃ 停 0.5 h,逐步升温至 600 ℃,约 4 ~ 5 h 即可灰化完毕,得白色灰。

(4) 样品冷却至室温,在坩埚内加入 100 $g \cdot L^{-1}$ 的 HNO_3 5 ~ 10 mL,置低温电炉上消化提取,使坩埚内 HNO_3 的体积减至 0.5 mL 左右。

(5) 冷却后用 10 $g \cdot L^{-1}$ 的 HNO_3 将坩埚内样品无损转入 25 mL 量瓶内,并定容至刻度线。全过程用一空白样为对照。

2. 样品的测定

(1) 按操作程序开启原子吸收分光光度计(数字资源 10 -1)。

(2) 用 10 $g \cdot L^{-1}$ 的 HNO_3 调零,并分别用标准溶液 1、2 制作标准曲线。

(3) 将待测样品上机进样检测,记录数字显示屏幕上的读数,即为每毫升样品液中所含 Pb 或 Zn 的量(μg)。

3. 结果计算

计算每千克水稻叶片中含 Pb 或 Zn 的毫克数。

4. 比较完全培养液培养的正常植株与缺锌培养植株的 Zn 含量。

【注意事项】

1. 点火前检查火焰炉口和进样口是否通畅,测定不同样品时,用双蒸水清洗进样口管,然后用滤纸吸干。

2. 若样品中被检金属元素含量超过了标准溶液最高浓度的值,可重新配制标准溶液,提高其浓度,或适当稀释样品液。

【思考题】

1. 测定植物组织中的金属元素有何意义?

2. 为什么原子吸收分光光度法不适合测定金属铬含量?

学以致用

测定植物组织中的矿质元素,对研究作物生长发育规律、制定农业技术措施、提高作物产量和农产品品质有一定意义;在环境保护、食品检验、营养成分分析、酶的结构与功能、生物膜的结构与功能等研究方面也有重要作用。

请同学们想一想，原子吸收分光光度法测定矿质元素的实验技术还有哪些应用？

（徐庆华）

【本章思考与作业】

1. 无土栽培技术在农业生产中有哪些应用？

2. 设计一套完整的实验，证明某种元素是植物生长所必需的元素。

3. 填空练习

（1）植物缺素培养实验过程中需要经常向培养液中打气、调 pH，为什么？

（2）TTC 法测定植物根系活力，可用 TTC 还原量表示________活性，并作为根系活力的指标。植物根系所引起的 TTC 还原，可因加入________、________、________等得到增强，而被________、________所抑制。

（3）硝酸还原酶（NR）是植物氮素同化的关键酶，测定其酶活性可以采用活体法和________法。活体法是利用 NR 催化植物体内的________还原为________，产生的________与对氨基苯磺酸（或对氨基苯磺酰胺）及 α－萘胺（或萘基乙烯胺）在________条件下定量生成红色偶氮化合物，从而测定酶的活性。

（4）采用水杨酸法测定植物体内硝态氮含量的优点是________、________。在________条件下，________与水杨酸反应，生成硝基水杨酸。生成的硝基水杨酸在________条件下（pH > 12）呈黄色，最大吸收峰的波长为________ nm，在一定范围内，其颜色深浅与________含量成正比，可直接比色测定。

（5）除了金属________以外，几乎所有的金属均可溶解在一定浓度的________酸溶液中。因此，可用原子吸收分光光度法测定绝大多数金属元素，而用________法测定铬元素。将植物样品灰化后，用________酸在低温电炉上加热提取，随着温度提高灰分中各种金属元素会逐渐溶解在________酸中，一份样品中所含的多种金属元素可同时被抽提出来。用原子吸收分光光度计，采用不同的________灯即可测出样品中除________以外多种金属元素的浓度。

（参考答案见数字资源）

（徐庆华）

第 4 章 光合作用与呼吸作用

本章学习引导

生物的新陈代谢可以概括为两类反应：同化作用和异化作用。光合作用把二氧化碳和水合成有机物，把太阳能转化为可储存在体内的化学能，属于同化作用；而呼吸作用将体内复杂的有机物分解为简单的化合物，同时把储存在有机物中的能量释放出来，属于异化作用。光合作用和呼吸作用对于植物体的生命活动十分重要。本章主要选择了分光光度法测定两大代谢途径中的一些关键酶（RuBPCase、PEPCase、乙醇酸氧化酶、甘油醛-3-磷酸脱氢酶）的活性、光合色素含量与叶绿素荧光测定等基础性实验，介绍了氧电极法测定植物的光合速率与呼吸速率，以及用 BN-PAGE-电洗脱-SDS-PAGE 技术分离与分析类囊体膜蛋白复合体等综合性实验。学生也可从中任选 2 个以上的指标或将实验材料进行不同的处理，然后测定、比较各指标的变化情况，开展综合实验训练。

实验 18　叶绿体色素含量的测定

【目的】

掌握叶绿体色素含量测定的基本原理和方法。

【原理】

叶绿体色素(包括叶绿素及类胡萝卜素)不溶于水而溶于有机溶剂,故可用丙酮、乙醇等有机溶剂提取。

根据朗伯 - 比尔定律,某有色溶液的光密度 A 与其中溶质浓度 C 和液层厚度 L 成正比,即 $A = k \cdot C \cdot L$。式中:k 为比例常数,当溶液浓度以质量百分浓度为单位,液层厚度为 1 cm 时,k 为该物质的吸光系数。各种有色物质溶液在不同波长下的吸光系数可通过测定已知浓度的纯物质在不同波长下的光密度而求得。

根据叶绿体色素提取液对可见光谱的吸收,利用分光光度计在某一特定波长下测定其吸光度,即可由公式计算出提取液中各色素的含量。

如果溶液中有数种吸光物质,则此混合液在某一波长下的总吸光度等于各组分在相应波长下吸光度的总和,即吸光度的加和性。

要测定叶绿体色素混合提取液中叶绿素 a、b 和类胡萝卜素的含量,只需测定该提取液在 3 个特定波长下的吸光度,并根据其在该波长下的吸光系数即可求出其浓度。叶绿素在 640 ~ 660 nm 的红光区和 430 ~ 450 nm 的蓝紫光区均有最大吸收峰,而类胡萝卜素及其他一些具有卟啉环结构的化合物在 400 ~ 500 nm 有最大吸收峰。测定叶绿素时,为了排除类胡萝卜素等物质的干扰,所用单色光的波长选择其在红光区的最大吸收峰。

【实验用品】

1. 材料

菠菜、油菜等植物新鲜叶片。

2. 器具

分光光度计;天平;研钵;棕色容量瓶;漏斗;滤纸;吸水纸;离心机等。

3. 试剂

提取液(95% 的乙醇或 800 g · L^{-1} 的丙酮);石英砂;碳酸钙粉。

【实验步骤】

1. 色素的提取

称取叶片(去主脉)0. 2 g,剪碎放入研钵,加少量石英砂和碳酸钙及 3 mL 左右提取液,研磨成匀浆,再加 5 mL 左右提取液,继续研磨至组织变白,室温静置 3 ~ 5 min 后转移到 10 mL 离心管中,4 000 r · min^{-1} 离心 5 min,上清液用提取液定容至 25 mL(匀浆液也可用漏斗加滤纸过滤,制备叶绿体色素提取液）。

2. 测定吸光度

取提取液倒入光径 1 cm 的比色杯中，以提取液（95% 乙醇或 800 g · L^{-1}丙酮）为空白，在波长665 nm（663 nm）、649 nm（645 nm）和 470 nm 下测定吸光度，记录吸光值。

3. 结果计算

根据叶绿素含量测定中的 Arnon 计算公式（数字资源 4－1），计算出提取液的叶绿素浓度，进一步求得样品中的叶绿素含量。

（1）用 95% 乙醇提取代入下列公式：

$$C_a = 13.95A_{665} - 6.88A_{649}$$

$$C_b = 24.96A_{649} - 7.32A_{665}$$

$$C_c = (1\ 000A_{470} - 2.05C_a - 114.8C_b)/245$$

（2）用 800 g · L^{-1}丙酮提取代入下列公式：

$$C_a = 12.21A_{663} - 2.81A_{645}$$

$$C_b = 20.13A_{645} - 5.03A_{663}$$

$$C_c = (1\ 000A_{470} - 3.27C_a - 104C_b)/229$$

将吸光值代入公式，分别计算叶绿素 a、b 和类胡萝卜素的浓度（mg · L^{-1}）。叶绿素 a、b 浓度相加即得叶绿素总浓度（mg · L^{-1}）。

将色素的浓度代入下式，计算单位鲜重组织中各种色素的含量：

$$叶绿体色素含量(mg \cdot g^{-1}) = C \cdot V \cdot N \cdot W^{-1}$$

式中：C——色素浓度（mg · mL^{-1}）；

V——提取液体积（mL）；

W——植物组织鲜重（g）；

N——稀释倍数。

【注意事项】

1. 为了避免叶绿素见光分解，操作时应在弱光下进行，研磨时间应尽量短些。

2. 叶绿体色素提取液不能混浊。可在 710 nm 或 750 nm 波长下测量吸光度，其吸光度值应小于当波长为叶绿素 a 吸收峰时吸光度值的 5%，否则应重新过滤或离心。

3. 用分光光度法测定叶绿素含量，对分光光度计的波长精确度要求较高。如果波长与原吸收峰波长相差 1 nm，则叶绿素 a 的测定误差为 2%，叶绿素 b 为 19%，因此，使用前必须对分光光度计的波长进行校正。校正方法除参照仪器说明书外，还应以纯叶绿素 a 和 b 来校正。

4. 如用离心法提取色素，则一定注意离心管要配平。

【思考题】

1. 叶绿素在蓝光区也有吸收峰，能否用这一吸收峰的波长进行叶绿素的定量分析？为什么？

2. 用不含水的有机溶剂如无水乙醇、无水丙酮等提取植物材料,特别是干材料的叶绿体色素往往效果不佳,原因何在?

3. 研磨提取叶绿体色素时加入碳酸钙有何作用?

学以致用

高等植物叶绿体色素即光合色素包括叶绿素、类胡萝卜素两大类,植物的叶色是由光合色素的种类及其比例决定的,其各组分可按色谱分析原理,用适当的溶剂推动,使其在固定相和流动相间以不同的速度移动而得以分离(数字资源 4-2)。植物在逆境或缺素等情况下,叶绿素不稳定,易降解,即叶绿素含量降低,而类胡萝卜素相对稳定,这也是深秋叶片变黄或红的原因。因此,可以通过测定叶绿素的含量来判断植物是否受到伤害及是否营养不良。

请同学们想一想,本实验的知识点在植物生理学研究和生产实践中还有哪些应用?

（于龙凤）

实验 19　叶绿体的分离及离体叶绿体对染料的还原作用(希尔反应)

【目的】

掌握细胞器分离的一般原理和方法;理解光合作用水的光解的实质,比较希尔反应和植物活体中水的光解的异同。

【原理】

叶绿体是植物细胞特有的能量转换细胞器,其主要功能是进行光合作用。从新鲜植物叶片中分离叶绿体是研究叶绿体的形态结构与功能的前提。新鲜植物叶片匀浆后,差速离心可制备纯度较高的叶绿体。叶绿体被膜较脆弱,分离叶绿体应在等渗的缓冲溶液(0. 35 $mol \cdot L^{-1}$ NaCl 或 0. 4 $mol \cdot L^{-1}$ 蔗糖溶液)中、0 ~4 ℃下进行。若在室温下,需迅速分离和观察。

希尔反应是绿色植物离体叶绿体在光下分解水、放出氧气,同时还原电子受体的反应,是光合作用反应中的重要现象。离体叶绿体悬浮于适当介质中,若有氧化剂如染料 2,6 - 二氯酚靛酚(蓝色)存在时,在光下即可放出氧气,同时染料接受电子和 H^+ 被还原(无色),这就是叶绿体中进行的光还原反应。可以直接根据溶液的颜色变化,定性观察离体叶绿体的还原反应,也可用分光光度计对还原量进行精确测定。吸光度变化在 4 ~5 min 内呈线性关系。

$$\text{氧化型二氯酚靛酚}+2H_2O\xrightarrow[\text{叶绿体}]{\text{光}}\text{还原型二氯酚靛酚}+O_2$$

（蓝色）　　　　　　　　（无色）

【实验用品】

1. 材料

菠菜或其他绿色植物新鲜叶片。

2. 器具

离心机;显微镜;烧杯;滴管;盖玻片;载玻片;pH 计;研钵;量筒;容量瓶;移液管;试管;漏斗;脱脂纱布;滤纸等。分离器皿 0 ℃下预冷。

3. 试剂

0.35 $mol\cdot L^{-1}$ NaCl 或 0.4 $mol\cdot L^{-1}$蔗糖;1 $g\cdot L^{-1}$ 2,6-二氯酚靛酚;石英砂。

【实验步骤】

1. 称取 5 g 去主脉的叶片,置于研钵中,加少量石英砂和0.35 $mol\cdot L^{-1}$ NaCl 溶液 50 mL,快速研磨成匀浆。经 5~6 层纱布过滤,即得叶绿体粗悬浮液。

2. 取试管 2 支,各加叶绿体悬浮液 5 mL 和 1 $g\cdot L^{-1}$ 2,6-二氯酚靛酚溶液 5~6 滴,摇匀。将 1 支试管置于直射光下,另一支试管置于暗处,注意观察光下试管液的颜色变化。5~10 min 后,将置于暗处的试管取出,比较两管溶液颜色变化,并解释原因。

3. 同时取滤液 4 mL,1 000 $r\cdot min^{-1}$离心 2 min,弃沉淀。

4. 上清液以 3 000 $r\cdot min^{-1}$离心 5 min。弃上清液,沉淀即为叶绿体(混有部分细胞核)。

5. 将沉淀用 0.35 $mol\cdot L^{-1}$ NaCl 溶液悬浮。

6. 取叶绿体悬液 1 滴于载玻片上,加盖玻片后于普通光学显微镜下观察。

【注意事项】

1. 植物组织需在等渗介质中进行研磨和差速离心。

2. 分离叶绿体最好在 0~4 ℃条件下进行。

【思考题】

1. 分离叶绿体为什么要用等渗溶液?

2. 分离叶绿体的过程为什么要在 0~4 ℃下进行?

3. 希尔反应试管中蓝色褪色的原因是什么? 与光照有什么关系?

学以致用

敌草隆除草剂作用于光系统Ⅱ中质体醌 Q_B结合部位(D_1 蛋白),能够竞争性地替换与 D_1蛋白结合着的质体醌,导致电子传递受阻,从而抑制希尔反应发生。因此,生产上可以通过检测希尔反应来判定敌草隆类除草剂的作用效果。

请同学们想一想，本实验的知识点在植物生理学研究和生产实践中还有哪些应用？

（于　晶）

实验 20　叶绿素荧光参数的测定

【目的】

了解测定植物叶绿素荧光参数的意义，掌握其测定方法。

【原理】

叶绿素荧光参数是一组用于描述植物光合作用机理和光合生理状况的变量或常数值，反映了植物“内在性”的特点，被视为研究植物光合作用与环境关系的内在“探针”。部分叶绿素荧光动力学参数的定义如下：

F_0：初始荧光，也称基础荧光、0 水平荧光，是光系统Ⅱ（PSⅡ）反应中心处于完全开放时的荧光产量，它与叶片叶绿素浓度有关。

F'_0：光照下的最小荧光。

F_m：最大荧光产量，是 PSⅡ反应中心处于完全关闭时的荧光产量。可反映经过 PSⅡ的电子传递情况。通常叶片经暗适应 20 min 后测得。

F'_m：光照下的最大荧光。

F：任意时间实际荧光产量。

$F_v = F_m - F_0$：可变荧光，反映 PSⅡ原初电子受体（QA）的还原情况。

$F_v/F_m = (F_m - F_0)/F_m$：PSⅡ的最大光合效率，反映植物的潜在最大光能转换效率。非胁迫条件下该参数的变化极小（绝大多数高等植物的 F_v/F_m 在 0.8～0.85 之间），胁迫条件下该参数明显下降。F_v/F_m 的下降是植物光抑制发生的标志之一。

$Y_{Ⅱ} = (F_m' - F)/F_m'$：PSⅡ的实际光合效率，它反映了植物目前的实际光能转换效率。

$q_P = (F_m' - F)/(F_m' - F_0')$：光化学淬灭系数，是由光合作用引起的荧光淬灭。

$q_N = 1 - (F_m' - F_0')/(F_m - F_0)$：非光化学淬灭系数，由热耗散引起的荧光淬灭，反映了植物耗散过剩光能为热的能力，也就是光保护能力。

【实验用品】

1. 材料

小麦、玉米种子。

2. 器具

叶绿素荧光仪(PAM－2100、PAM－2500);花盆;烧杯等。

3. 试剂

次氯酸钠。

【实验步骤】

1. 植物培养

植物种子经次氯酸钠消毒后,浸种 24 h,分别播种于 6 个花盆中,每盆 5 粒,一周后每盆选择长势一致的幼苗 3 株,每株选取成熟程度一致的叶片两片,标记、待测。

2. 荧光参数测定

选择晴朗天气,利用便携式叶绿素荧光仪测定被标记叶片的最大荧光(F_m)、初始荧光(F_0)、暗处理下 PSⅡ的最大光合效率(F_v/F_m)、实际光合效率($Y_{Ⅱ}$)、光化学淬灭系数(q_P)、非光化学淬灭系数(q_N)。测定前,先将仪器打开预热,用暗夹夹住所要测定的植物叶片 20 min,然后测定。比较小麦和玉米叶片的叶绿素荧光参数。

3. F_v/F_m 日变化测定

测定一天中 8:00、10:00、12:00、14:00、16:00、18:00 时同一叶片的最大荧光(F_m)、初始荧光(F_0),计算每一时间点的 F_v/F_m。以时间为横坐标,以每一时间点的 F_v/F_m 为纵坐标作图,比较两种植物 F_v/F_m 的光合日变化。

【注意事项】

1. 测定叶绿素荧光参数时要选择晴天,植物的最大光合效率、最大荧光及初始荧光均与叶片暗反应的时间有关,所以暗夹夹住叶片的时间一定要准确计时。

2. 叶绿素荧光仪(PAM－2100、PAM－2500)属于贵重仪器,使用时应十分小心,严格遵守仪器的操作规程。

【思考题】

1. 比较 C_3植物及 C_4植物一天内 F_v/F_m 变化的差异,并分析其原因。

2. 比较小麦和玉米在中午强光下光抑制强度的差异,并分析其原因。

学以致用

植物色素系统吸收光能后一部分用于光化学反应,一部分以荧光形式耗散或丢失于其他过程,以热辐射等形式消失。色素发射荧光的能量与用于光合作用的能量是相互竞争的,即植物利用光合作用的能量减少,荧光增加,因此,叶绿素荧光常常被作为光合作用无效指标的依据。叶绿素荧光可以直接反映光合系统中众多的光物理和光化学反应特性,并且能在短时间内筛选大量的基因型,是一种快速、灵敏、无伤害的检测方法。叶绿素荧光测定技术(数字资源 4－3)已成为农业领域的一项热门技术,并广泛应用于农业生产和科研，尤其在鉴定作物耐寒、耐热、耐旱等耐逆性方面的应用日益增多。

请同学们想一想，本实验的知识点还有哪些应用？

（包雨卓）

实验 21　类囊体膜蛋白复合体的分离与分析

【目的】

掌握 BN－PAGE 分离类囊体膜蛋白复合体的技术原理及方法；了解 BN－PAGE－电洗脱－SDS－PAGE 分离低丰度类囊体蛋白复合体的技术原理和方法。

【原理】

蓝绿温和胶电泳（BN－PAGE）对 10～10 000 kDa 的蛋白复合物均有较好分离效果。该方法通常先用非离子去污剂增溶蛋白复合物，之后加入阴离子考马斯亮蓝染色剂，使蛋白质带负电荷，电泳时向阳极移动，蛋白复合物分离与染色同步进行。一方面依靠考马斯亮蓝 G－250 对蛋白质的结合，提供负电荷到蛋白质的表面，利用电场力分离不同蛋白复合物；另一方面根据蛋白分子量大小，利用分子筛效应进行分离。两种效应相结合可使原来不能进入分离胶的大分子复合物得到较好分离。

BN－PAGE 在电泳之前，使用考马斯亮蓝染液代替了阴极电极液，从而使电泳和染色得以同时进行，可直观快速反映电泳结果。在做植物类囊体膜的电泳时，结合叶绿素的蛋白质复合物呈绿色，而不含叶绿素的呈蓝色，因此又称之为蓝绿温和胶电泳。膜蛋白复合物在经过温和中性的去垢剂增溶后能达到好的效果。分离原理是依靠考马斯亮蓝 G－250 对蛋白质的绑定，考马斯亮蓝 G－250 提供负电荷到蛋白质的表面。在向阳极移动的过程中，蛋白复合物根据其分子量的大小和（或）质量大小以及渐减的聚丙烯酰胺梯度胶孔隙大小可产生高解析率。将电泳后的胶带从胶上切下来，在 SDS－PAGE 缓冲液里平衡后进行电洗脱，可以富集低丰度膜蛋白，显著提高二维电泳的分辨率及蛋白覆盖率（图 21－1）。

【实验用品】

1. 材料

小麦等植物新鲜叶片。

2. 器具

离心机；电泳仪；电泳槽；纱布；离心管；电洗脱装置；微量移液器；匀浆器等。

3. 试剂

（1）提取缓冲液：330 mmol·L^{-1} 山梨醇；50 mmol·L^{-1} Hepes（2－羟乙基－1－哌嗪乙磺

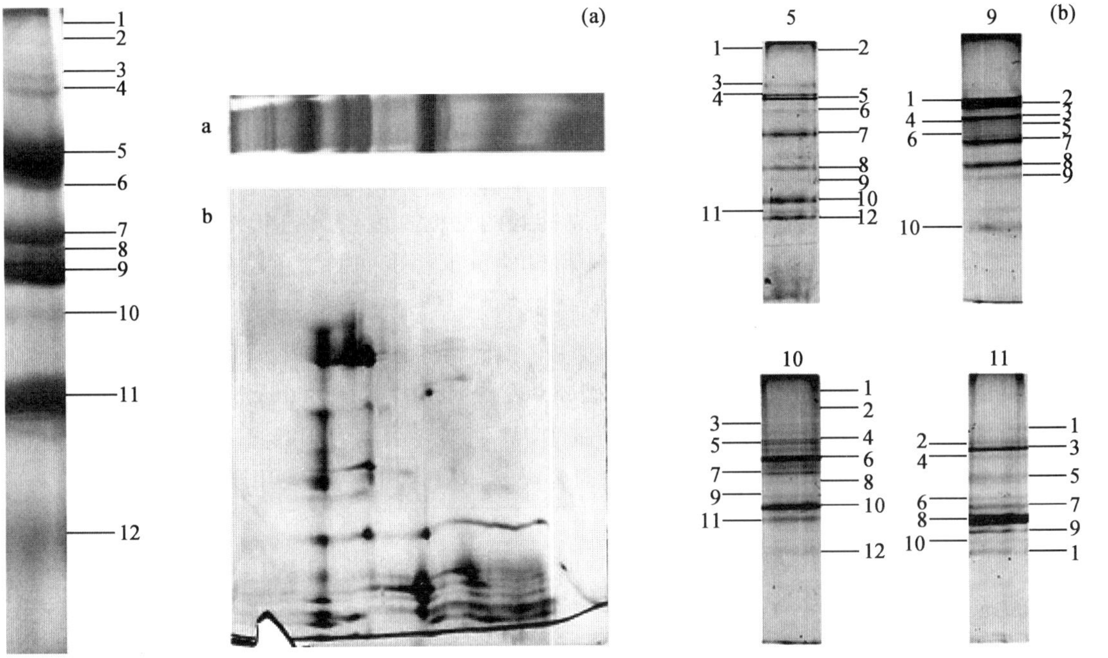

图 21-1　BN-PAGE-SDS-PAGE(a)和 BN-PAGE-电洗脱-SDS-PAGE(b)效果比较

酸)-KOH, pH7.8; 5 mmol L^{-1} EDTA(乙二胺四乙酸); 5 mmol L^{-1} EGTA[乙二醇双(2-氨基乙醚)四乙酸]; 1 mmol·L^{-1} $MgCl_2$; 10 mmol·L^{-1} $NaHCO_3$; 1.9 mmol·L^{-1} 抗坏血酸和 1 mmol·L^{-1} PMSF(苯甲基磺酰氟),用时再加。

(2) 蔗糖。

(3) 低渗缓冲液:50 mmol·L^{-1} Hepes-KOH, pH7.8; 10 mmol·L^{-1} EDTA; 2 mmol·L^{-1} $MgCl_2$。

(4) 裂解缓冲液:20 mmol·L^{-1} Bis-Tris[双(2-羟乙基)氨基-三(羟甲基)甲烷], pH 7.0; 500 mmol·L^{-1} 6-氨基己酸; 20 mmol·L^{-1} NaCl; 2 mmol·L^{-1} EDTA; 100 g·L^{-1} 甘油; 1 mmol·L^{-1} PMSF。

(5) 100 g·L^{-1}去污剂 DDM(十二烷基 β-D 麦芽糖苷)。

(6) 丙烯酰胺、甲叉双丙烯酰胺。

(7) 考马斯亮蓝 G-250、考马斯亮蓝 R-250。

(8) SDS-PAGE 电泳缓冲液:25 mmol·L^{-1} Tris; 192 mmol·L^{-1}甘氨酸; 1% SDS(十二烷基硫酸钠)。

(9) 阴极缓冲液:50 mmol·L^{-1} Tricine(三羟甲基甲胺基乙磺酸), 15 mmol·L^{-1} Bis-Tris, pH7.0, 0.1 g·L^{-1}考马斯亮蓝 G-250。

(10) 阳极缓冲液:50 mmol·L^{-1} Bis-Tris, pH7.0。

(11) 丙酮。

(12) 增溶液:7 mol·L^{-1}尿素, 2 mol·L^{-1}硫脲, 15 g·L^{-1} DTT(二硫苏糖醇)。

【实验步骤】

1. 完整叶绿体的提取

称取剪碎后的新鲜植物叶片 20 g 放入匀浆器，加 100 mL 4 ℃ 预冷的提取缓冲液，低速匀浆 3 min，4 层纱布过滤，2 000 $r \cdot min^{-1}$ 离心 5 min，去细胞碎片；上清液 5 000 $r \cdot min^{-1}$ 离心 15 min，将沉淀悬浮于提取缓冲液中，悬浮液置于预先铺好的蔗糖梯度（30%，40%，质量百分浓度）中，20 000 $r \cdot min^{-1}$ 水平离心 1 h，收集位于 40% 和 60% 蔗糖梯度间的绿色部分即为完整的叶绿体，用提取缓冲液洗 2 ~ 3 次以去除多余的蔗糖。

2. 类囊体膜蛋白的制备

用低渗缓冲液将完整叶绿体在冰上涨破，8 000 $r \cdot min^{-1}$ 离心 5 min，沉淀为类囊体。将类囊体悬浮于裂解缓冲液中，加 100 $g \cdot L^{-1}$ 去污剂 DDM 使其终浓度为 10 $g \cdot L^{-1}$，冰上放置 30 min，42 000 $r \cdot min^{-1}$ 超速离心 1 h，弃沉淀，上清即为类囊体膜蛋白复合体，用于非变性电泳。

3. 第一向 BN－PAGE

分别配制 1 $mmol \cdot L^{-1}$ 厚制备型和 0.75 $mmol \cdot L^{-1}$ 厚分析型 40 $g \cdot L^{-1}$ ~ 150 $g \cdot L^{-1}$ 梯度的聚丙烯酰胺分离胶，35 $g \cdot L^{-1}$ 的浓缩胶（含 1 $g \cdot L^{-1}$ DDM），上清加入溶于裂解缓冲液的 100 $g \cdot L^{-1}$ 考马斯亮蓝 G－250 使其终浓度为 1 $g \cdot L^{-1}$，充分混匀后，4 ℃ 下电泳。当电泳一半时，用不含考马斯亮蓝 G－250 的阴极缓冲液取代原阴极缓冲液。

4. 电洗脱蛋白

电泳结束后，切下制备型 BN 胶的目的蛋白带，用 SDS－PAGE 电泳缓冲液平衡 30 min，室温下电洗脱 30 min，恒流 200 mA。

5. 第二向 SDS－PAGE

收集电洗脱蛋白样品，丙酮沉淀，沉淀用增溶液裂解后，加上样缓冲液于室温放置 30 min，点样于含 8 $mol \cdot L^{-1}$ 尿素、分离胶浓度为 120 $g \cdot L^{-1}$ 的 SDS－PAGE，电泳恒压 80 V。电泳后，用考马斯亮蓝 R－250 染色。

【注意事项】

1. 丙烯酰胺和甲叉双丙烯酰胺在未聚合前属神经性毒剂，操作时一定要戴手套、口罩。
2. 用低渗缓冲液在冰上涨破叶绿体离心后，要完全去除上清液，以免可溶性蛋白污染。

【思考题】

1. 蓝绿温和胶非变性电泳与普通聚丙烯酰胺凝胶电泳有何区别？
2. 提取叶绿体时，为什么先低转速间歇匀浆再高速离心？
3. 叶绿体为何置于不含山梨糖醇的提取缓冲液配制的蔗糖梯度（30%/40%/60%，质量百分浓度）中超速离心？
4. 10% 去污剂 DDM 有何作用？
5. 为什么电泳一半时，用不含考马斯亮蓝 G－250 的阴极缓冲液取代原阴极缓冲液？
6. 电洗脱的作用是什么？

学以致用

生物体中的蛋白质主要是通过蛋白与蛋白间的相互作用发挥其功能。大多数相互作用的蛋白以结合态的复合体形式存在，如在膜系统上，蛋白复合体执行着呼吸作用、信号转导和分子传递等重要生物学功能。由于膜蛋白丰度低，在纯化过程中易损失，且亚基容易解聚，分离的主要技术方法是采用基于凝胶的非变性电泳技术（数字资源 4-4），如 BN-PAGE。用 BN-PAGE 分离出的各种蛋白复合体常存在较大的浓度差异，直接进行第二维 SDS-PAGE 分离极容易损失丰度较低的复合体的信息，BN-PAGE-电洗脱-SDS-PAGE 可以获得低丰度蛋白，因此，可以用此方法获得一些重要的功能蛋白质，如抗逆蛋白。

请同学们想一想，本实验的知识点及技术还有哪些应用？

（于　晶）

实验 22　核酮糖 -1,5 - 二磷酸羧化酶活性测定

【目的】

掌握分光光度法测定核酮糖 -1,5 - 二磷酸羧化酶（RuBPCase）活性的原理和方法。

【原理】

核酮糖 -1,5 - 二磷酸羧化酶（RuBPCase）是光合作用中的一个关键酶，在卡尔文循环中 RuBPCase 催化核酮糖 -1,5 - 二磷酸（RuBP）与 CO_2 结合，生成 3 - 磷酸甘油酸（PGA），PGA 可通过外加 3 - 磷酸甘油酸激酶和甘油醛 -3 - 磷酸脱氢酶的作用，产生甘油醛 -3 - 磷酸（GAP），并使还原型辅酶 Ⅰ（NADH）氧化，反应如下：

$$\text{RuBP} + CO_2 + H_2O \xrightarrow{\text{RuBPCase} + Mg^{2+}} 2\ \text{PGA}$$

$$\text{PGA} + \text{ATP} \xleftrightarrow{\text{3-磷酸甘油酸激酶}} \text{甘油酸-1,3-二磷酸} + \text{ADP}$$

$$\text{甘油酸-1,3-二磷酸} + \text{NADH} + H^+ \xleftrightarrow{\text{甘油醛-3-磷酸脱氢酶}} \text{GAP} + NAD^+ + \text{Pi}$$

由以上反应可知：1 分子 CO_2 被固定，有 2 分子还原型辅酶 Ⅰ 被氧化。因此，由还原型辅酶 Ⅰ 氧化的量可计算 RuBPCase 的活性，由 340 nm 处吸光值的变化可计算还原型辅酶 Ⅰ 氧化的量。

为了使 NADH 的氧化与 CO_2 的固定同步，需要加入磷酸肌酸（Cr-P）和磷酸肌酸激酶 ATP 再生系统。

$$ADP + Cr - P \xleftrightarrow{\text{磷酸肌酸激酶}} ATP + Cr$$

【实验用品】

1. 材料

大豆等植物新鲜叶片。

2. 器具

紫外分光光度计;冷冻离心机;离心管;匀浆器;移液管;秒表等。

3. 试剂

(1) 5 mmol · L^{-1} NADH。

(2) 25 mmol · L^{-1}RuBP。

(3) 0.2 mol · L^{-1} $NaHCO_3$。

(4) RuBPCase 提取介质:40 mmol · L^{-1}(pH 7.6)Tris - HCl 缓冲溶液,内含 10 mmol · L^{-1} $MgCl_2$、0.25 mmol · L^{-1} EDTA、5 mmol · L^{-1}谷胱甘肽。

(5) 反应介质:100 mmol · L^{-1}Tris - HCl 缓冲液,内含 12 mmol · L^{-1} $MgCl_2$和 0.4 mmol · L^{-1} EDTA - Na_2,pH 7.8。

(6) 160 μmol · L^{-1}磷酸肌酸激酶溶液。

(7) 160 μmol · L^{-1}甘油醛 -3 - 磷酸脱氢酶溶液。

(8) 50 mmol · L^{-1}ATP。

(9) 50 mmol · L^{-1} Cr - P。

(10) 160 μmol · L^{-1}磷酸甘油酸激酶溶液。

【实验步骤】

1. 酶粗提液制备

称取 10 g 去主脉的新鲜植物叶片于匀浆器中,加 10 mL 预冷的提取介质,高速匀浆 30 s,停 30 s,交替进行 3 次;匀浆经 4 层纱布过滤,滤液于 4 ℃下 20 000 r · min^{-1}离心 15 min,弃沉淀。上清液即为酶粗提液,置于 0 ℃保存备用。

2. RuBPCase 活力测定

按表 22 -1 配制酶反应体系。将配制好的反应体系摇匀,倒入比色杯内,以蒸馏水为空白,在 340 nm 波长处反应体系的吸光度作为零点值。将 0.1 mL RuBP 加入比色杯内,立刻计时,每隔 30 s 测一次吸光度,共测 3 min。以零点到第一分钟内吸光度下降的绝对值计算酶活力。

由于酶提取液中可能存在 PGA,会使测定结果产生误差,因此除上述测定外,还需做一个不加 RuBP 的对照。对照的反应体系与上述酶反应体系完全相同,不同之处只是把酶提取液放在最后加,加后马上测定此反应体系在波长 340 nm 处的吸光度,并记录前一分钟内吸光度的变化量,计算酶活力时应减去这一变化量。

表 22-1 测定 RuBPCase 反应体系的试剂用量

试剂	加入量/mL	试剂	加入量/mL
5 mmol · L^{-1} NADH	0.2	160 μmol · L^{-1}磷酸肌酸激酶	0.1
50 mmol · L^{-1}ATP	0.2	酶提取液	0.1
50 mmol · L^{-1}Cr-P	0.2	160 μmol · L^{-1}磷酸甘油酸激酶	0.1
0.2 mol · L^{-1} $NaHCO_3$	0.2	160 μmol · L^{-1}磷酸甘油醛脱氢酶	0.1
反应介质	1.4	蒸馏水	0.3

3. 结果计算

RuBPCase 的酶活力(μmol · mL^{-1} · min^{-1}) $= 10\Delta A_{340} \cdot N \cdot (2\times 6.22 \cdot d \cdot \Delta t)^{-1}$

式中:ΔA_{340}——反应最初 1 min 内 340 nm 波长处吸光度变化的绝对值(减去对照液最初 1 min 的变化量);

N——稀释倍数;

6.22——每微摩尔 NADH 在 340 nm 波长处的吸光系数;

2——每固定 1 mol CO_2有 2 mol NADH 被氧化;

Δt——测定时间 1 min;

d——比色杯光程(cm)。

【注意事项】

1. 反应体系一定要混匀,时间一定要把握好。
2. 为保持 RuBPCase 的活力,整个操作过程要在低温下进行。
3. RuBP 在碱性条件下不稳定,pH 宜在 5~6.5 之间,配制好的溶液保存在 -20 ℃,但不应超过 3 周。

【思考题】

1. 讨论 RuBPCase 在植物光合作用中的生物学意义。
2. 为什么加入 ATP 再生系统就可以使 NADH 氧化与 CO_2固定同步?
3. 通过网络自学,还有哪些方法可以测定 RuBPCase 活性?并与分光光度法比较。

学以致用

RuBPCase 是光合作用碳代谢中的重要调节酶,是植物中最丰富的蛋白质,主要存在于叶绿体的可溶部分,总量约占叶绿体可溶蛋白的 50%~60%。该酶具有羧化及加氧双重功能,可用分光光度法及同位素法(数字资源 4-5)测定其羧化能力,氧电极法测定其加氧能力。逆境下光合作用减弱,可以通过测定 RuBPCase 活性来鉴定植物的耐逆性。许多研究表明,RuBPCase 活性与作物产量正相关,因此,可用该酶活性作为作物高光效育种的参考指标。

请同学们想一想，本实验的知识点还有哪些应用？

（于　晶）

实验 23　磷酸烯醇式丙酮酸羧化酶活性测定

【目的】

掌握分光光度法测定磷酸烯醇式丙酮酸羧化酶（PEPCase）活性的原理及方法。

【原理】

磷酸烯醇式丙酮酸羧化酶（PEPCase）是 C_4 植物和 CAM 植物光合途径中的关键酶，在 PEPCase 催化下，磷酸烯醇式丙酮酸（PEP）与 CO_2 结合，生成草酰乙酸（OAA）。OAA 在 NADH 存在时，在苹果酸脱氢酶作用下形成苹果酸（MAL）和氧化型辅酶 I（NAD^+），反应如下：

$$PEP + CO_2 + H_2O \xrightarrow{PEPCase + Mg^{2+}} 2\ OAA$$

$$OAA + NADH + H^+ \xleftrightarrow{\text{苹果酸脱氢酶}} MAL + NAD^+ + Pi$$

由以上反应可知：1 分子 CO_2 被固定，就有 2 分子 NADH 被氧化。因此，由 NADH 氧化的量可计算出 PEPCase 的活性，由 340 nm 波长处吸光值的变化可计算 NADH 氧化的量。

【实验用品】

1. 材料

玉米、高粱等 C_4 植物新鲜叶片。

2. 器具

组织捣碎机；冷冻离心机；紫外分光光度计；葡聚糖（Sephadex）G25 柱（3.5 cm × 15 cm）；DEAE－纤维素（DE－52）柱；纱布等。

3. 试剂

（1）提取缓冲液：0.1 mol · L^{-1} Tris（三羟甲基氨基甲烷）－ H_2SO_4 缓冲液，内含 7 mmol · L^{-1} 巯基乙醇、1 mmol · L^{-1} EDTA、50 g · L^{-1} 甘油，pH 8.3。

（2）洗脱缓冲液：10 mmol · L^{-1} Tris－H_2SO_4 缓冲液，内含 0.2 mmol · L^{-1} EDTA、0.2 mmol · L^{-1} DTT（二硫苏木糖醇）、50 g · L^{-1} 甘油，pH 8.2。

（3）0.6 mol · L^{-1} NaCl。

（4）100 mmol · L^{-1} Tris－H_2SO_4 缓冲液，内含 100 mmol · L^{-1} $MgCl_2$，pH 9.2。

（5）40 mmol · L^{-1} PEP。

（6）5 mmol · L^{-1} NADH。

（7）苹果酸脱氢酶。

（8）100 mmol · L^{-1} $NaHCO_3$。

【实验步骤】

1. 酶的提取与纯化

称取 20 g 去主脉的 C_4 植物新鲜叶片放入组织捣碎机中，加提取缓冲液以质量体积比 1∶4 捣碎，用 4 层纱布滤去残渣，滤液于 4 ℃下 5 000 r · min^{-1}离心 20 min，弃残渣。上清液进行硫酸铵分步沉淀，收集 30% ~55% 硫酸铵饱和度的沉淀物，并悬浮于小体积的提取缓冲液中，经 Sephadex – G25 柱脱盐备用。

将脱盐的酶液再经由洗脱缓冲液冲洗平衡的 DE – 52 柱，经 0 ~0. 6 mol · L^{-1}的 NaCl 溶液梯度洗脱，测定各洗脱部分的 PEP 羧化酶活性。收集有 PEP 羧化酶活性部分作为酶液。

2. 酶活性的测定

反应液总体积为 3 mL，内含 10 μmol · L^{-1} $MgCl_2$、4 μmol · L^{-1} PEP、0. 3 mg NADH、过量的苹果酸脱氢酶、1 mL 反应缓冲液和适量 PEP 羧化酶液。在所测温度下保温 10 min，340 nm 波长处测定吸光度。然后再加 10 μmol 的 $NaHCO_3$启动反应，立即计时，并连续记录吸光值变化。试剂用量如表 23 –1。

表 23 –1　测定 PEPCase 反应体系的试剂用量

试剂	用量/mL
100 mmol · L^{-1} Tris – H_2SO_4缓冲液，内含 100 mmol · L^{-1} $MgCl_2$，pH 9. 2	1. 0
40 mmol · L^{-1} PEP	0. 1
5 mmol · L^{-1} NADH	0. 1
苹果酸脱氢酶	0. 1
PEP 羧化酶提取液	0. 1
蒸馏水	1. 5
100 mmol · L^{-1} $NaHCO_3$	0. 1
在 340 nm 波长处每 30 s 测定一次吸光值	

3. 酶活力的计算

在测定条件下，以每分钟内每毫升酶液氧化 NADH 的摩尔数为酶的活力单位：

$$\text{PEPCase 的酶活力 } U(\text{mol} \cdot \text{mL}^{-1} \cdot \text{min}^{-1}) = V \cdot \Delta A_{340} \cdot N \cdot (0.1 \times 6.22\, d)^{-1}$$

式中：ΔA_{340}——反应起始后 1 min 内 340 nm 波长处吸光度变化的绝对值；

V——测定混合液的总体积（mL）；

d——比色杯光程（cm）；

N——酶液稀释倍数；

6. 22——每微摩尔 NADH 在 340 nm 波长处的吸光系数；

0. 1——反应混合液中酶液用量（mL）。

$$\text{PEPCase 的比活力} = U \cdot W^{-1}$$

式中：W——每毫升酶液中的蛋白量(mg)。

【注意事项】

1. 粗酶液的测定值有很大误差，最好进行纯化处理。
2. 为保持 PEPCase 的活力，整个操作过程要在低温下进行。

【思考题】

1. 测定植物 PEPCase 活力有何意义？
2. 在不同 pH 或光、暗条件下，测定玉米叶片的 PEPCase 活性，比较分析其结果。
3. 试比较 C_4植物和 C_3植物的 PEPCase 活性。
4. 该方法是否可以用来测定 RuBP 羧化酶活性？如何测？

（于　晶）

学以致用

PEPCase 是 C_4植物和 CAM 植物固定 CO_2的关键酶。测定该酶活性的方法有分光光度法(苹果酸脱氢酶偶联测定)、同位素法、草酰乙酸检测法及无机磷分析测定法等。已知逆境下光合速率下降，可以通过测定 PEPCase 活性来鉴定植物的耐逆性。

近年来，人们发现 C_3植物中存在有 C_4途径(如大豆豆荚)，于是，寻找 C_4途径表达强的 C_3植物逐渐成为光合研究的一个侧重点。而检测 PEPCase 活性是筛选鉴定这类植物的重要参考指标。

请同学们想一想，通过哪些方法能够使 C_3植物更多更强地表达 C_4途径？这样做能否使植物光合效率增强？本实验的知识点还有哪些应用？

（于　晶）

实验 24　乙醇酸氧化酶活性测定

【目的】

掌握分光光度法测定乙醇酸氧化酶活性的原理及方法。

【原理】

乙醇酸氧化酶(glycolate oxidase)是植物光呼吸中一个有代表性的酶,它以黄素单核苷酸(FMN)为辅基催化乙醇酸氧化生成乙醛酸,乙醛酸与苯肼反应生成苯腙。苯腙在 324 nm 波长处有强烈吸收,用紫外分光光度计测定样品在 324 nm 波长处吸光度的变化,可算出苯腙的生成量,并进一步计算出乙醇酸氧化酶的活力。

【实验用品】

1. 材料

菠菜等植物新鲜叶片。

2. 器具

紫外分光光度计;冷冻离心机;离心管;匀浆器;试管;纱布等。

3. 试剂

(1) 50 $mmol \cdot L^{-1}$ 盐酸苯肼溶液,用 1 $mmol \cdot L^{-1}$ NaOH 调至 pH 6.0。

(2) 100 $mmol \cdot L^{-1}$(pH 7.5)磷酸缓冲液(PBS)。

(3) 50 $mmol \cdot L^{-1}$ 乙醇酸钠溶液。

(4) 提取介质:40 $mmol \cdot L^{-1}$(pH 7.6)Tris - HCl 缓冲液,内含 10 $mmol \cdot L^{-1}$ $MgCl_2$、0.25 $mmol \cdot L^{-1}$ EDTA、5 $mmol \cdot L^{-1}$ 谷胱甘肽。

【实验步骤】

1. 酶液制备

称取 30 g 去主脉的植物新鲜叶片放入匀浆器,加 60 mL 预冷的提取介质,高速匀浆 2 次,每次 30 s;匀浆经 4 层纱布过滤,滤液于 2 ℃下 1 000 $r \cdot min^{-1}$ 离心 10 min,弃沉淀;把固体硫酸铵粉末按 100 mL 溶液加入 11 g 的比例放入上清液中,边加边搅动,使溶液达饱和度的 20%,待硫酸铵完全溶解后,于 2 ℃下 2 000 $r \cdot min^{-1}$ 离心 20 min,弃沉淀;再以 100 mL 溶液加 6 g 的比例向上清液中加硫酸铵,使溶液达饱和度的 30%,再于 2 ℃下 2 000 $r \cdot min^{-1}$ 离心 20 min,沉淀用 100 $mmol \cdot L^{-1}$(pH 7.5)PBS 溶解,置于冰箱中备用。

2. 酶活性测定

在光程 1 cm 的石英比色杯内加入 0.3 mL 50 $mmol \cdot L^{-1}$ 盐酸苯肼、2.5 mL 100 $mmol \cdot L^{-1}$(pH 7.5)PBS、0.1 mL 酶提取液,摇匀后在紫外分光光度计上 324 nm 波长处测定吸光度,作为反应的零值。吸取 0.1 mL 50 $mmol \cdot L^{-1}$ 乙醇酸钠溶液加入比色杯,立即计时,每 30 s 测定一次吸光度,共测 3 min。从第一分钟内吸光度的变化值计算酶活力。

3. 结果计算

按下式计算乙醇酸氧化酶的酶活力:

$$酶活力(\mu mol \cdot mL^{-1} \cdot min^{-1}) = 10\Delta A_{324} \cdot N \cdot (17.0 \cdot d \cdot \Delta t)^{-1}$$

式中:ΔA_{324}——反应开始后最初一分钟内 324 nm 波长处吸光度的变化;

N——稀释倍数;

17.0——苯腙在 324 nm 波长处的吸光系数；

d——比色杯光程（cm）；

Δt——反应时间（1 min）；

酶活力单位——酶液所含乙醇酸的微摩尔数。

【注意事项】

1. 酶液提取必须在低温下操作。
2. 酶活测定时操作要迅速，计时要准确。

【思考题】

1. 测定乙醇酸氧化酶活性有何意义？
2. 比较 C_3植物和 C_4植物的乙醇酸氧化酶活性有何差异？
3. 自学还有哪些方法可以测定乙醇酸氧化酶活性（数字资源 4-6）？

学以致用

由于 RuBP 羧化酶“羧化”和“加氧”的双重特性，植物在进行光合作用固定 CO_2 的同时，也伴随着光呼吸的氧化分解。乙醇酸氧化酶是植物光呼吸中一个代表性的酶，其活性大小与光呼吸直接相关，因此，可以通过测定乙醇酸氧化酶活性的大小来反映光呼吸的强弱。C_3植物的光呼吸强于 C_4植物，因此，乙醇酸氧化酶的活性可作为判断作物新品种类型的依据之一。

请同学们想一想，本实验的知识点还有哪些应用？

（岳中辉）

实验 25　叶绿体中甘油醛-3-磷酸脱氢酶活性测定

【目的】

掌握分光光度法测定叶绿体中甘油醛-3-磷酸脱氢酶活性的原理和方法。

【原理】

甘油醛-3-磷酸脱氢酶（glyceraldehyde-3-phosphate dehydrogenase）简称 GAP 脱氢酶，是卡尔文循环中的一个重要调节酶，它利用光反应所产生的还原力（NADPH）催化光合作用最初产物的转化，反应如下：

$$3-\text{磷酸甘油酸}+\text{ATP}\xrightarrow{3-\text{磷酸甘油酸激酶}}1,3-\text{二磷酸甘油酸}+\text{ADP}$$

$$1,3-\text{二磷酸甘油酸}+\text{NADPH}\xrightarrow{\text{GAP 脱氢酶}}3-\text{磷酸甘油醛}+\text{NADP}^{+}+\text{Pi}$$

本实验以3－磷酸甘油酸、ATP、NADPH为底物，加入酶提取液后，于340 nm波长处测定NADPH向$NADP^+$的转化（吸光度变化），从而测定GAP脱氢酶的活性。

【实验用品】

1. 材料

小麦等植物新鲜叶片。

2. 器具

紫外分光光度计；高速组织匀浆器；秒表；冷冻离心机；离心管；纱布；恒温水浴等。

3. 试剂

（1）分离叶绿体的介质：含有0.35 mol·L^{-1}山梨醇（或0.4 mol·L^{-1}蔗糖）、0.05 mol·L^{-1} Tris、0.002 mol·L^{-1} EDTA、0.005 mol·L^{-1}半胱氨酸（或用1 g·L^{-1}巯基乙醇代替），用盐酸调至pH 7.8，放置于冰箱内保存。

（2）胀破叶绿体的介质：0.05 mol·L^{-1} Tris－HCl缓冲溶液（pH 8.4），内含0.002 mol·L^{-1} EDTA和1.0 g·L^{-1}巯基乙醇，放置于冰箱内保存。

（3）pH 8.4的Tris－HCl；$MgCl_2$；DTT；ATP－Na；PGA－Na；NADPH。

【实验步骤】

1. 叶绿体的制备

称20 g去主脉的植物新鲜叶片，剪碎，放入高速组织匀浆器中，用大约3倍于叶重的预冷的分离叶绿体的介质制成匀浆，匀浆化的时间不得超过1 min，4层纱布过滤，滤液在0 ℃下以1 000 r·min^{-1}离心2 min，弃沉淀，绿色上清液在4 000 r·min^{-1} 0 ℃下离心15 min，弃上层悬浮液，所得沉淀即为叶绿体。向沉淀中加入大约10 mL分离叶绿体的介质，用玻璃棒轻轻搅拌使沉淀悬浮（注意动作要轻，并在0～4 ℃下操作），在0 ℃下4 000 r·min^{-1}再次离心15 min，收集沉淀，用于制备粗酶液。

2. GAP脱氢酶的制备

将上述叶绿体沉淀先用圆头玻棒搅匀，再用约10 mL涨破叶绿体的介质充分悬浮，低渗涨破叶绿体。0 ℃、10 000 r·min^{-1}离心15 min，黄色上清液即为酶粗提液，小心吸取上清液，放入试管中，于冰箱内保存备用。

3. GAP脱氢酶活性的测定

（1）试管中加入表25－1中所列成分，除粗酶液和NADPH外，依次吸取4倍于各成分的量，混匀，置于30 ℃恒温水浴中预温5 min，同时将部分粗酶液一同预温。取光径0.5 cm的石英比色杯2只，用蒸馏水代替PGA－Na和粗酶液，其余均按表内比例混匀，放入一支比色杯内，作为对照。依次准确吸取预温后的反应介质0.7 mL、NADPH 0.2 mL、粗酶液0.3～0.4 mL，放入另一只比色杯中，立即混匀。同时将两只比色杯放入分光光度计光路中，立刻计时，先记录30 s

时 340 nm 波长处吸光度，以后每隔 30 s 记录一次，共记录 5 min。

（2）ATP 和 DTT 对 GAP 脱氢酶的影响。取 2 支试管，按表 25－1 中所列成分，依次吸取 2 倍于各成分的量，于一支试管中加入水代替 ATP，另一支也用水代替 DTT，混合均匀于 30 ℃ 水浴中预温 5 min，按（1）的方法，分别测定缺 ATP 和缺 DTT 时，GAP 脱氢酶在 5 min 内吸光度的变化。

表 25－1　测定 CAP 脱氢酶反应体系的各试剂成分及含量

溶液	溶质/μmol	溶剂/mL	备注
Tris－HCl	80	0.1	pH 8.4
$MgCl_2$	10	0.1	pH 8.4
DTT	2.5	0.2	
ATP－Na	5	0.2	
PGA－Na	5	0.2	对照用水代替
NADPH	0.2	0.2	单独配制加入
粗制酶液		0.3～0.4	含蛋白约 1 $mg \cdot mL^{-1}$
总体积		1.3～1.4	

4. 酶蛋白含量的测定

用 Folin－酚法测定蛋白含量，将粗酶液稀释 10 倍，取 1 mL 稀释液，加 1 mL 碱性铜试剂（现用现配），室温下放置 10 min，再加 3 mL 约 0.1 $mol \cdot L^{-1}$ 酸度的 Folin 试剂，30 ℃ 下保温15 min，取出后测 650 nm 波长处吸光值，并记录之，计算出酶蛋白含量。或者按照考马斯亮蓝 G－250 法测定粗酶液中蛋白质的含量，该方法更简便、准确。

5. 结果计算

（1）蛋白含量计算

$$酶蛋白含量\ C(mg \cdot mL^{-1}) = A_{650} \cdot N \cdot (V \cdot K)^{-1}$$

式中：A_{650}——650 nm 波长处吸光度；

N——稀释倍数；

V——反应体系中加入酶液的体积（mL）；

K——蛋白标准曲线的斜率。

（2）酶活力计算

$$酶活性 = (2 \times 2 \times 100\Delta A_{340}) \cdot (0.63C)^{-1}$$

式中：ΔA_{340}——340 nm 波长处吸光度差值（与 30 s 时相减）；

0.63——每毫升 100 nmol NADPH 时的吸光系数；

C——反应体系中酶蛋白的含量（$mg \cdot mL^{-1}$）。

酶活力单位为：单位蛋白在单位时间内的 NADPH 含量（$nmol \cdot mg^{-1} \cdot min^{-1}$）。分别计算出全体系、缺 ATP、缺 DTT 的 GAP 脱氢酶活性，比较并说明酶活力变化的原因。

6. 绘制曲线

以酶活力为纵坐标,时间为横坐标,绘出 GAP 脱氢酶的动力学曲线。

【注意事项】

酶液提取必须在低温下操作。

【思考题】

1. GAP 脱氢酶有何生理意义?
2. ATP 和 DTT 对 GAP 脱氢酶有何影响?

学以致用

甘油醛 -3 - 磷酸脱氢酶是卡尔文循环中重要的调节酶之一,该酶的活性可作为判断植物光合能力强弱的指标之一。

请同学们想一想,本实验的知识点还有哪些应用?

(岳中辉)

实验 26　氧电极法测定植物光合速率和呼吸速率

【目的】

掌握氧电极法测定植物光合速率和呼吸速率的原理及方法。

【原理】

1. 测定溶解氧的原理

氧电极是测定溶液中含氧量的一种极谱电极,它由两个电极组成,一个是铂电极(阴极),另一个是银电极(阳极)。铂电极面积小,银电极面积较大,两极都浸在 KCl 电解质溶液中。氧电极表面覆盖能透过氧分子的薄膜,以此与测定溶液隔开。测定溶解氧是利用氧在阴极上首先被还原的特性。当两个电极之间未加极化电压时,回路里几乎没有电流通过,当外加直流电压为氧的极化电压(0.7V)时,则 O_2 在铂阴极上得到电子而被还原:$O_2 + 2H_2O + 4e^- = 4OH^-$;在阳极上,发生银的氧化反应:$4Ag + 4Cl^- = 4AgCl + 4e^-$,接通电路后,在阳极上产生的电子流向阴极,回路中就有电流。当回路中加一电阻,电阻两端就有电压降,并可引线输出。电极上的氧化还原速度很快,电流的大小决定于氧通过薄膜向阴极表面的扩散速度,而扩散速度主要受溶液中氧浓度的影响。因此,氧在还原时所引起的扩散电流与扩散到阴极上的氧浓度成正比,即:

$$i = n \cdot A \cdot D \cdot F \cdot C \cdot L^{-1}$$

式中：i——扩散电流；

A——电极面积；

D——扩散系数（与温度有关）；

L——扩散层厚度（与薄膜厚度及体系是否搅拌有关）；

F——法拉第常数；

n——参加电极反应的电子数；

C——试样中氧的浓度。

可见，扩散电流的大小与电极面积、氧浓度成正比，而与扩散层厚度成反比。就某一电极而言，A、L、F 为常数（$K = A \cdot F \cdot L^{-1}$），那么 $i = n \cdot K \cdot D \cdot C$。当极化电压及温度恒定时，$D$、$n$ 也可视为常数。因此，根据扩散电流或输出电压的大小即可测定溶液中氧的浓度。

2. 叶碎片光合速率与呼吸速率测定原理

离体的叶碎片在水溶液中能进行呼吸作用，如供给 CO_2 并给予光照，叶碎片便进行光合作用。呼吸的耗氧量与光合的放氧量能被氧电极测氧装置测定。由于测定的叶片浸在水溶液中，气孔在这种条件下通常是张开的，可免除气孔开度变化的干扰。当欲测试一些药物对光合或呼吸作用的影响时，只要把药物注入反应液中即可。该方法处理方便，结果直观。

【实验用品】

1. 材料

小麦、水稻等植物新鲜叶片。

2. 器具

测氧装置 1 套（整套测氧装置包括氧电极、电极控制器、反应杯、光源、自动记录仪）；超级恒温水浴器；电磁搅拌器；30 mL 针筒；手术剪刀；移液管；0.1 mL 微量进样器；洗耳球；双面刀片；遮光用黑布；厘米尺等。

3. 试剂

（1）测定介质：50 mmol · L^{-1} pH7.5 的 Tris – HCl 缓冲溶液，内含 25 mmol · L^{-1} HCO_3^-。称 6.05 g Tris，2.1 g $NaHCO_3$ 溶于 800 ~ 900 mL 水中，滴加 1 mol · L^{-1} HCl，调至 pH 7.5，加水至 1 000 mL。除此之外，测定介质还可用磷酸、Hepes、Tricine 等浓度为 50 mmol · L^{-1} pH 7.5 的缓冲液。仅用 25 mmol · L^{-1} HCO_3^- 水溶液（pH 7.5）也可作测定介质。

（2）0.5 mol · L^{-1} KCl：称 1.86 g KCl 溶于 50 mL 水中。

（3）5 mmol · L^{-1} DCMU（敌草隆）：称 23.2 mg DCMU 溶于 20 mL 甲醇中。

（4）Na_2SO_3（除氧剂）。

【实验步骤】

1. 材料准备

小麦、水稻等植物新鲜叶片，洗净擦干，用双面刀片划取一定面积（按每毫升反应体积需 0.5 cm^2 叶碎片取样）。将叶块放入盛有测定介质的大针筒中抽气，使叶块下沉。将下沉的叶块取出,用手术剪刀剪成面积约 1 ~2 mm^2 的碎片,放入盛有测定介质的小烧杯中(也可将叶块不经真空渗入,直接剪碎后放入盛有少量测定介质的小烧杯中备用)。

2. 呼吸速率测定

把下沉叶碎片连同测定介质一起倒入反应杯,盖上反应杯塞,多余介质溢出(对不进行真空渗入的叶碎片,在放入反应杯后,先盖盖子,然后从注液孔中补充反应介质)。开启电磁搅拌器,平衡 1 min 后,将记录笔位置移至记录纸中央,用黑布盖在反应杯上遮光,测定呼吸耗氧,记录 2 ~3 min。走纸速度定在 1 $cm \cdot min^{-1}$ 左右。

3. 光合速率测定

除去黑布,打开光源,给反应杯照光。因光合滞后期的缘故,叶片在照光初期仍处于耗氧状态,需过 1 ~3 min 后才由耗氧转为放氧,待线走直,再记录 2 ~3 min,记录曲线。

4. 光合抑制

待光合放氧处于稳态时,用微量进样器向反应杯注入 5 $mmol \cdot L^{-1}$ DCMU 10 μL,中止反应。约 2 min 后,停止记录。用洗耳球吸除废液,用蒸馏水洗反应杯两遍。测定完毕时,将反应杯中水吸干,并盖上反应杯盖子,待下一样品的测定。

5. 计算

$$R = 60S \cdot (dL_1/dt_1) \cdot A^{-1}$$

$$P = 60S \cdot (dL_2/dt_2) \cdot A^{-1}$$

式中:P——光合(放氧)速率($\mu mol \cdot dm^{-2} \cdot h^{-1}$);

R——呼吸(耗氧)速率($\mu mol \cdot dm^{-2} \cdot h^{-1}$);

dL_1/dt_1——测定呼吸时的斜率;

dL_2/dt_2——测定光合时的斜率;

S——灵敏度($\mu mol \cdot cm^{-1}$);

A——测定叶片面积(dm^2)。

所得结果乘以 44/1 000 可换算成 CO_2 合成速率。

有条件的实验室,可在光照培养箱中进行,降低环境干扰。

【注意事项】

1. 氧电极对温度变化很敏感,故测定时需恒定反应体系的温度。

2. 电极在使用过程中会发生污染,电解液浓度也会逐渐改变,使灵敏度下降。因此,使用数天后,需将旧薄膜拆下,用乙醇溶液或氨水擦洗电极,或用金相砂纸磨光后重新安装电极。

3. 单独测定呼吸速率时,测定介质中可不必加 $NaHCO_3$。

4. 叶片照光后要延迟数分钟才开始放氧,并逐渐加快,取放氧速率最大时的 dL/dt(记录线斜率)作为测定值。

5. 加光时不要使反应杯的温度升高,以免得到错误的结果。

6. 氧电极测定光合速率的数值通常较空气中低,必要时设法校正。

7. 若反应杯内存在气泡,或叶片切得过大,或搅拌速率不匀时,都会使记录曲线扭曲,应注意避免。

【思考题】

1. 测定过程中,为何要不断搅拌溶液,以及维持反应体系的温度恒定?

2. 为什么要将测定体系中气泡排除?

3. 哪些因素会影响光合放氧的测定结果?设计实验验证其影响。

4. 自学植物光合速率和呼吸速率的测定还有哪些方法(数字资源 4-7)?各有何优缺点?

学以致用

用薄膜氧电极与其配套装置测定溶液中的氧浓度,具有灵敏度高、反应迅速、操作方便和取样量少等优点。它不仅可以测定反应体系的吸氧与耗氧量,还可以追踪氧浓度变化的动态过程,并能用于研究某些试剂与环境条件对体系放氧或耗氧的影响。因此,在生物科学研究中被广泛应用。凡是生物体以及活性物质的耗氧或放氧反应,几乎都可以用氧电极测定。例如,氧电极除了可以测定植物组织的呼吸速率、叶片的光合速率外,还可用于谷氨酸发酵生产中无菌液态培养基中溶解氧的测定等。此外,氧电极也被广泛应用于环境水质监测等环境科学领域。

请同学们想一想,本实验的知识点还有哪些应用?

(包雨卓)

【本章思考与作业】

1. 讨论本章实验中测定的几种酶在植物生命活动中的主要生理作用。

2. 讨论光合色素含量、光合酶活性、光合速率及呼吸速率与作物产量的关系。

3. 设计实验综合分析 C_3 植物和 C_4 植物的光合生理特性(写出技术路线)。

4. 填空练习

(1) 高等植物的叶绿体色素主要有两大类,即________和________,这两类叶绿体色素共包含________、________、________和________ 4 种。这些色素都不溶于________,而溶于________,故可用________、________等有机溶剂提取。叶绿素分子中的________可以被 H^+ 所取代而成褐色的去镁叶绿素。去镁叶绿素遇________则成为________代叶绿素,该种形式的叶绿素很稳定,在光下不易破坏,故常用此法制作绿色植物的浸渍标本。

(2) 叶绿素 a、b 的 800 g · L^{-1} 丙酮提取液在红光区的最大吸收峰分别为________ nm 和________ nm。在提取叶绿素时通常需要加入少量的________和________,其作用分别是________和________。

(3) 在 RuBPCase 催化下,1 分子的________与 1 分子的 CO_2 结合,产生 2 分子的________,产生的________可通过外加的________酶和________酶的作用,产生甘油醛-3-磷酸,并使 NADH 氧化,为了使 NADH 的氧化与 CO_2 固定同步,需要加入________和________的 ATP 再生系统。

(4) C_3 植物光合固定 CO_2 的酶是________,其 CO_2 的受体是________,形成的初产物草酰乙酸在 NADH 存在时，在________的作用下形成苹果酸和 NAD^+。

(5) 乙醇酸氧化酶是植物光呼吸中一个有代表性的酶，它以________为辅基催化乙醇酸氧化生成________，产物可以和________反应生成苯腙。苯腙在________ nm 波长处有强烈吸收，用紫外分光光度计测定样品在该波段处吸光度的变化，可计算出苯腙的生成量，并进一步计算出乙醇酸氧化酶的活力。

(6) 氧电极可用于测定光合速率、________、________和________等生理指标。氧电极对________很敏感，因此测定时需要反应体系恒温。

(7) 甘油醛－3－磷酸脱氢酶，是卡尔文循环中的一个重要调节酶，它利用光反应所产生的________催化光合作用最初产物的转化。本实验以 3－磷酸甘油酸、ATP、NADPH 为底物，在加入酶提取液后，于________ nm 波长处测定________向________的转化，从而测定 GAP 脱氢酶的活性。

(8) 植物色素系统吸收光能后一部分用于________，一部分以________耗散或丢失于其他过程，以热辐射等形式消失。色素发射荧光的能量与________是相互竞争的，这就是叶绿素荧光常常被作为光合作用无效指标的依据。

(9) 非胁迫条件下 F_v/F_m 的变化________，胁迫条件下该参数明显________。F_v/F_m 的下降是植物________发生的标志之一。

(10) 蓝绿温和胶电泳是________代替了阴极电极液，从而使电泳和染色得以同时进行，直观而快速地反映了电泳的结果。在做植物类囊体膜的电泳时，结合叶绿素的蛋白质复合物呈________，而不含叶绿素的呈________。蓝绿温和胶电泳的分离原理是________。

（参考答案见数字资源）

（于　晶）

第5章 有机物代谢

本章学习引导

植物从环境中吸收水分、矿物质和CO_2，将这些无机物合成复杂的、具有高能量的有机物，并利用这些物质建造自身的细胞、组织和器官，或作为呼吸消耗底物，或作为贮存物质贮藏于果实、种子和延存器官中。植物体内的有机物种类十分复杂，主要是从光合产物（糖类）衍生而来。糖类、脂肪、核酸和蛋白质等是初生代谢产物，而由糖类等有机物次生代谢衍生出来的萜类、酚类和生物碱等是次生代谢产物。次生代谢物贮存在液泡或细胞壁中，是代谢的终产物，除极少数外，大部分不再参与代谢活动。

本章围绕有机物的初生代谢，设置了还原糖、蛋白质、有机酸、种子粗脂肪及谷物种子赖氨酸含量测定5个基础性实验；针对植物的次生代谢，设置了大豆总黄酮及烟碱含量测定2个基础性实验；围绕植物组织的能量代谢、糖代谢、氨基酸代谢及次生代谢的重要调控点，设置了ATP酶、淀粉酶、谷氨酰胺合成酶及苯丙氨酸解氨酶等4种酶活测定实验，每种酶活测定都涉及到标准曲线制作、酶促反应、底物或产物测定及酶蛋白含量测定，因此，构成了酶活测定的小型综合实验；同时通过改变条件（激活或抑制酶的活性等），设计了不同程度的综合性实验。学生也可以将实验材料进行不同的处理，测定各种有机物含量及相应代谢酶的活性变化，进而综合分析初生代谢和次生代谢的变化，以及两种代谢间的相互作用关系。

实验 27　还原糖含量测定

【目的】

掌握 DNS 比色法测定还原糖含量的原理和方法。

【原理】

还原糖(各种单糖和麦芽糖)在碱性条件下加热被氧化成糖酸及其他产物,黄色的 3,5 - 二硝基水杨酸(DNS)则被还原为棕红色的 3 - 氨基 - 5 - 硝基水杨酸。在一定范围内,还原糖的量和棕红色物质颜色的深浅程度成正比。利用分光光度计,测定 540 nm 波长下棕红色物质的吸光度,查标准曲线,可求出样品中还原糖的含量。

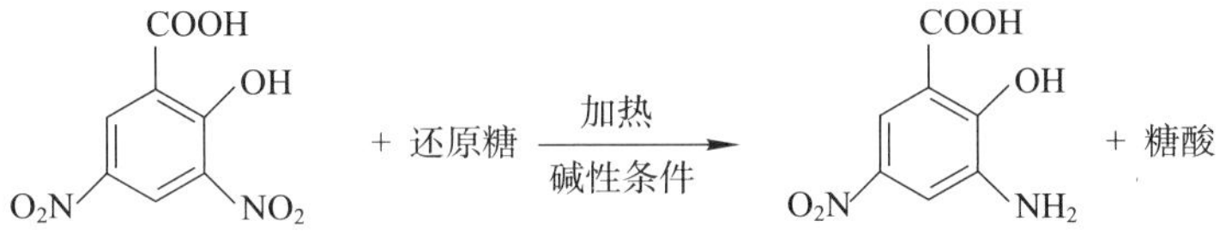

3，5–二硝基水杨酸（黄色）　　3–氨基–5–硝基水杨酸（棕红色）

【实验用品】

1. 材料

新鲜植物叶片。

2. 器具

25 mL 刻度试管;大离心管或玻璃漏斗;烧杯;三角瓶;容量瓶;移液管;沸水浴;离心机;电子天平;分光光度计等。

3. 试剂

(1) 1 $mg \cdot mL^{-1}$葡萄糖标准液:准确称取 100 mg 分析纯葡萄糖(预先在 80 ℃烘至恒重),置于小烧杯中,少量蒸馏水溶解后,转移到 100 mL 容量瓶中,以蒸馏水定容至刻度线,摇匀,置于冰箱中保存备用。

(2) DNS 试剂:将 DNS 6. 3 g,2 $mol \cdot L^{-1}$的 NaOH 溶液 262 mL,加到 500 mL 含 185 g 酒石酸钾钠的热溶液中,再加 5 g 结晶酚和 5 g Na_2SO_3,搅拌溶解。冷却后加蒸馏水定容至 1 000 mL,贮于棕色瓶中备用。

【实验步骤】

1. 制作葡萄糖标准曲线

取 7 支 25 mL 的刻度试管,编号,按表 27 - 1 所示,精确加入浓度为 1 $mg \cdot mL^{-1}$的葡萄糖标准液和 DNS 试剂。

各管摇匀,沸水浴加热 5 min,取出后立即放入盛有冷水的烧杯中冷却至室温,再以蒸馏水定容至 25 mL,用橡皮塞塞住管口,颠倒混匀。在 540 nm 波长下,用 0 号管反应液调零,分别测定 1 ~6 号试管中反应液的吸光度。以吸光度为纵坐标,葡萄糖毫克数为横坐标,绘制标准曲线,求得线性方程。

表 27 -1 各试管加溶液和试剂的量

试管号	0	1	2	3	4	5	6
葡萄糖标准液/mL	0	0.2	0.4	0.6	0.8	1.0	1.2
蒸馏水/mL	2.0	1.8	1.6	1.4	1.2	1.0	0.8
DNS 试剂/mL	1.5	1.5	1.5	1.5	1.5	1.5	1.5
葡萄糖量/mg	0	0.2	0.4	0.6	0.8	1.0	1.2

2. 样品中还原糖的测定

(1) 样品中还原糖的提取

准确称取 1 ~2 g 植物组织,放入研钵,加少量蒸馏水研成匀浆,再加蒸馏水混匀后转移至离心管中,50 ℃恒温水浴保温 20 min,摇匀,4 000 $r \cdot min^{-1}$离心 10 min;蒸馏水洗残渣,再次离心,将两次离心的上清液全部收集在 100 mL 容量瓶中,蒸馏水定容至刻度线,混匀,即得还原糖待测液。

(2) 显色和比色

取 3 支 25 mL 刻度试管,编号,分别加还原糖待测液 2 mL、DNS 试剂 1.5 mL,其余操作均与制作标准曲线相同,测定各管溶液的吸光度。分别在标准曲线上查出相应还原糖毫克数,按下式计算还原糖百分含量:

$$\text{还原糖}(\%) = (C \cdot V) \cdot (1\,000\,a \cdot W)^{-1}$$

式中:C——标准曲线方程求得的还原糖量(mg);

V——提取液体积(mL);

a——显色时吸取样品液体积(mL);

W——样品质量(g)。

【注意事项】

1. 离心时必须配平。
2. 标准曲线制作与样品测定应同时进行显色,并使用同一空白样调零点和比色。
3. 各管反应液在沸水浴中加热的时间要准确一致,从沸水浴中取出后应立即冷却至室温后,方可进行比色测定。

【思考题】

1. 可溶性糖与还原糖有何区别?
2. 比色时为什么要设空白管?
3. 还原糖含量的测定还有哪些方法? 各有何优缺点?

学以致用

还原糖是指含有自由醛基或酮基的糖类，单糖都是还原糖，双糖和多糖不一定是还原糖，其中乳糖和麦芽糖是还原糖，蔗糖和淀粉是非还原糖。植物体内的还原糖主要是葡萄糖、果糖和麦芽糖。还原糖在植物体内的分布，不仅反映植物体内碳水化合物的运转情况，而且也是合成其他成分碳架来源和呼吸作用的基质。此外，水果、蔬菜中含糖量的多少，也是鉴定其品质的重要指标。测定还原糖含量对于研究植物体内的生理生化变化及测定植物体内碳水化合物变化都是极为重要的。还原糖含量的测定方法较多，除 DNS 法外，还有蒽酮法（数字资源 5－1）、斐林试剂法（数字资源 5－2）、苯酚法（数字资源 5－3）等。不同植物、同种植物不同组织器官中糖的成分和含量存在较大差别，测定方法也有所不同，例如，蒽酮法测定糖的含量较灵敏，可用于检测糖含量较低的组织或器官。

请同学们想一想，测定植物体内糖的含量还有哪些意义？查阅文献总结还原糖的测定方法还有哪些？不同测定方法在实际应用中有何不同？

（樊金娟）

实验 28　可溶性蛋白质含量测定

【目的】

掌握考马斯亮蓝法测定可溶性蛋白质含量的原理和方法。

【原理】

考马斯亮蓝 G－250 测定蛋白质含量属于染料结合法的一种。该染料在游离状态下呈红色，在稀酸溶液中与蛋白质结合后变为蓝色，前者最大光吸收在 465 nm 波长处，后者在 595 nm 波长处，蓝色的深浅与溶液中的蛋白质含量（1～1 000 μg）成正比，故可用于蛋白质的定量测定。

该方法重复性好，干扰因素少。考马斯亮蓝 G－250 与蛋白质结合反应十分迅速，2 min 左右即达到平衡，其结合物在室温下 1 h 内保持稳定。该方法的缺点是在蛋白质含量较高时线性偏低，且不同来源蛋白质与色素结合状况有一定差异。

【实验用品】

1. 材料

小麦叶片，马铃薯块茎，或其他植物材料。

2. 器具

分光光度计；研钵；刻度试管等。

3. 试剂

（1）标准蛋白质溶液：10 mg 牛血清白蛋白，用 9 $g \cdot L^{-1}$ NaCl 溶解并定容至 100 mL，即得 0.1 $mg \cdot mL^{-1}$的标准蛋白质溶液。

（2）考马斯亮蓝 G－250 溶液：称取 100 mg 考马斯亮蓝 G－250，溶于 50 mL 90% 乙醇，加 100 mL 850 $g \cdot L^{-1}$的磷酸，再用蒸馏水定容至 1 000 mL，贮于棕色瓶中。

【实验步骤】

1. 标准曲线制作

取 6 支具塞试管，按表 28－1 加入试剂（溶液）。混匀后，各管分别加 5 mL 考马斯亮蓝 G－250 溶液，摇匀，放置 2 min，在 595 nm 波长下比色测定吸光度。以蛋白质含量为横坐标，以吸光度为纵坐标，绘制标准曲线。

表 28－1　各试管加入试剂的量

试管号	1	2	3	4	5	6
标准蛋白质溶液（mL）	0	0.2	0.4	0.6	0.8	1.0
蒸馏水（mL）	1.0	0.8	0.6	0.4	0.2	0
蛋白质含量（μg）	0	20	40	60	80	100

2. 样品测定

（1）样品提取　称取样品 2 g 放入研钵，加 2 mL 蒸馏水研成匀浆，转移到离心管中，然后用 6 mL 蒸馏水分次洗涤研钵，洗涤液全部转移至离心管，放置 0.5～1 h 以充分提取，然后 4 000 $r \cdot min^{-1}$离心 20 min，弃沉淀，上清液转入容量瓶，以蒸馏水定容至 10 mL，混匀后待测。

（2）比色测定　吸取样品提取液 0.1 mL，放入具塞试管中（每个样品重复 2 次），加 5 mL 考马斯亮蓝 G－250 溶液，充分混合，放置 2 min 后在 595 nm 波长下测定吸光度，并通过标准曲线查得蛋白质含量。

3. 结果计算

$$样品中蛋白质含量(\mu g \cdot g^{-1}) = (C \cdot V_T) \cdot (1\,000 V_S \cdot W_F)^{-1}$$

式中：C——查标准曲线得蛋白质的量（μg）；

V_T——提取液总体积（mL）；

W_F——样品鲜重（g）；

V_S——测定时加样体积（mL）。

【注意事项】

1. 考马斯亮蓝法测定蛋白质含量干扰物少，但大量去污剂如 Triton X－100、十二烷基硫酸钠(SDS)和 0.1 mol · L^{-1} NaOH 等会严重干扰测定。

2. 蛋白质与考马斯亮蓝 G－250 结合的反应速度快，2 min 左右反应达到平衡；其颜色在 1 h 内保持稳定，且 5～20 min 内颜色稳定性好，故测定时不可放置太长时间，以避免造成测定结果偏低。

3. 由于各种蛋白质中精氨酸和芳香族氨基酸的含量不同，因此，此法用于不同蛋白质含量测定时存在较大偏差，标准曲线制作时选用 γ－球蛋白可减少这方面的偏差。

【思考题】

1. 试述考马斯亮蓝法测定可溶性蛋白质含量的优缺点。

2. 通过网络数字资源学习，了解蛋白质含量的测定还有哪些方法？比较这些测定方法的原理及优缺点。

学以致用

蛋白质是生命活动的基础物质，是构成人体新生组织、维持人体健康的重要成分，具有许多生物学功能。蛋白质作为人体最重要的营养素之一，其分离、定性及定量分析是食品、药学和生命科学研究中经常涉及的重要内容，也是生物化学和其他生物学科、食品检验、生物药物分离提纯和质量检验中最重要的工作。在研究植物的营养、代谢以及生长发育等生命活动时，往往要测定样品中的蛋白质含量。蛋白质含量的测量方法有很多，除考马斯亮蓝法外，还有凯氏定氮法(数字资源 5－4)、Folin－酚比色法(Lowry 法)(数字资源 5－5)、双缩脲法(数字资源 5－6)、紫外吸收法(数字资源 5－7)等。其中凯氏定氮法是测定粗蛋白质的经典方法，但由于样品中非蛋白质含氮化合物的干扰，使测定结果不能完全反映被测样品中蛋白质的真实含量。考马斯亮蓝比色法是 1976 年由 Bradford 等人建立的一种测定微量蛋白质的方法，由于该种方法简单迅速、干扰物少、灵敏度高(最低蛋白质检测量可达 1 μg)等优点，现已广泛应用于蛋白质含量的测定。

请同学们想一想，蛋白质含量测定在植物生理学研究及生产和生活实践中还有哪些应用？

(樊金娟)

实验 29　有机酸含量测定

【目的】

学习并掌握指示剂滴定法测定有机酸含量的原理和方法。

【原理】

植物组织中的有机酸易溶于水和乙醇，其浸出液呈酸性，可用 NaOH 标准溶液滴定，以酚酞为指示剂，通过所消耗碱液的体积计算有机酸的含量。

有机酸的含量还可以用植物组织中主要有机酸的质量分数表示。果实中的有机酸含量如柑橘类可换算成柠檬酸，葡萄可换算成酒石酸，苹果类可换算成苹果酸。如 $0.1\ mol \cdot L^{-1}$ NaOH 标准液 1 mL 相当于柠檬酸 0.064 g、酒石酸 0.075 g、苹果酸 0.067 g、草酸 0.045 g。

【实验用品】

1. 材料

含有机酸的植物组织或苹果、梨、香蕉、柑橘等果实。

2. 器具

电子天平；恒温水浴锅；研钵；量筒；移液管；烧杯；容量瓶；漏斗；锥形管；碱式滴定管；滤纸；pH 计或 pH 试纸等。

3. 试剂

（1）$0.1\ mol \cdot L^{-1}$ NaOH 标准液：取 10 g 分析纯 NaOH，溶于 500 mL 蒸馏水（应煮沸以去除 CO_2），贮于塑料瓶中，放置数日。用时取上清液 200 mL，加 4 倍去 CO_2 水稀释，并用邻苯二甲酸氢钠标定。

$$0.1\ mol \cdot L^{-1}\ NaOH\ 的效价(f) = 10w \cdot (0.020414\ a)^{-1}$$

式中：w——邻苯二甲酸氢钠的量（g）；

a——NaOH 体积（mL）。

（2）酚酞指示剂：称取 1 g 酚酞，溶于 100 mL 95% 乙醇中。

（3）蓝色石蕊试纸。

【实验步骤】

1. 样品提取

称取新鲜植物组织 5 g，置于研钵中，加少量石英砂研磨成匀浆，用蒸馏水洗入 50 mL 三角瓶中，加蒸馏水约 30 mL，80 ℃恒温水浴浸提 30 min，期间不断搅拌。取出冷却，过滤（或离心）入 50 mL 容量瓶，并用蒸馏水冲洗残渣 2 ~ 3 次，合并滤液或上清液，用蒸馏水定容至 50 mL，充分混匀待测。

2. 测定

根据预测有机酸的含量,决定提取液的稀释浓度。用移液管吸取 5 ~ 10 mL 样液于 50 mL 三角瓶中,加酚酞指示剂 3 ~ 5 滴,用 0.1 mol · L^{-1} NaOH 标准液滴定至出现微红色,摇 30 ~ 60 s 不褪色为滴定终点,记下所消耗的体积。取 3 次测定平均值。

如试液颜色影响滴定终点的确定,可在蓝色石蕊试纸上加 1 滴蒸馏水和 1 滴试液,当试纸不再变红时为终点。也可用酸度计测定,以避免试液颜色对确定终点的影响。方法如下:将酸度计的电极浸入试液中,边搅拌边滴加 0.1 mol · L^{-1} NaOH 标准液,记录 pH 变化。以滴加毫升数为横坐标,以 pH 为纵坐标,作中和滴定曲线。两个变曲点间的中点即为中和点。

3. 结果计算

$$样品中有机酸含量(\%) = (C \cdot V_1 \cdot K \cdot 50) \cdot (V_0 \cdot M)^{-1}$$

式中:C——NaOH 标准液浓度(mol · L^{-1});

V_1——滴定时所消耗的 NaOH 标准液体积(mL);

K——换算为某种酸克数的系数,见表 29 - 1;

50——试样浸提后定容体积(mL);

V_0——吸取滴定用的样液体积(mL);

M——样品质量(g)。

表 29 - 1　几种有机酸的换算系数(K)

有机酸名称	换算系数(K)	果蔬与制品
$C_4H_6O_5$(苹果酸)	0.067	仁果类、核果类水果
$C_6H_8O_7 \cdot H_2O$(结晶柠檬酸)	0.070	柑橘类、浆果类水果
$C_4H_6O_6$(酒石酸)	0.075	葡萄
$C_2H_2O_4$(草酸)	0.045	菠菜
$C_3H_6O_3$(乳酸)	0.090	盐渍、发酵制品
$C_2H_4O_2$(乙酸)	0.060	醋渍制品

【思考题】

1. 为什么实验中所用的蒸馏水为去 CO_2 水?应如何制备?
2. 测定有机酸含量应注意哪些问题?

学以致用

有机酸广泛存在于植物中,其种类和数量因植物种类、部位的不同而有所差异。最常见的有机酸是羧酸,其酸性源于羧基(- COOH)。有些有机酸是代谢的中间产物,参与动植物代谢的生命过程(如苹果酸、柠檬酸等);有些有机酸具有显著的生物活性,能防病、治病(如抗坏血酸、咖啡酸、枸橼酸、酒石酸等);还有些是有机合成、工农业生产和医药工业原料(如草酸、乙酸、水杨酸、苯甲酸、磺酸等),因此,有机酸含量测定在研究植物代谢规律，以及食品、有机合成、工农业生产、医药工业等领域都具有广泛的应用。

请同学们想一想，本实验的知识点在植物生理学研究及生产、生活实践中还有哪些应用？

（张　达）

实验 30　种子粗脂肪含量测定

【目的】

掌握索氏提取法测定种子粗脂肪含量的原理及方法。

【原理】

脂肪不溶于水，易溶于有机溶剂（如石油醚），因此可用有机溶剂直接浸提出样品中的脂肪进行测定，常用油重法和残余法。油重法适于油料作物种子和木本植物油质果实的粗脂肪含量测定，该方法是用石油醚浸提待测样品的全部粗脂肪，再将石油醚蒸尽，称量剩下的浸提物质量即可计算出粗脂肪含量。残余法适于测定谷物、油料作物种子的粗脂肪含量，该方法是将待测样品脱水称重后，用石油醚（或其他有机溶剂）使样品中粗脂肪物质全部浸提出来，残渣中的石油醚挥发后，烘干至恒重，根据两次质量之差即可得出样品中的粗脂肪含量。本实验用残余法进行。粗脂肪含量的测定，一般采用索氏脂肪提取器（图 30－1）。

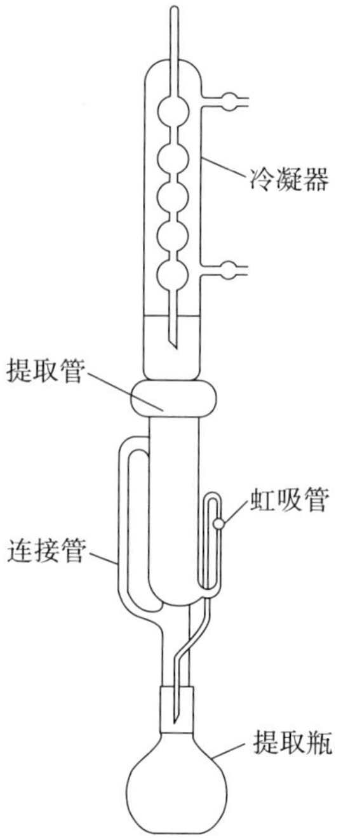

图 30－1　索氏脂肪提取器

粗脂肪含量测定，样品质量应根据含油量而定，脂肪含量在 10% 以下的，应称样 5～10 g；脂肪含量 50%～60% 的，应称样 1～4 g。

【实验用品】

1. 材料

油料作物种子。

2. 器具

索氏脂肪提取器（图 30－1）；水浴锅；烘箱；分析天平；研钵；脱脂滤纸等。

3. 试剂

石油醚。

【实验步骤】

1. 预处理

取少量待测油料种子，在研钵内碾细，以使整个研钵内粘附有脂肪，然后将研碎的种子倾去。

2. 研粉

取 1 ~ 2 g 待测油料种子，在研钵内碾细，然后将研细的样品转到事先称好质量的脱脂滤纸中（滤纸事先已烘干），严密包好。为避免浸提时漏出残渣，所用滤纸应适当大些。

3. 干燥

包好的样品放入样盒中，105 ℃烘 2 h，置于干燥器中，冷却至室温时称重（A）（精确到 0.000 1 g）。

4. 投放

将称重后的样品包放入索氏提取器的中节内，在提取器的承受瓶中，加入约 1/2 体积的石油醚，然后连接承受瓶中节（抽提筒）和冷凝管，并使冷凝管与水流相连。置于水浴中。

5. 抽提

打开电源开关，使水浴温度上升，并打开与冷凝管相连的水龙头，承受瓶中石油醚（沸点为 35 ℃）受热蒸发，经冷凝管处又冷凝成液体，回滴到中节内浸泡样品，到一定量后，因虹吸原理又流回到承受瓶，如此循环抽提 8 ~ 10 h，可将样品中的脂肪全部抽提干净。水浴温度控制在 40 ℃左右，使石油醚每小时回流 6 ~ 8 次。

6. 烘干

抽提 8 ~ 10 h 后，取出样品包，石油醚全部挥发后，置于 105 ℃烘箱内烘干，取出，放至干燥器内冷却后，用分析天平称重（B）至恒重。

7. 结果计算

$$\text{粗脂肪含量}(\%) = (A - B) \cdot (A - C)^{-1} \cdot 100$$

式中：A——提取前样品包质量（mg）；

B——提取后样品包质量（mg）；

C——包装纸质量（mg）。

【注意事项】

1. 测定用样品、抽提器、抽提用有机溶剂都需要进行脱水处理。

2. 试样粉末粗细度要适宜。试样粉末过粗，脂肪抽提不干净；过细，则可能透过滤纸孔隙随回流溶剂流失，影响测定结果。

【思考题】

油重法和残余法测定种子脂肪含量的原理是什么？测定结果为何是粗脂肪含量？

学以致用

脂肪广泛存在于油料作物种子和果实中，测定脂肪的含量，可以鉴别其品质的优劣，也是油料作物选种和种质资源调查的常规测定项目。用有机溶剂浸提出的物质除脂肪外，还伴有脂肪酸、蜡、磷脂、固醇、芳香油、一些色素及有机酸等脂溶性物质，故称粗脂肪，而这些副产品具有广泛的应用价值。

请同学们想一想，本实验的知识点在农业生产中还有哪些应用？

（樊金娟）

实验 31　谷物种子赖氨酸含量测定

【目的】

了解氨基酸含量的测定方法，掌握比色法测定谷物类样品中赖氨酸含量的原理和方法。

【原理】

谷物蛋白中赖氨酸残基带有自由的 $\varepsilon-NH_2$，它与茚三酮发生颜色反应呈紫色，其颜色深浅在一定范围内与赖氨酸残基的数目成正比。

亮氨酸与赖氨酸的碳原子数目相同，亮氨酸仅有的一个氨基 $\alpha-NH_2$ 相当于蛋白质中赖氨酸残基上的 $\varepsilon-NH_2$，因而可以用亮氨酸标准液制作标准曲线来测定蛋白质中赖氨酸的含量。但计算浓度时必须乘上两种氨基酸的分子量之比（赖氨酸与亮氨酸分子量之比为 1.11∶1）。

（1）

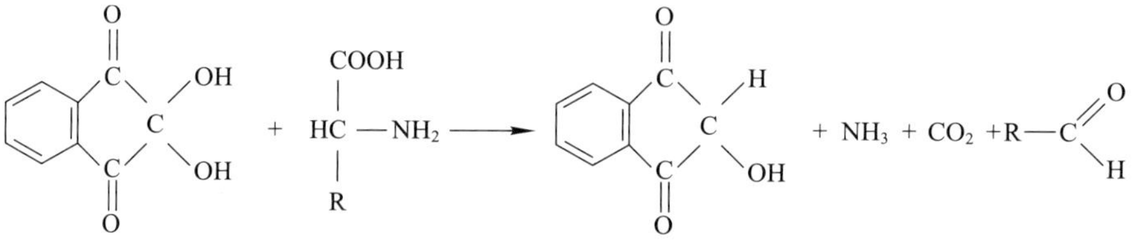

茚三酮　　氨基酸　　还原型茚三酮　　醛类

（2）

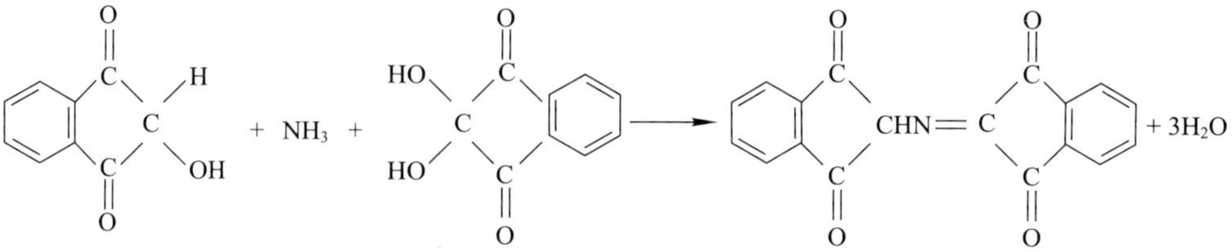

还原型茚三酮　　茚三酮　　紫红色化合物

【实验用品】

1. 材料

玉米种子。

2. 器具

分光光度计；分析天平；恒温水浴锅；试管；圆头玻璃棒（圆头大小要与试管大小配套）；容量瓶、移液管等。

3. 试剂

（1）柠檬酸缓冲溶液（0.2 mol · L^{-1}，pH 5.0）：称取2.10 g柠檬酸（$C_6H_8O_7 \cdot H_2O$）和2.94 g柠檬酸三钠（$Na_3C_6H_5O_7 \cdot 2H_2O$），溶解于50 mL蒸馏水中。

（2）茚三酮试剂：称取1 g茚三酮溶于25 mL 95%乙醇中；称40 mg $SnCl_2$ 溶于25 mL柠檬酸缓冲液中，将两液混合均匀，滤去沉淀，上清液置于冰箱保存备用。

（3）HCl（0.02 mol · L^{-1}）：取12 mol · L^{-1}浓HCl 0.17 mL，用蒸馏水稀释至100 mL。

（4）亮氨酸标准液（50 μg · mL^{-1}）：准确称取5 mg亮氨酸，加数滴0.02 mol · L^{-1} HCl使之溶解，然后用蒸馏水稀释定容至100 mL。

（5）40 g · L^{-1} Na_2CO_3 溶液：称取4.00 g无水 Na_2CO_3，溶于100 mL蒸馏水中。

（6）95%乙醇（A. R.）。

【实验步骤】

1. 标准曲线制作

取7支洁净试管编号，按表31－1添加试剂，再向各管加2 mL 40 g · L^{-1} Na_2CO_3 溶液和2 mL茚三酮试剂，混匀，加塞，80 ℃恒温水浴保温30 min。取出冷却至室温，向每管加4 mL的95%乙醇，摇匀，在波长530 nm处测定吸光度。以吸光度为纵坐标，亮氨酸含量为横坐标，绘制标准曲线。

表31－1　各试管加溶液和试剂的量

试管号	0	1	2	3	4	5	6
亮氨酸标准液/mL	0	0.1	0.2	0.4	0.6	0.8	1.0
蒸馏水/mL	2.0	1.9	1.8	1.6	1.4	1.2	1.0
亮氨酸含量/μg	0	5	10	20	30	40	50

2. 样品提取

玉米种子粉碎、烘干成玉米粉，置于干燥器中备用。称取玉米粉0.1 g，置于研钵中，加适量石英砂、4 mL 40 g · L^{-1} Na_2CO_3 溶液，充分研磨5 min。匀浆转入50 mL锥形瓶，用6 mL 40 g · L^{-1} Na_2CO_3 溶液和6 mL蒸馏水分两次洗涤研钵，洗涤液一并转入锥形瓶，摇匀，置于80 ℃恒温水浴20 min（可间歇摇动）。取出锥形瓶，冷却至室温，过滤，并用蒸馏水定容至20 mL，得样品待测液。

3. 样品测定

取样品待测液 4 mL，加 40 $g \cdot L^{-1}$ Na_2CO_3 溶液 2 mL 及茚三酮试剂 2 mL。其他步骤与制作标准曲线相同。

4. 结果计算

$$赖氨酸含量(\%) = G \cdot N \cdot 100 \cdot 1.11 \cdot W^{-1} \cdot 10^{-3} - C$$

式中：G——标准曲线上查出的亮氨酸的量(μg)；

N——样品稀释倍数；

W——样品干重(mg)；

C——样品中游离氨基酸含量(各种谷物种子中游离氨基酸的含量大约是：玉米，0.01%；高粱，0.04%；水稻，0.01%；小麦，0.05%)。

【附注】

测定含油分高的谷物种子中的赖氨酸含量时常需脱脂处理。具体做法是：种子经粉碎机粉碎，过 100 目筛，收集细粉，放入广口瓶，加沸程 60～90 ℃的石油醚(浸没粉面)，浸 8 h(不时搅动)脱脂；过滤，并用石油醚淋洗沉淀若干次，沉淀于阴凉通风处吹干，得脱脂种子干粉，置于干燥器中保存备用。

【注意事项】

1. 样品要充分粉碎成细粉，称量要精确到 0.1 mg。
2. 恒温水浴时要严格控制提取和显色时间。
3. 比色时的顺序要与加入茚三酮试剂的顺序相一致。

【思考题】

1. 分析本实验中可能引入误差的几个关键环节。
2. 茚三酮是否可用于氨基酸和蛋白质的定性鉴定？
3. 运用本实验方法测定含油分高的谷物种子时，为什么对样品要进行脱脂处理？
4. 计算公式中为什么要减去样品中游离氨基酸的含量？

学以致用

赖氨酸是一种必需氨基酸。在绝大多数谷物中，赖氨酸是最缺乏的氨基酸，被称为“第一限制氨基酸”。赖氨酸在谷物贮存和加工过程中很不稳定，易于脱去氨基、被氧化，或发生变质而损失破坏，或变成营养上的“无效”。因此，蛋白质中赖氨酸的含量已成为衡量谷物品质的主要指标之一。由于人类及其他动物不能合成赖氨酸，必须从食物中进行补充，因此，培育赖氨酸含量高的谷物，对于提高谷物营养价值有重要意义。

本实验方法也可用于测定大豆等其他作物种子中的赖氨酸含量，但对于油分含量高的种子则需先进行脱脂处理，否则会影响测定结果。

请同学们想一想，本实验的知识点在农业生产中还有哪些应用？

（彭瞰看）

实验 32　植物组织总黄酮含量测定

【目的】

掌握黄酮类化合物的一般制备及测定方法。

【原理】

黄酮类化合物在植物体内大都以糖苷形式存在，故在提取过程中可加入少许 $CaCO_3$ 来防止植物自身酸性引起的糖苷水解。黄酮类物质的提取可选择醇类或乙醚溶剂，其中醇类适用于糖苷类及含有多个羟基的化合物提取，乙醚适用于甲基化程度高或为非糖苷型化合物的提取。测定该类化合物含量的方法有比色法、吸收法、薄层层析法（数字资源 5－8）和高效液相色谱（HPLC）法（数字资源 5－9）、电化学发光法（数字资源 5－10）等。本实验主要介绍比色法。

【实验用品】

1. 材料

银杏、沙棘、洋葱、葡萄等植物叶片。

2. 器具

分光光度计；烘箱；电子天平；水浴锅；索氏抽提器；分液漏斗等。

3. 试剂

（1） 70% 乙醇；乙醚；50 $g \cdot L^{-1}$ $NaNO_2$；100 $g \cdot L^{-1}$ $Al(NO_3)_3$；40 $g \cdot L^{-1}$ NaOH；$CaCO_3$。

（2） 100 $\mu g \cdot mL^{-1}$ 芦丁：10 mg 芦丁用 70% 乙醇定容至 100 mL。

【实验步骤】

1. 取银杏（或其他植物）叶片 1 g 置于索氏抽提器中，加 70% 乙醇 100 mL 及少许 $CaCO_3$，抽提 6～8 h，倒出提取液减压浓缩蒸去乙醇。

2. 另称叶片 10 g 于 105 ℃烘箱中烘至恒重，测定其含水量。

3. 浓缩液于分液漏斗中用相同体积的乙醚洗 2～3 次，以除去叶绿素及蜡质等，然后用 70% 乙醇定容至 100 mL，待测。

4. 绘制标准曲线

将芦丁溶液用 70% 乙醇稀释成 0、5、10、15、20、25、30、35、40、45、50 μg · mL^{-1} 浓度梯度，各吸取 1 mL 于试管中，加 70% 乙醇 1 mL，加 0.3 mL 50 g · L^{-1} $NaNO_2$ 溶液，6 min 后加 0.3 mL 100 g · L^{-1} $Al(NO_3)_3$ 溶液，6 min 后再加 4 mL 40 g · L^{-1} NaOH，10 min 后于 510 nm 波长处测定吸光度。绘制质量浓度－吸光度标准曲线。

5. 吸取样品溶液 1 mL，按上述同样步骤和方法测定吸光度，从标准曲线查得样品中总黄酮（以芦丁表示）浓度（μg · mL^{-1}），根据下式计算每克干叶中总黄酮的含量：

$$干叶中总黄酮含量(\mu g \cdot g^{-1}) = V \cdot \rho \cdot W^{-1}$$

式中：V——1 g 干叶制得的提取液体积（mL）；

ρ——标准曲线中查得的总黄酮浓度（μg · mL^{-1}）；

W——样品质量（g）。

【注意事项】

1. 黄酮类化合物种类繁多，此方法仅选芦丁为标准做比较。
2. 随着显色时间的延长，吸光度将略有下降，因此，显色反应后应尽快比色分析。

【思考题】

黄酮类化合物在植物生命活动中有何作用？

学以致用

类黄酮化合物是指具有—C_6—C_3—C_6—碳骨架结构的一类物质，包括黄酮类、黄酮醇类、黄烷酮类、噢哢类、查尔酮类、花色素苷类等。绝大多数植物体内都含有黄酮类化合物，它们在植物的生长、发育、开花、结果以及抗菌防病等方面起着重要的作用。此外黄酮类化合物也是一类对人类健康有益的物质。因此，黄酮类化合物含量的测定具有广泛的应用。

请同学们想一想，本实验的知识点还有哪些应用？

（彭瞰看）

实验 33　烟碱含量测定

【目的】

掌握紫外分光光度法测定烟碱含量的原理及方法。

【原理】

烟碱是含氮的碱性物质，很容易与 HCl 反应生成烟碱盐酸盐而溶于水。故提取时加入无机酸酸化，水蒸气蒸馏除去中性与酸性蒸气挥发物，然后在提取液中加入强碱 NaOH 后使烟碱游离出来。游离烟碱在 100 ℃左右具有一定的蒸气压（约 1 333 Pa），因此，可用水蒸气蒸馏法分离提取，提取物质为总植物碱。提取液可用于下一步的烟碱测定。

目前烟碱的分析方法有色谱法、原子吸收分光光度法、红外光谱定量分析法、核磁共振谱法、原子发射光谱法、旋光法、质谱分析法、滴定分析法、分光光度法、电位分析法和重量法等（数字资源 5－11）。国际标准化组织制定的紫外分光光度法测定烟碱，具有快速、准确、简便的特性，在实践中应用较多。本实验主要介绍烟碱含量测定的紫外分光光度法。

烟碱酸溶液的最大吸收波长为 259 nm。提取物中有干扰紫外分光光度法测定的物质，主要为两类：一是含吡啶环的植物碱（如降烟碱，其分子比烟碱少一个甲基）；二是植物碱的降解产物、植物激素和类脂化合物。测定烟碱在 236 nm 和 282 nm 波长处的吸光度可扣除干扰吸收。对于纯烟碱，校正吸光度为 259 nm 波长处的吸光度，即 $A_{259}=1.059\cdot[A_{259}-(A_{236}+A_{282})\cdot 2^{-1}]$；对于烟草蒸馏样品的测定，校正吸光度 $A'_{259}=1.059\cdot[A_{259}-(A_{236}+A_{282})\cdot 2^{-1}]$。

$A_{259}-A'_{259}$的大小可作为干扰吸收强弱的判断参考。

【实验用品】

1. 材料

粗烟叶或烟丝。

2. 器具

紫外分光光度计；酸度计；pH 试纸；250 mL 圆底烧瓶；250 mL 凯氏瓶；球形冷凝管；馏出液导出管；电热套；接液管；烧杯等。

3. 试剂

标准烟碱（含量 >98%）；100 $g\cdot L^{-1}$ HCl；400 $g\cdot L^{-1}$ NaOH；1 $mol\cdot L^{-1}$ H_2SO_4。

【实验步骤】

1. 烟草分析样品的制备

将烟草叶片样品或卷烟烟丝称重，置于 45 ℃恒温干燥箱中烘干过夜，粉碎，称取质量后密闭保存。

2. 烟草中烟碱的提取

称取烟叶 2 g 放于 250 mL 圆底烧瓶中，加 100 $g\cdot L^{-1}$ HCl 50 mL，装上球形冷凝管沸腾回流 20 min。待瓶中反应混合物冷却后倒入烧杯中，在不断搅拌下慢慢滴入 400 $g\cdot L^{-1}$ NaOH 溶液至 pH 10～11（用酸度计或广泛 pH 试纸测定）。

将上述溶液转移到如图 33－1 装置中的凯氏瓶中，进行蒸汽蒸馏，蒸馏速度为 10～12 $mL\cdot min^{-1}$。在装有 5 mL 1 $mol\cdot L^{-1}$ H_2SO_4溶液的 250 mL 容量瓶中，收集 80～250 mL 馏出液，并稀释至刻度线。

3. 烟碱紫外分光光度测定

用移液管吸取适量(具体体积根据下述标准确定,即稀释液的 A_{259} 为 0.2 ~0.8)蒸馏液到另一个容量瓶中,并用 0.025 mol · L^{-1} H_2SO_4溶液稀释至刻度线。将5 mL 的 1 mol · L^{-1} H_2SO_4溶液用蒸馏水稀释至 100 mL,作为空白对照,并按照测试溶液相同的稀释倍数,进一步稀释空白溶液。在波长 236 nm、259 nm 和 282 nm 处测定稀释液的吸光度。

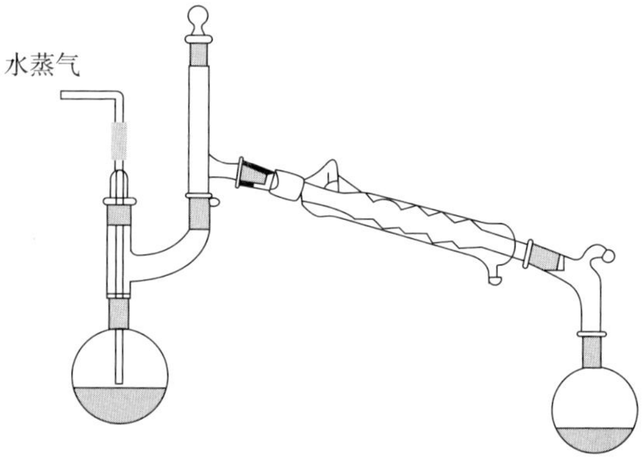

图 33－1　蒸馏凯氏瓶装置

根据试验,烟碱在紫外分光光度计上测定的最佳浓度为 5.8 ~23.3 mg · L^{-1},即波长259 nm 处的吸光度为 0.2 ~0.8 时,测定结果才能反映真实含量。吸光度低于 0.2,则测定结果偏高;吸光度高于 0.8,则测定结果偏低。所以,最后要对烟碱蒸馏液进行适当稀释,以满足最佳测定要求。

4. 结果计算

$$烟碱含量(\%) = [(1.059 \cdot N \cdot A) \cdot (34.3 \cdot W)^{-1}] \cdot 100$$

式中:1.059——校正系数;

N——烟草馏出液的稀释倍数;

A——烟草馏出液中纯烟碱的吸光值,$A = A_{259} - (A_{236} + A_{282}) \cdot 2^{-1}$;

W——样品干重(g);

34.3——烟碱吸光系数。

【思考题】

1. 测定烟碱有何意义?
2. 水蒸气蒸馏提取烟碱时为什么要用 400 g · L^{-1} NaOH 溶液中和至呈明显的碱性?
3. 通过自学,了解烟碱的应用及其他检测方法(数字资源 5－11),并比较其优缺点。

学以致用

烟碱(又名尼古丁)是烟草中最重要的生物碱,其化学名称为 1－甲基－2－(3－吡啶基)吡咯烷,分子式为 $C_{10}H_{14}N_2$,分子量 162。烟碱赋予烟草抗虫性,也是烟草生长发育和适应环境的重要生理指标。烟碱在烟草根系中合成,且受生长发育状态、土壤水分、肥料及栽培措施等因素影响。烟草中烟碱含量的高低,是烟草和香烟质量控制的重要指标之一。通常,卷烟中烟碱的含量与原料生产的自然条件、栽培措施、烟草类型、调制工艺等多种因素有关,控制适宜的烟碱含量,是烟草生产中的重要研究课题。

烟碱是非常宝贵的医药和化工原料,也是一种高效低毒的天然杀虫剂,具有药效广谱持久、对农作物安全、无抗药性、无残留、无污染、对自然安全等特性,对一般软体害虫、小型害虫均有良好的防效,且能刺激植物生长,对无公害绿色食品的生产具有重要意义。

请同学们想一想，本实验的知识点在农业生产中还有哪些应用？

（彭畯看）

实验 34　植物组织 ATP 酶活性测定

【目的】

掌握植物组织 ATP 酶活性测定的原理及方法。

【原理】

ATP 酶（ATPase）可催化 ATP 水解生成 ADP 和无机磷，本实验通过测定酶促反应过程中无机磷的释放量来测定叶绿体偶联因子 ATP 酶的活力。正常情况下，类囊体膜上的偶联因子催化光合磷酸化反应（ATP 合成）的速率很高，而水解 ATP 的活力很低，但用二硫苏糖醇（DTT）、胰蛋白酶或较高温度等激活后，其水解 ATP 的活力可大大增加。因此，偶联因子的测定常用激活后 ATP 酶水解 ATP 的活力表示。

【实验用品】

1. 材料

新鲜菠菜。

2. 器具

分光光度计；水浴锅；光照设备（光源 50 000 lx）；台式离心机等。

3. 试剂

（1）1 $mol \cdot L^{-1}$（pH 8.0）Tris－HCl 缓冲液：称 60.57 g Tris 溶于 400 mL 蒸馏水，用浓 HCl 调至 pH 8.0，加水定容至 500 mL。

（2）5 $mol \cdot L^{-1}$ H_2SO_4溶液：取 27.8 mL（相对密度为 1.84）浓 H_2SO_4，慢慢加入到 70 mL 蒸馏水中，冷却后定容至 100 mL。

（3）100 $g \cdot L^{-1}$ $H_2SO_4-[(NH_4)_2MoO_4]$溶液：称 10 g $(NH_4)_2MoO_4$溶于 100 mL 的 5 $mol \cdot L^{-1}$ H_2SO_4中。

（4）$Fe_2SO_4-(NH_4)_2MoO_4$试剂：称 5 g Fe_2SO_4，加 10 mL $H_2SO_4-(NH_4)_2MoO_4$，蒸馏水稀释到 70 mL，至溶解为止（现用现配）。

（5）STN 缓冲液：将 0.05 $mol \cdot L^{-1}$（pH 7.8）Tris－HCl 缓冲液（内含 0.4 $mol \cdot L^{-1}$蔗糖，0.01 $mol \cdot L^{-1}$ NaCl）放入冰箱预冷。

（6）50 $mmol \cdot L^{-1}$ DTT。

（7）0.5 $mmol \cdot L^{-1}$二氮蒽甲硫酸（PMS）。

【实验步骤】

1. 叶绿体制备及叶绿素含量测定

新鲜菠菜洗净,去叶柄和中脉,称叶片 5 g,置于研钵或组织捣碎机中,加 20 mL 0 ℃预冷的 STN 缓冲液,快速研磨或捣碎(0.5 min)成匀浆,4 层纱布过滤去粗渣,滤液于 0 ~ 2 ℃下,1 000 r · min^{-1}离心 2 min,去细胞碎片,上清液再于 4 000 r · min^{-1}离心 5 ~ 7 min,取沉淀悬浮于少量 STN 中,使叶绿素含量在 0.5 mg · mL^{-1}左右。小麦、水稻均可以此介质制备叶绿体。如以甜菜叶子作材料,则匀浆介质中还应加入 0.02 mol · L^{-1}抗坏血酸钠。一般取 0.1 mL 叶绿体,加 0.9 mL 水和 4 mL 丙酮(分析纯),离心,取上清液于 652 nm 波长测吸光度,按 Arnon 公式计算:

$$叶绿素含量(mg \cdot mL^{-1}) = (A_{652} \cdot 1\,000 \cdot 34.5^{-1}) \cdot [5 \cdot (1\,000 \cdot 0.1)^{-1}] = A_{652} \cdot 1.45$$

式中:A_{652}——652 nm 波长处的吸光度。

2. ATP 酶的激活

(1) Mg^{2+} - ATP 酶的激活及激活液和反应液的配制

Mg^{2+} - ATP 酶激活液和反应液的配制:见表 34 - 1。

表 34 - 1　Mg^{2+} - ATP 酶激活液和反应液的配制

激活液成分	加入量/mL	反应液成分	加入量/mL
0.25 mol · mL^{-1} Tris - HCl, pH 8.0	0.2	0.5 mol · mL^{-1} Tris - HCl, pH 8.0	0.1
0.5 mol · mL^{-1} NaCl	0.2	0.05 mol · mL^{-1} $MgCl_2$	0.1
0.05 mol · mL^{-1} $MgCl_2$	0.2	50 nmol · mL^{-1} ATP	0.1
50 nmol · mL^{-1} DTT	0.2	H_2O	0.2
0.5 nmol · mL^{-1} PMS	0.2	总体积	0.5
总体积	1.0		

酶激活过程:取制备好的叶绿体悬浮液 1 mL(叶绿素含量约为 0.1 mg · mL^{-1}),加 1 mL 激活液,于室温白炽光(50 000 lx)下光激活 6 min。

反应过程:取 3 支试管,分别加入上述激活后的叶绿体悬浮液各 0.5 mL(剩下的叶绿体悬浮液供测定叶绿素含量用),再加 0.5 mL 反应液,取两管置于 37 ℃水浴(另一管置于冰浴中作空白用)保温 10 min,各加 0.1 mL 200 g · L^{-1}三氯乙酸终止反应。离心后各取上清液 0.3 ~ 0.5 mL,供测定 ATP 水解的无机磷用。

(2) Ca^{2+} - ATP 酶的激活及激活液和反应液的配制

Ca^{2+} - ATP 酶的激活液和反应液的配制:见表 34 - 2。

激活过程:取已制备好的叶绿体悬浮液 1 mL,加 1 mL 激活液,20 ℃水浴保温激活 10 min,加牛血清蛋白(10 mg · mL^{-1})0.1 mL 停止激活。

反应过程:与 Mg^{2+} - ATP 酶的反应过程相同。

(3) 热处理激活

将叶绿体悬浮在 1 mL 含 20 mmol · L^{-1}(pH 8.0)Tris - HCl、5 mmol · L^{-1} DTT、20 mmol · L^{-1}

ATP 的激活液中，64 ℃水浴保温 4 min，自来水冷却后按 Mg^{2+} - ATP 酶反应过程进行分析。

表 34 - 2　Ca^{2+} - ATP 酶激活液和反应液的配制

激活液成分	加入量/mL	反应液成分	加入量/mL
0.25 mol · mL^{-1} Tris - HCl，pH 8.0	0.2	0.5 mol · mL^{-1} Tris - HCl，pH 8.0	0.1
20 mol · mL^{-1} EDTA · 2Na	0.2	50 mmol · mL^{-1} ATP	0.1
10 mmol · mL^{-1} ATP	0.2	H_2O	0.2
2 mg · mL^{-1} 胰蛋白酶	0.2	0.05 nmol · mL^{-1} $CaCl_2$	0.1
H_2O	0.2	总体积	0.5
总体积	1.0		

3. 无机磷的测定

按表 34 - 3 配制不同浓度的无机磷标准溶液，用分光光度计测定 660 nm 波长处的吸光度。以无机磷浓度为横坐标，吸光度为纵坐标，绘制标准曲线。

表 34 - 3　不同浓度的无机磷标准溶液的配制

试管号	1	2	3	4	5
0.001 mol · mL^{-1} Na_2HPO_4/mL	0.1	0.2	0.3	0.4	0.5
H_2O/mL	2.8	2.7	2.6	2.5	2.4
200 g · L^{-1} 三氯乙酸（TCA）/mL	0.1	0.1	0.1	0.1	0.1
Fe_2SO_4 - $(NH_4)_2MoO_4$ 试剂/mL	2.0	2.0	2.0	2.0	2.0
无机磷浓度/（μmol · mL^{-1}）	0.1	0.2	0.3	0.4	0.5

取酶促反应后经离心的上清液 0.5 mL 加 2.5 mL 蒸馏水，摇匀后加 2 mL Fe_2SO_4 - $(NH_4)_2MoO_4$ 试剂，于室温放置 1 min 后显色即稳定，用分光光度计测定 660 nm 波长处的吸光度。

4. 结果计算

叶绿体的 ATP 酶活力 $[\mu mol \cdot (mg \cdot min)^{-1}] = 1\,000 \cdot C \cdot V_T \cdot (V_s \cdot t \cdot W)^{-1}$

式中：C——从标准曲线上查得的无机磷浓度（μmol · mL^{-1}）；

V_T——反应液体积（mL）；

1 000——因叶绿素的量以 μg 表示，故乘以 1 000 转变为 mg；

W——叶绿素的质量（mg）；

V_s——测定时取用体积（mL）；

t——反应时间（min）。

【思考题】

1. 为什么 DTT、胰蛋白酶激活 ATP 酶后，可以增加其水解 ATP 的活力？
2. 植物组织 ATP 酶活性与哪些代谢过程密切相关？

3. 无机磷量为何可以表示 ATP 酶活力?

学以致用

ATP 酶是膜整合运输蛋白,其可水解 ATP,跨膜运输 H^+,维持膜电化学势梯度,从而推动离子吸收、营养物质次级运输、气孔开放、pH 稳态和细胞伸长等。由于膜电位和质子梯度都可影响 K^+、Na^+ 等离子的吸收、排出和固定。因此,ATP 酶通过作用于膜电位和质子梯度、离子泵活性,可对植物耐盐性产生较大影响。测定 ATP 酶活性,可以筛选、鉴定植物的耐盐性。

请同学们想一想,本实验的知识点在植物生理学研究中还有哪些应用?

(彭瞰看)

实验 35 谷氨酰胺合成酶活性测定

【目的】

学习植物体内谷氨酰胺合成酶的提取方法,掌握谷氨酰胺合成酶活性测定的基本原理与方法。

【原理】

谷氨酰胺合成酶(GS)是参与氨的同化和谷氨酸合成的主要酶,其催化的反应为:

$$\text{L}-\text{谷氨酸}+\text{ATP}+\text{NH}_4^+\xrightarrow{\text{Mg}^{2+}}\text{L}-\text{谷氨酰胺}+\text{ADP}+\text{P}_i$$

即在 ATP 和 Mg^{2+} 存在下,催化植物体内谷氨酸形成谷氨酰胺。在 Tris - HCl 等反应体系中,谷氨酰胺转化为 γ - 谷氨酰基异羟肟酸,进而在酸性条件下与铁形成红色络合物,该络合物在 540 nm 波长处有最大吸收峰,可用分光光度计测定。谷氨酰胺合成酶活性可用产生的 γ - 谷氨酰基异羟肟酸与铁络合物的生成量来表示,单位 $\mu mol \cdot mg^{-1} \cdot h^{-1}$;也可间接用 540 nm 波长处的吸光度来表示,单位 $A \cdot mg^{-1} \cdot h^{-1}$。

【实验用品】

1. 材料

植物材料。

2. 器具

冷冻离心机;分光光度计;研钵;恒温水浴器等。

3. 试剂

（1）提取缓冲液（0.05 mol · L^{-1} Tris – HCl，pH 8.0）：内含 2 mmol · L^{-1} Mg^{2+}，2 mmol · L^{-1} DTT，0.4 mol · L^{-1} 蔗糖。称取 1.529 5 g Tris（三羟甲基氨基甲烷）、0.124 5 g $MgSO_4 \cdot 7H_2O$、0.154 3 g DTT 和 34.23 g 蔗糖，去离子水溶解后，用 0.05 mol · L^{-1} HCl 调至 pH 8.0，定容至 250 mL。

（2）反应混合液 A（0.1 mol · L^{-1} Tris – HCl 缓冲液，pH 7.4）：内含 80 mmol · L^{-1} Mg^{2+}、20 mmol · L^{-1} 谷氨酸钠盐、20 mmol · L^{-1} 半胱氨酸和 2 mmol · L^{-1} EDTA。称取 3.059 0 g Tris、4.979 5 g $MgSO_4 \cdot 7H_2O$、0.862 8 g 谷氨酸钠盐、0.605 7 g 半胱氨酸和 0.192 0 g EDTA，去离子水溶解后，用 0.1 mol · L^{-1} HCl 调至 pH 7.4，定容至 250 mL。

（3）反应混合液 B（含盐酸羟胺，pH 7.4）：反应混合液 A 的成分再加 80 mol · L^{-1} 盐酸羟胺，调 pH 至 7.4。

（4）显色剂[0.2 mol · L^{-1} TCA、0.37 mol · L^{-1} $FeCl_3$ 和 0.6 mol · L^{-1} HCl 混合液]：称取 3.317 6 g TCA 和 10.102 1 g $FeCl_3 \cdot 6H_2O$，去离子水溶解后，加 5 mL 浓 HCl，定容至100 mL。

（5）40 mmol · L^{-1} ATP 溶液：0.121 0 g ATP 溶于 5 mL 去离子水中（最好现用现配）。

（6）牛血清蛋白标准溶液（1 mg · mL^{-1}）。

（7）考马斯亮蓝 G – 250 试剂：取 100 mg 考马斯亮蓝 G – 250，溶于 50 mL 95% 乙醇中，加 100 mL 850 g · L^{-1} H_3PO_4，最后加蒸馏水定容至 1 000 mL。

【实验步骤】

1. 粗酶液提取

称取植物材料 1 g 于研钵中，加 3 mL 提取缓冲液，置于冰浴上研磨匀浆，静置 30 min 以充分提取，转移至离心管中，4 ℃下 12 000 r · min^{-1} 离心 20 min，上清液即为粗酶液。

2. 酶促反应

1.6 mL 反应混合液 B，加 0.7 mL 粗酶液和 0.7 mL ATP 溶液，混匀，37 ℃保温 0.5 h，加显色剂 1 mL，摇匀并放置片刻后，于 5 000 r · min^{-1} 离心 10 min，取上清液测定 540 nm 波长处的吸光度，以加入 1.6 mL 反应混合液 A 为对照。

3. 粗酶液中可溶性蛋白含量测定

（1）标准曲线的制作　准确吸取 0.1 mL 含 20、40、60、80、100 μg 的牛血清蛋白标准溶液，分别放入试管中，各管加 4.9 mL 考马斯亮蓝 G – 250 试剂，充分混合，放置 2 min 后，于 595 nm 波长处测定吸光度。

（2）样品测定　准确吸取 0.1 mL 样品提取液，加 4.9 mL 考马斯亮蓝 G – 250 试剂，充分混合，放置 2 min 后，于 595 nm 波长处测定吸光度。

4. 结果计算

$$\text{GS 活力}(A \cdot mg^{-1} \cdot h^{-1}) = A \cdot (P \cdot V \cdot t)^{-1}$$

式中：A——540 nm 波长处吸光度；

P——粗酶液中可溶性蛋白质含量（mg · mL^{-1}）；

V——反应体系中加入的粗酶液体积（mL）；

t——反应时间(h)。

GS 活力是以每毫克酶蛋白在每小时催化生成的 γ - 谷氨酰基异羟肟酸与铁络合的产物在 540 nm 波长处的吸光度的大小来表示。

【注意事项】

为了保证酶的活力,整个提取过程均应在 4 ℃下进行。

【思考题】

测定谷氨酰胺合成酶的活力有何意义?

学以致用

谷氨酰胺合成酶(GS)是第一个从植物中分离纯化和鉴定的酶,也是第一个被发现的能将植物无机盐形式的氨催化成有机态氮的酶。GS 以多种同工酶形式存在于植物体中,且广泛分布于高等植物的种子、叶、根、根瘤和果实等器官。GS 在植物发育过程中控制氮代谢,是氮同化的关键酶。调控 GS 活性,对于改善植物的氮素利用率,特别是提高作物对氮素的利用率,对于提高作物产量、改善农艺性状以及保护环境减少氮素水污染等具有重要意义。目前,科学家已经利用基因工程技术,使一些植物的 GS 过量表达,提高了其对氮素的利用率,这对挖掘作物自身潜力,高效利用土壤氮素养分资源,实现现代农业持续发展,具有重要意义。

请同学们想一想,本实验的知识点在植物生理学研究和生产实践中还有哪些应用?

(彭瞰看)

实验 36　苯丙氨酸解氨酶活性测定

【目的】

学习苯丙氨酸解氨酶活性测定的原理及方法。

【原理】

苯丙氨酸解氨酶(PALase)催化苯丙氨酸的脱氨反应,使 NH_3 释放并形成反式肉桂酸。根据反式肉桂酸在 290 nm 波长处吸光度的变化,可以测定 PALase 的活性。

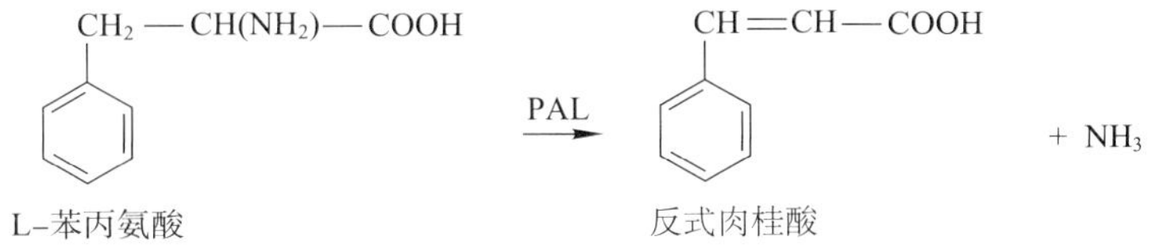

【实验用品】

1. 材料

马铃薯块茎。

2. 器具

紫外分光光度计；离心机；研钵；吸滤瓶；红光装置；打孔器等。

3. 试剂

（1）0.05 mol · L^{-1}硼酸盐缓冲溶液（pH 8.8）。

（2）0.02 mol · L^{-1}苯丙氨酸（用 0.1 mol · L^{-1} pH 8.8 硼酸缓冲液配制）。

（3）5 mmol · L^{-1}巯基乙醇硼酸缓冲液。

（4）0.1 mol · L^{-1} H_3BO_3 缓冲液（pH 8.8）。

（5）聚乙烯吡咯烷酮（PVP）。

【实验步骤】

1. 马铃薯圆片制备

将马铃薯块茎洗净、削皮，用打孔器（直径 1.5 cm）取圆柱，切除两头近表皮处，中间部分切成 2 mm 厚的圆片。先用自来水漂洗，最后用蒸馏水洗一次，用纱布吸干表面水分。

2. 光诱导

将马铃薯圆片分成 3 组，分别平铺在附有湿润滤纸的培养皿中，20 ~ 30 ℃恒温下，不同光照处理（表 36 – 1）24 h，以诱导 PAL（也可接种病原菌等方法诱导）。

表 36 – 1　实验材料光照处理

培养皿编号	1	2	3
光照处理	白光	红光	黑暗

3. 酶粗提液制备

称取经诱导处理的马铃薯圆片 5 g，加 10 mL 含 5 mmol · L^{-1}的巯基乙醇硼酸缓冲液、0.5 g PVP（除去酚类物质，防止醌颜色的干扰）和少量石英砂于研钵中研磨。匀浆抽气过滤，滤液在 10 000 r · min^{-1}离心 15 min，上清液为酶粗提液。上述操作均在 0 ~ 4 ℃下进行。

4. 酶活性测定与计算

取 1 mL 酶液加 1 mL 0.02 mol · L^{-1}苯丙氨酸、2 mL 蒸馏水，总体积为 4 mL。对照不加底物，多加 1 mL 蒸馏水。反应液置于 30 ℃恒温水浴保温，0.5 h 后用紫外分光光度计在 290 nm 波长处测定吸光度，并以每小时吸光度变化 0.01 所需酶量为 1 个单位（相当每毫升反应混合物形成 1 μg 肉桂酸)。

蛋白质含量用 Folin－酚法(数字资源 5－5)测定。

5. 比较各处理组马铃薯块茎的 PAL 活性,分析光照对 PAL 活性的影响。

【思考题】

1. 在酶粗提液的制备过程中,加 PVP 有何作用?

2. 哪些外界条件能够诱导植物组织 PAL 活性的增加?设计实验加以证明。

学以致用

苯丙氨酸解氨酶可将苯丙氨酸用于酚类化合物的合成,是植物体内次生代谢物质合成的关键酶之一。苯丙烷类途径可生成反式肉桂酸、香豆酸、阿魏酸、芥子酸等中间产物,这些中间产物可进一步转化为香豆素、绿原酸,也可形成反式香豆酰辅酶 A 酯,再通过多条途径进一步转化为木质素、黄酮、异黄酮、生物碱、苯甲酸酯糖苷等次生代谢产物(数字资源 5－12)。这些产物在植物的生长发育过程中有重要作用,例如,某些产物与植物的抗病性有关。而这些次生代谢物的含量总是与苯丙氨酸解氨酶的活性密切相关,因此,生产上经常通过测定苯丙氨酸解氨酶活性来判断植物的抗病性。

请同学们想一想,本实验的知识点在农业生产和生活实践中还有哪些应用?

(彭瞰看)

【本章思考与作业】

1. 请思考本章所提到的次生代谢物在植物生命活动中的作用。

2. 讨论本章实验中测定的几种酶在植物生命活动中的主要生理作用。

3. 填空练习

(1) 考马斯亮蓝 G－250 在游离状态下呈________色,在稀酸溶液中与蛋白质结合后变为________色,前者最大光吸收在________ nm,后者在________ nm。

(2) 还原糖在碱性条件下加热被氧化成________,DNS 则被还原为棕红色的________。

(3) 有机酸易溶于水和乙醇,其浸出液呈________,可用________标准溶液滴定。有机酸的含量可用植物组织中主要有机酸的量表示,如柑橘类有机酸含量可用________表示,葡萄的有机酸含量可用________表示,苹果类有机酸含量可用________表示。

(4) 脂肪不溶于水,易溶于有机溶剂(如石油醚),因此,可选用________直接浸提出样品中的脂肪进行测定,常用的有机溶剂有________和________。粗脂肪含量测定常用的仪器是________。

(5) 粗脂肪含量测定时,样品质量应根据________而定,脂肪含量在 10% 以下的样品,应称样________ g;脂肪含量 50% ~60% 的样品,应称样________ g。

(6) 谷物蛋白中赖氨酸残基带有自由的________基团,它与________试剂发生颜色反应,生成________色物质,其颜色与赖氨酸残基的数目成正比。

（7）黄酮类化合物在植物体内大都以________形式存在，故在提取过程中可加入少许________以防止植物自身的酸性引起糖苷水解。黄酮类物质的提取可选择醇类或乙醚溶剂，其中醇类适用于________化合物提取，乙醚适用________化合物的提取。

（8）烟碱酸溶液的最大吸收波长为________ nm。提取物中存在干扰紫外分光光度法测定的物质，这些物质主要有两类：一类是________，另一类是________，故测定________ nm 和________ nm 波长处的吸光度可扣除干扰吸收。

（9）ATP 酶可催化 ATP 水解生成________及________。通过测定酶促反应释放的无机磷量或________以及 pH 变化等来测定 ATP 酶的活力。偶联因子的测定常用________表示。

（10）谷氨酰胺合成酶可催化植物体内谷氨酸形成谷氨酰胺，在 Tris－HCl 等反应体系中，谷氨酰胺转化为 γ－谷氨酰基异羟肟酸，进而在酸性条件下与铁形成________，该络合物在________ nm 波长处有最大吸收峰。

（11）苯丙氨酸解氨酶催化________脱氨，使 NH_3 释放形成反式肉桂酸，该酶在植物体内________代谢中起重要作用。

（参考答案见数字资源）

（彭瞰看）

第 6 章 生长物质

本章学习引导

经典的植物激素包括生长素(IAA)、赤霉素(GA)、细胞分裂素(CTK)、脱落酸(ABA)和乙烯(ETH)五大类。植物激素调控植物的生长发育和对生物及非生物胁迫的响应,其含量多少与植物的生长状态直接相关。植物激素的检测方法有生物鉴定法(数字资源6-1)、理化测定法(薄层层析、气相色谱、液相色谱、质谱)及免疫分析法(放射免疫法、酶联免疫法)(数字资源6-2)等。本章主要选取了植物激素的提取分离与纯化、液相色谱法测定IAA含量、气相色谱法测定ETH含量及GA诱导α-淀粉酶合成等基础性实验;介绍了酶联免疫法测定多种植物激素(除ETH)含量,及ABA和GA的提取分离与含量测定(气相色谱法)等综合性实验。学生也可以按下列思路进行综合性实验训练:一是选择几种激素比较其在植物不同组织和器官的含量差异;二是将实验材料进行处理,比较处理前后激素的含量变化;三是利用不同方法测定某种激素含量,比较不同检测方法对实验结果的影响。

实验37　植物激素的提取及纯化

【目的】

掌握有机溶剂提取及 C_{18} 固相萃取柱纯化植物激素的原理及方法。

【原理】

植物激素可溶于含水的有机溶剂中，常用800 g·L^{-1}甲醇提取，提取液经 C_{18} 固相萃取柱后，可去除色素等杂质，得到植物激素的混合样，然后即可用液相色谱或酶联免疫法进行测定。

【实验用品】

1. 材料

植物新鲜组织。

2. 器具

高速冷冻离心机；C_{18} 固相萃取柱；注射器；离心管；量筒；容量瓶等。

3. 试剂

（1）提取液：800 g·L^{-1}甲醇，内含1 mmol·L^{-1} BHT（2,6－二叔丁基对甲苯酚，为抗氧化剂，先用甲醇溶解BHT，再配成800 g·L^{-1}的浓度）。

（2）磷酸盐缓冲液（PBS）：称取8.0 g NaCl、0.2 g KH_2PO_4和2.96 g $Na_2HPO_4\cdot12H_2O$，加蒸馏水溶解，定容至1 000 mL，pH 7.5。

（3）样品稀释液：100 mL PBS中加0.1 mL吐温－20（Tween－20）和0.1 g明胶（稍加热溶解）。

（4）甲醇；乙醚；氮气。

【实验步骤】

1. 提取

植物新鲜组织洗净擦干（叶片去主脉），称取1.0 g放入预冷的研钵中，加样品提取液2 mL，冰浴下研磨成匀浆。提取液2 mL分次清洗研钵，合并溶液，定容至10 mL，摇匀，4 ℃放置4 h；4 000 r·min^{-1}离心15 min，取上清液；沉淀再加提取液1 mL，搅匀，4 ℃放置1 h，再离心，合并上清液并记录体积，弃残渣。

2. 纯化

上清液经 C_{18} 固相萃取柱纯化。主要流程：800 g·L^{-1}甲醇（1 mL）平衡柱→上样→收集样品→移开样品后用甲醇（5 mL）洗柱→乙醚（5 mL）洗柱→甲醇（5 mL）洗柱→循环；过柱后的样品用氮气吹干，用样品稀释液溶解，贮存备用（可用于下一步测定）。

【注意事项】

每个样品过柱后一定要充分洗柱，然后再将第二个样品上柱，以防样品污染。

【思考题】

为什么要用氮气将激素样品吹干，然后再溶解测定？

学以致用

植物激素 ABA 作为一种信号分子在逆境下积累，可以提高植物的抗性，因此，可以通过测定 ABA 的含量来反映植物抗性的强弱。

请同学们想一想，本实验的知识点还有哪些应用？

（张　达）

实验 38　植物激素的酶联免疫测定

【目的】

掌握酶联免疫法测定植物激素的原理及方法。

【原理】

植物激素免疫法定量主要有放射免疫分析（RIA）和酶联吸附免疫分析（ELISA）两种类型，本实验介绍后者。ELISA 是指被分析物先与其相应的抗原或抗体反应，然后检测抗原或抗体上酶标记物的活性，进行定性或定量测定。常用的酶有辣根过氧化物酶和碱性磷酸酯酶。酶可直接标记激素分子，称为酶标植物激素，也可标记于第二抗体，称为酶标二抗。这两类标记物分别用于固相抗体型和固相抗原型 ELISA。

固相抗体型 ELISA：将抗激素的单克隆抗体与已吸附于固相载体上的兔抗鼠 Ig 抗体结合，加入激素标准品或待测样品，使其与固相化的单克隆抗体结合，再加入辣根过氧化物酶（HRP）标记激素（酶标激素）。通过测定酶标激素的被结合量，可换算出待测样品中激素的含量。

固相抗原型 ELISA：将“激素 - 蛋白”复合物包被于固相载体，加入待测样品激素（或标准品）和抗激素多克隆抗体反应，然后让辣根过氧化物酶标记羊抗兔 Ig 抗体（HRP - GARIG）与结合在固相上的多克隆抗体反应，测定与固相结合的酶量，可换算出待测样品中激素的含量。

【实验用品】

1. 材料

植物新鲜组织。

2. 器具

酶标仪;高速冷冻离心机;恒温培养箱;涡旋仪;96 孔酶标板;研钵或匀浆器;试管等。

3. 试剂

（1） 洗涤缓冲液:0.01 mol·L^{-1} pH 7.4 PBS(磷酸缓冲液),含 0.5 g·L^{-1} Tween－20。

（2） 兔抗鼠 Ig 抗体溶液,或“激素－蛋白”复合物。

（3） 1 g·L^{-1}封闭蛋白(该蛋白应不同于免疫原中的载体蛋白)。

（4） 抗激素单克隆抗体或多克隆抗体。

（5） 激素标准品母液及参比系列溶液(按双倍或四倍系列稀释)。

（6） 辣根过氧化物酶标记激素或羊抗兔 Ig 抗体。

（7） 邻苯二胺(OPD)基质液:5 mg OPD 溶于 12.5 mL 0.01 mol·L^{-1} pH 5.0 PBS。用前加 300 g·L^{-1} H_2O_2 12.5 μL。

【实验步骤】

1. 植物激素的提取

方法同实验 37。

2. 酶联免疫法测定

（1） 固相抗体型 ELISA

① 蒸馏水冲洗酶标板数次,在每小孔中加入 100 μL 兔抗鼠 Ig 抗体溶液包被反应板微孔,4 ℃湿盒,过夜(或 12 h)。弃孔内溶液,用洗涤缓冲液洗涤 3 次,甩干。

② 各孔加 100 μL 抗激素单克隆抗体溶液,37 ℃,70 min。弃孔内溶液,用洗涤缓冲液洗涤 3 次,甩干。

③ 各孔依次加 50 μL 待测样品液,每个样品 3 次重复,15～20 ℃,20 min。

④ 加 50 μL 辣根过氧化物酶标记激素,37 ℃湿盒,60 min。弃孔内溶液,用洗涤缓冲液洗涤 3 次,甩干。

⑤ 加 100 μL OPD 基质液,37 ℃湿盒,显色 15～20 min,加 50 μL 3 mol·L^{-1} H_2SO_4终止反应。

⑥ 用酶标仪测定 490 nm 波长下各孔的 A_{490}值,求出每份样品重复孔平均值。

⑦ 用激素标准品母液和参比系列溶液,在同一微孔板上同上法操作。

（2） 固相抗原型 ELISA

① 蒸馏水冲洗酶标板数次,在每小孔中加入 100 μL 激素－蛋白复合物溶液包被于微孔板,37 ℃,12 h。弃孔内溶液,用洗涤缓冲液洗涤 3 次,甩干。

② 各孔加 100 μL 1 g·L^{-1}封闭蛋白溶液封闭,37 ℃,30 min。弃孔内溶液,用洗涤缓冲液洗涤 3 次,甩干。

③ 各孔同时加入50 μL样品液和50 μL抗激素多克隆抗体溶液，以加入正常兔血清溶液的孔（非特异吸附孔）为空白调零，37 ℃，60 min。弃孔内溶液，用洗涤缓冲液洗涤3次，甩干。

④ 各孔加100 μL HRP－GARIG溶液，37 ℃，60 min。弃孔内溶液，用洗涤缓冲液洗涤3次，甩干。随后的显色、终止与比色程序同上。

⑤ 用激素标准品母液和参比系列溶液，在同一微孔板上同上法操作。

3. 结果计算

（1）固相抗体型ELISA

① 以加入激素母液的孔（非特异吸附孔）为空白调零，以加入不含激素的磷酸缓冲液的孔为B_o孔，以加入激素标准参比系列溶液的各孔为B_i孔。以标准激素摩尔数的对数log［激素］为横坐标（x），对应的ln［B_i/（B_o-B_i）］为纵坐标（y），得出线性关系：

$$y=\mathrm{a}+\mathrm{b}x$$

式中：x——激素标样各浓度（ng · mL^{-1}）的自然对数；

y——各浓度吸光度的logit值。

② 待测样品根据吸光度的logit值从图上查出其所含激素浓度的自然对数，再经过反对数求得激素的浓度（ng · mL^{-1}）。

求得样品中激素的浓度后，按下式计算样品中激素的含量：

$$激素含量(\mathrm{ng}\cdot \mathrm{g}^{-1})=(N\cdot V_2\cdot V_3\cdot B)\cdot(V_1\cdot W)^{-1}$$

式中：V_1——进行真空浓缩干燥的上清液体积（mL）；

V_2——提取样品后，上清液的总体积（mL）；

V_3——真空浓缩后用样品稀释液定容的体积（mL）；

W——样品鲜重（g）；

N——样品中激素的浓度（ng · mL^{-1}）；

B——样品的稀释倍数。

（2）固相抗原型ELISA

以加入不含激素的磷酸缓冲液的孔为B_o孔，以加入激素标准参比系列溶液的各孔为B_i孔。标准曲线计算与结果分析同上。

【注意事项】

1. 激素标准参比溶液应在同一酶标板上操作。
2. 确保显色、终止与比色的一致性。

【思考题】

1. 植物激素的ELISA定量测定法与其他检测植物激素的方法相比有何优点？
2. 为什么要以标准激素摩尔数的常用对数log［激素］为横坐标（x），对应的ln［B_i/（B_o－B_i）］为纵坐标（y），绘制标准竞争抑制曲线？
3. ELISA法测定激素实验误差的主要来源有哪些？如何避免？

学以致用

农药在蔬菜上的大量使用，使得蔬菜上农药残留的问题备受关注。有些除草剂、杀菌剂、杀虫剂和植物生长调节剂均已建立了成熟的 ELISA 检测方法。此外，该方法也可用于疾病临床诊断与监察、食品中有害成分残留的测定等。同学们可通过查阅文献，利用此实验的知识和技术点，设计实验检测某种植物中是否有农药残留。

请同学们想一想，本实验在生产和生活实践中还有哪些应用？

（张　达）

实验 39　液相色谱法测定生长素含量

【目的】

掌握高效液相色谱（HPLC）法测定生长素含量的原理及方法。

【原理】

液相色谱法的分离机理是基于混合物中各组分对两相亲和力的差别。根据固定相的不同，液相色谱分为液固色谱、液液色谱和键合相色谱。应用最广的是以硅胶为填料的液固色谱和以微硅胶为基质的键合相色谱。根据固定相的形式，液相色谱法可以分为柱色谱法、纸色谱法及薄层色谱法；按吸附力可分为吸附色谱、分配色谱、离子交换色谱和凝胶渗透色谱（数字资源 0－3）。此外，在液相色谱系统中加上高压液流系统，使流动相在高压下快速流动，以提高分离效果，因此，出现了高效（又称高压）液相色谱法。

甲醇溶液中的生长素在高压液相色谱中流动相和固定相的分配系数不同，即出峰时间不同，因此能够通过液相色谱测定生长素含量。

【实验用品】

1. 材料

植物新鲜组织。

2. 器具

高压液相色谱（安捷伦 1100）；烧杯；进样器等。

3. 试剂

甲醇；双蒸水；生长素标准品。

【实验步骤】

1. HPLC 测定条件

$ODSC_{18}$反相柱，规格为5×4.6×25（柱子填充物的颗粒直径5 μm，柱子内径4.6 mm，柱长25 cm）。洗脱液为甲醇和双蒸水；流速0.8 mL·min^{-1}；梯度洗脱0～4 min，双蒸水；第4～6 min，甲醇浓度40%；第10～13 min，甲醇浓度60%；第20～25 min，甲醇浓度80%；第30～40 min，甲醇浓度100%。进样量20 μL。紫外检测器，波长254 nm。用外标法定性，峰面积定量。

2. 标准曲线制作

用甲醇配制含1、10、20、100、200、1 000 ng的IAA系列溶液，分别进样，记录保留时间，以IAA进样量为横坐标，峰面积为纵坐标作图，计算出直线方程和相关系数。

3. 上样

按照实验37的方法提取及纯化IAA，然后上样，记录峰面积。

4. 结果计算

将峰面积代入标准曲线，计算出植物材料中IAA的含量。

【注意事项】

高压液相色谱仪属贵重仪器，使用时要严格按程序进行操作。

【思考题】

比较高压液相色谱法和酶联免疫法测定IAA含量的优缺点。

学以致用

液相色谱非常灵敏，可以对天然产物中的主成分进行分析，可以检测环境中大气污染物，也可以对各种作物中的营养成分进行含量分析，如多糖、脂肪酸、蛋白质等。另外，该方法还可以检测食品中是否含有有毒物质，如苹果中的农药萘乙酸、牛奶中的硝基呋喃脲、食品添加剂石蜡油中的苯并芘、稻米中的黄曲霉素、鱼体中的有机汞等。

请同学们想一想，本实验的知识点和技术点还有哪些应用？

（张　达）

实验 40　气相色谱法测定乙烯含量

【目的】

掌握气相色谱法测定乙烯含量的原理及方法。

【原理】

气相色谱法测定乙烯具有灵敏度高、稳定性好等优点。由于样品各组分在固定相和流动相中的分配系数不同，在层析柱内向前移动的速度也不同，当待测样进入固定相后，不断通入流动相（通常为 N_2或 H_2），使待测物不断进行再分配，并依照分配系数大小顺次被分离，进入检测系统后得到检测。检测信号的强弱反映出物质含量的多少，得到相应的色谱图。

【实验用品】

1. 材料

植物的叶片或果实。

2. 器具

密封装置为带空心橡皮塞的三角瓶或真空干燥器；气相色谱仪（SP－2100 型），FID 检测器；进样器等。

3. 试剂

标准乙烯。

【实验步骤】

1. 材料处理

将植物叶片或果实进行不同处理（如离体、伤害、发芽、黑暗、辐射、冷藏、催熟等），然后置于密封装置中若干时间。

2. 色谱仪启动

（1）通载气　打开 N_2阀，压力 5 kg · cm^{-1}，保护分析柱或热导检测器。

（2）通电　打开电源开关，液晶显示器亮。

（3）设定仪器工作参数　柱温 60 ℃，进样口温度 100 ℃（乙烯为气体，进样口温度不需太高），检测器温度 250 ℃。

（4）打开 H_2阀、空气阀，压力分别为 1.0 kg · cm^{-1}和 0.5 kg · cm^{-1}。

（5）点火　空气和氢气调好后，按点火键自动点火。

（6）调整空气压力至 1.0 kg · cm^{-1}、氢气压力至 0.5～0.7 kg · cm^{-1}（两管道一样）。待基线稳定后即可正式测定。

（7）稳定仪器　仪器进入“就绪”状态后，再过一段时间才稳定，可进样分析。

3. 测定

（1）取一定浓度（$\mu L \cdot L^{-1}$，以 N_2 作为稀释剂）、一定量（100～1 000 μL）的标准乙烯进样，并注意出峰时间。待乙烯峰至顶端时即为乙烯的保留时间，重复3～4次，得到平均值。该平均值即作为样品中乙烯定性的依据之一。

（2）取同样量的待测样品，注入色谱柱（进样）。待样品峰全部出完后，即可做下一个样品。

（3）定性

外标法定性：样品中与标准乙烯保留时间相同的峰，即为样品乙烯峰。

内标法定性：在得到某一样品的色谱图后，向该样品中加入一定量的标准乙烯进样，若某峰增高，该峰即为样品中乙烯峰。

4. 关机

（1）关掉氢气和空气阀总阀。

（2）关掉氮气阀。

（3）待箱体温度降至室温。

（4）关掉主机电源，并拔下插头。

5. 结果计算

$$C_1(\mu L \cdot L^{-1}) = A_1 \cdot A_2^{-1} \cdot C_2$$

式中：C_1——样品乙烯浓度（$\mu L \cdot L^{-1}$）

A_1——样品峰高

A_2——标样峰高

C_2——标样浓度（$\mu L \cdot L^{-1}$）

$$乙烯生成速率(\mu L \cdot g^{-1} \cdot h^{-1}) = C_1 \cdot V \cdot t^{-1} \cdot W^{-1}$$

式中：V——容器体积（mL）

t——密封时间（h）

W——样品质量（g）

C_1——乙烯浓度（$\mu L \cdot L^{-1}$）

【注意事项】

1. 要使待测物得到充分分离，需要一种合适的固定相。乙烯往往与乙炔、乙烷难以分离，而采用GD×502作为固定相则可有比较满意的效果。

2. 启动仪器前，必须先通载气（N_2）10 min以上，以免刚开始通入载气时流路中有空气混入。若柱温较高，则会损害色谱柱。

【思考题】

1. 根据实验结果说明乙烯的生理作用。

2. 气相色谱法测定乙烯含量过程中应注意哪些事项？

学以致用

乙烯(ethylene)是植物内源激素之一，以气体形式存在，准确测定乙烯释放量，对了解乙烯在植物逆境生理、发育生理、成花生理中的作用具有重要意义。呼吸跃变型果实如李子、桃等，伴随着其成熟的进程，会出现一个乙烯含量增加的峰值，进而引起果实呼吸峰的出现；而呼吸峰的出现，则意味着果实成熟、达到了可食程度。因此，可以通过测定乙烯含量来反映果实的成熟状况，便于果农及时采摘或控制贮藏。

请同学们想一想，本实验的知识点还有哪些应用？

（张　达）

实验 41 植物内源激素脱落酸和赤霉素的提取、分离及测定

【目的】

掌握乙酸乙酯萃取法分离脱落酸、赤霉素的方法及气相色谱法的测定技术。

【原理】

植物内源激素的提取、分离和含量测定是研究植物生命活动过程的重要内容之一。利用脱落酸(ABA)和赤霉素(GA)能溶解于有机溶剂(如丙酮、甲醇)的特性进行提取，将粗提物经过一系列的分离技术(如萃取、薄层层析或纸层析等)(数字资源 0-3)，使 ABA、GA 与其他成分分离。再对纯化的 ABA 和 GA 进行气相色谱法测定(或生物学鉴定)。

【实验用品】

1. 材料

植物新鲜组织。

2. 器具

气相色谱仪；分液漏斗；组织匀浆器；旋转蒸发干燥器；层析缸；华特曼 -3 号层析纸；微量注射器等。

3. 试剂

甲醇；$800\ g \cdot L^{-1}$ 甲醇；石油醚；乙酸乙酯；$1\ mol \cdot L^{-1}$ HCl；硅酸 GF_{232}；氯仿；GA；ABA；乙醇；正丁醇；丙醇；$3\ mol \cdot L^{-1}$ 氨水。

【实验步骤】

1. 样品提取

植物新鲜组织洗净擦干，称取 10 g，剪碎放入匀浆器中，加 60 mL 预冷（ <0 ℃）的 800 g · L^{-1} 甲醇溶液，匀浆 5 min，匀浆液 4 ℃振荡（或搅拌）24 h 或冰箱中过夜。用布氏漏斗过滤，残渣用 20 mL 800 g · L^{-1} 甲醇振荡 1 h；反复 2 次，合并滤液。

2. 样品浓缩

将滤液在旋转蒸发器上干燥减压蒸发（36 ~ 38 ℃）至原体积的 1/2，加 10 mL 石油醚（浓缩液与石油醚之比为 1∶1）除去部分色素，取出下层甲醇液继续减压浓缩至只留水相。在此水溶液中含有 IAA、ABA、GA 和 CTK 等。

3. 样品萃取

将水溶液用 1 mol · L^{-1} HCl 调 pH 至 2.5 ~ 2.8，并用乙酸乙酯萃取（与水溶液等体积），经分液漏斗分离水相和乙酸乙酯相。水相再用乙酸乙酯萃取 2 次，合并乙酸乙酯溶液，即得含 ABA、GA、IAA 的乙酸乙酯溶液，而 CTK（细胞分裂素）则存于水相中。

4. 样品分离纯化

将乙酸乙酯溶液用旋转蒸发器浓缩至干，用 2 mL 1 000 g · L^{-1} 甲醇溶解残留物，取 100 μL 点在涂有硅胶 GF_{254} 玻璃板下端 1 cm 处（或点在华特曼 -3 号层析纸上），并在同一水平线上分别点上标准 GA 和 ABA 溶液 100 μL。用体积比为异丙醇∶28% 氨水∶水 = 10∶1∶1 的展层剂展层。前沿至玻璃板顶端 0.5 cm 处停止展层。将层析板取出吹干并在紫外灯下观察色带，与标准 ABA 和 GA 的 R_f 值相同或相近的色带，即为纯化后的 ABA 和 GA。

5. 样品洗脱

将 ABA 和 GA 色带分别刮下（或剪下），用 95% 乙醇浸提 3 次。溶液经减压蒸干后，即可进一步作气相色谱测定（或生物学鉴定）。

6. ABA 的气相色谱法测定

洗脱的 ABA 加 0.1 mL BSA（N，O - 2，3 - 甲基硅烷基乙酰胺），将 ABA 硅烷化。0.5 h 后，吸取 5 μL 进行气相层析。层析条件：柱长 2 m，5 mm 不锈钢柱，固定相为 10% SE - 30，DMCS、A、W 为担体，进样口温度 250 ℃，柱温 200 ℃，FID 检测。载气流速 30 μL · min^{-1}，采用内标法定性，外标法定量。按下列公式计算：

$$样品的\ ABA\ 含量(\mu g \cdot g^{-1}) = A_1 \cdot A_S^{-1} \cdot W_S \cdot W^{-1} \cdot V_T \cdot V_S^{-1}$$

式中：A_1——样品峰面积；

A_S——标样峰面积；

W_S——标样质量（μg）；

W——样品鲜重（g）；

V_T——ABA 总体积（μL）；

V_S——ABA 进样体积（μL）。

7. GA 的气相色谱法测定

洗脱的 GA 加 10% 乙醇 0.1 mL 溶解，再加七氟丁酸酐 0.1 mL，80 ℃保温 30 min，即生成

HFB－GA。然后吸取 10 μL 进行气相层析。层析条件:固定相为 1.5% OV－1＋1.5% OV－17,chromosorbw 为担体。进样口温度 250 ℃,柱温 190 ℃,FID 检测。载气流速 45 $\mu L \cdot min^{-1}$,采用内标法定性,外标法定量。按下列公式计算:

$$样品的\ GA\ 含量(\mu g \cdot g^{-1}) = A_1 \cdot A_S^{-1} \cdot W_S \cdot W^{-1} \cdot V_T \cdot V_S^{-1}$$

式中:A_1——样品峰面积;

A_S——标样峰面积;

W_S——标样质量(μg);

W——样品鲜重(g);

V_T——GA 总体积(μL);

V_S——ABA 进样体积(μL)。

【注意事项】

需要严格按操作程序进行操作。

【思考题】

通过网络自学,了解 ABA 和 GA 的生物鉴定法(数字资源 6－1),并比较分析生物鉴定法和气相色谱法的优缺点。

学以致用

气相色谱(数字资源 0－3)由盛在管柱内的吸附剂或惰性固体上涂着液体的固定相和不断通过管柱的气体的流动相组成。将欲分离、分析的样品从管柱一端加入后,由于固定相对样品中各组分吸附或溶解能力不同,即各组分在固定相和流动相之间的分配系数有差别,当组分在两相中反复多次进行分配并随移动相向前移动时,各组分沿管柱运动的速度就不同,分配系数小的组分被固定相滞留的时间短,能较快地从色谱柱末端流出。气相色谱具有分离效率高,分析速度快,样品用量少和检测灵敏度高,选择性好,可分离、分析恒沸混合物沸点相近的物质,应用范围广等优点。应用的主要领域有石油工业、环境保护、临床化学、药物学、食品工业等。

请同学们想一想,本实验的技术及其知识点还有哪些应用?

(张　达)

实验 42　赤霉素诱导 α - 淀粉酶的合成

【目的】

掌握赤霉素诱导 α - 淀粉酶合成的原理及其生物鉴定方法。

【原理】

种子萌动过程中，胚释放出来的赤霉素（GA）能诱导糊粉层细胞中 α - 淀粉酶基因的表达，引起 α - 淀粉酶生物合成，并分泌到胚乳中催化其中的淀粉水解。而外源 GA 能代替胚分泌的 GA，诱导 α - 淀粉酶合成。在一定浓度范围内，加入 GA 的量与产生的 α - 淀粉酶的活力成正比，即与淀粉水解的量成正比。可以通过检测 α - 淀粉酶的活性大小或淀粉、麦芽糖含量的变化了解 GA 的含量。本实验利用不同浓度的 GA 诱导不带胚的小麦种子产生 α - 淀粉酶，将淀粉水解，通过碘试验法比色测定淀粉在酶催化反应过程中的消耗量，可以定量分析 α - 淀粉酶的活力，可作为 GA 的生物鉴定法。

【实验用品】

1. 材料

小麦种子。

2. 器具

分光光度计；恒温培养箱；水浴锅；移液管；烧杯；试管；青霉素小瓶；镊子；刀片等。

3. 试剂

（1）$10\ g \cdot L^{-1}$ 次氯酸钠溶液。

（2）$1\ g \cdot L^{-1}$ 淀粉溶液：淀粉 1 g，KH_2PO_4 8. 16 g 配成 1000 mL 溶液。

（3）$2\times10^{-5}\ mol \cdot L^{-1}$ GA 溶液：GA 6. 8 mg 溶于少量 95% 乙醇中，定容至 1 000 mL，然后稀释成 2×10^{-6}、2×10^{-7}、$2\times10^{-8}\ mol \cdot L^{-1}$ 三组溶液。

（4）$10^{-3}\ mol \cdot L^{-1}$ 醋酸缓冲液：pH 4. 8，每毫升缓冲液中含链霉素 1 mg。

（5）I_2 - KI 溶液：0. 6 g KI、0. 06 g I_2 溶于 1 000 mL 0. 05 $mol \cdot L^{-1}$ HCl 中。

【实验步骤】

1. 标准曲线的绘制

取不同浓度的淀粉（$0 \sim 7\ \mu g \cdot mL^{-1}$）各 2 mL，分别加 I_2 - KI 溶液各 2 mL，蒸馏水各 5 mL，充分摇匀，于 580 nm 波长下测定吸光度，制作标准曲线。

2. 种子处理

选取大小一致、健康的小麦种子 50 粒，用刀片将每粒种子横切成两半，使之成无胚的半粒和有胚的半粒，分别置于新配制的 $10\ g \cdot L^{-1}$ 次氯酸钠溶液中，消毒 15 min，无菌水冲洗数次，备用。

3. 样品测定

取 6 支青霉素小瓶，编号，按表 42 - 1 加入各种溶液和材料，使小瓶中混合液的 GA 终浓度分别为 0、10^{-5}、10^{-6}，10^{-7}，10^{-8} mol · L^{-1}，醋酸缓冲液浓度为 5×10^{-4} mol · L^{-1}，链霉素浓度为 0.5 mg · mL^{-1}，25 ℃振荡培养 24 h。

表 42 - 1　反应体系中加入各种溶液和材料的量

瓶号	GA 浓度/(mol · L^{-1})	GA 用量/mL	醋酸缓冲液/mL	材料
1	0	1	1	无胚
2	0	1	1	有胚
3	2×10^{-5}	1	1	无胚
4	2×10^{-6}	1	1	无胚
5	2×10^{-7}	1	1	无胚
6	2×10^{-8}	1	1	无胚

4. 淀粉酶活力分析

从每个小瓶中吸取培养液 0.1 mL，分别置于事先盛有 1.9 mL 淀粉磷酸盐的溶液中，摇匀，40 ℃温箱或水浴中精确保温 10 min，加 I_2 - KI 溶液 2 mL、蒸馏水 5 mL，充分摇匀，于 580 nm 波长下测定吸光度，以蒸馏水作空白。读数从标准曲线查得淀粉含量，以被分解的淀粉量作为淀粉酶的活性。

5. 结果计算

$$淀粉水解量(\%) = [(x-y)\cdot x^{-1}]\times100$$

式中：x——1 号瓶为淀粉的原始量；

y——2—6 号瓶分别为反应后淀粉的剩余量。

【注意事项】

1. 尽量选取大小一致的种子进行实验。
2. 淀粉酶与淀粉的作用必须在 40 ℃条件下进行。

【思考题】

1. 比较各号瓶内被分解的淀粉量，分析不同浓度的 GA 对淀粉酶合成的诱导作用。
2. 振荡培养时加入链霉素有何作用？
3. 本实验所测定的淀粉酶活性是否包括 β - 淀粉酶的活性？
4. GA 诱导的淀粉酶活力还可用什么方法来检测？简要写出其实验技术要点。

学以致用

α - 淀粉酶与酿酒速度有关，可以使淀粉水解为麦芽糖，因此可以通过 GA 诱导淀粉酶而应用于酿酒工业，尤其是啤酒制造。萌发的大麦种子胚可产生 GA，进而诱导糊粉层

细胞中 α－淀粉酶合成，并分泌到胚乳中催化淀粉水解；而失活的大麦种子则不具有上述功能。在酿酒时由于不同批次的种子有可能失活，会使酿酒时间延长，增加成本，因此可通过外施 GA 代替胚分泌的 GA，诱导 α－淀粉酶合成，进而降低酿酒成本。

请同学们想一想，本实验的知识点还有哪些应用？

（张　达）

【本章思考与作业】

1. 讨论植物激素在植物生命活动中的作用。
2. 试比较酶联免疫法与液相色谱法测定植物激素含量的优缺点。
3. 通过自学，了解 IAA、GA、CTK、ABA 和 ETH 的主要生物鉴定法（数字资源 6－1）。
4. 填空练习

（1）植物激素的提取和分离最好用________作为提取剂。提取样品应尽量在________温度下进行。对含有酚类物质的提取液，可加________去除。用________作为脱色剂，对 IAA、GA、ABA 和 CTK 的损失较小。萃取 IAA、ABA 时，用________作萃取剂效果好，但不能萃取 GA（得率很低）。________可以有效地萃取 IAA、ABA 和 GA。

（2）植物激素免疫定量主要有________和________两种方法。ELISA 的分析原理是：被分析物先与其相应的抗原或抗体反应，然后检测________，进行定性或定量测定。常用的酶有________和________。酶可直接标记激素分子，称为________，也可标记于第二抗体，称为________。这两类标记物分别用于固相抗体型和固相抗原型 ELISA。

固相抗体型 ELISA：将抗激素的________抗体与已吸附于固相载体上的________抗体结合，加入激素标准品或待测样品，使其与固相化的________抗体结合，再加入________标记激素（酶标激素）。通过测定________的被结合量，可换算出待测样品中激素的含量。

固相抗原型 ELISA：将________复合物包被于固相载体，加入待测样品激素（或标准品）和抗激素________抗体反应，然后让________标记羊抗兔 Ig 抗体与结合在固相上的________抗体反应，测定与固相结合的酶量，可换算出未知样品中激素的含量。

（3）淀粉型种子在萌动过程中，胚释放出来的________能诱导糊粉层细胞中________酶基因的表达，引起该酶的生物合成，并分泌到胚乳中催化淀粉水解。通过碘试法比色测定________在酶催化反应过程中的消耗量，可以定量分析该酶的活力。

（4）气相色谱法测定乙烯具有________、________等优点。乙烯往往与乙炔、乙烷难以分离，但采用 GD × 502 作为固定相则可取得较满意的效果。

（参考答案见数字资源）

（张　达）

第7章 植物生长发育

本章学习引导

高等植物的生长发育涉及种子萌发、营养生长、开花、受精、胚胎发育、子代种子形成等一系列发育阶段，各发育阶段都会发生不同的代谢变化，环境条件也会对其生活或生长状态产生显著影响。因此，在农业生产上，植物的生长发育与作物的品质和产量密切相关。本章主要介绍了花粉活力和种子活力快速测定等基础性实验及种子萌发时淀粉酶活力测定的综合性实验，使学生掌握快速分析植物生长发育状况的鉴定方法，指导生产实践。学生也可将种子活力鉴定与种子萌发时淀粉酶活性测定相结合，进行种子生理综合实验训练。

植物的生长发育受激素和植物生长调节剂的调节控制。愈伤组织的形成与分化实验通过设定不同植物激素对愈伤组织形成和分化的影响，系统训练学生掌握植物组织培养综合实验技术。学生也可以选择不同的外植体，通过正交实验设计综合探讨植物再生的影响因素（包括培养基成分、外源激素的种类和浓度、光照强度和时间、培养温度等），确定植物再生培养最佳条件。

实验 43　花粉活力测定

【目的】

掌握测定花粉活力的原理和方法，了解可育和不育花粉的形态及生理特征。

【原理】

1. 碘 - 碘化钾(I_2 - KI)染色法

禾谷类植物花粉成熟时积累淀粉较多，通常可用 I_2 - KI 染成蓝色。发育不良的花粉常呈畸形，不积累淀粉，用 I_2 - KI 染色，不呈蓝色，而呈黄褐色。

2. TTC(2,3,5 - 氯化三苯基四氮唑)法

氯化三苯基四氮唑(TTC)是标准氧化电位为 80 mV 的氧化还原物质，溶于水中为无色溶液，但被还原后即为红色不溶于水的三苯甲腊(TTF)。具有活力的花粉呼吸作用较强，其中的脱氢酶可将无色的 TTC 还原成红色的 TTF 而使花粉着色；无活力的花粉呼吸作用较弱，TTC 的颜色变化不明显，故可根据花粉着色的深浅程度判断花粉的生活力。TTC 还原反应如下：

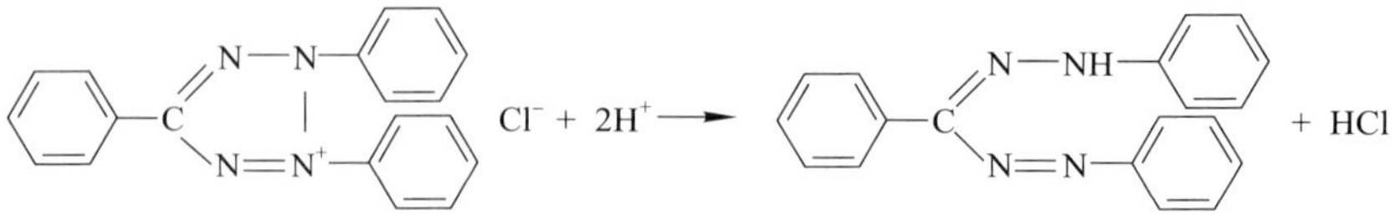

TTC(无色)　　　　TTF(红色)

【实验用品】

1. 材料

成熟花药。

2. 器具

显微镜；载玻片与盖玻片；镊子；恒温箱；棕色试剂瓶；烧杯；量筒；天平等。

3. 试剂

(1) I_2 - KI 溶液：称取 KI 2 g 溶于 5 ~ 10 mL 蒸馏水，加 1 g I_2，待全部溶解后再加蒸馏水至 200 mL，贮于棕色瓶备用。

(2) 5 g · L^{-1} TTC 溶液：称取 0.5 g TTC 于烧杯中，加少许 95% 乙醇使其溶解，然后用蒸馏水稀释至 100 mL，贮于棕色瓶，避光保存。若溶液发红则不能再用。

【实验步骤】

1. 取成熟将要开放的花朵(禾本科植物效果更好)，用镊子挑取一枚花药置于载玻片上，并充分将其捣碎，加 1 ~ 2 滴 I_2 - KI 溶液，盖上盖玻片，低倍显微镜下观察花粉染色情况，统计有活力花粉的百分比。染成蓝色的花粉为发育好、活力较强的花粉；呈黄褐色的为发育不

良的花粉。

2. 采集任何植物的花粉,取少许置于洁净的载玻片上,加 1 ~ 2 滴 5 g · L^{-1} TTC 溶液,搅匀后盖上盖玻片,置于 35 ℃恒温箱中,10 ~ 15 min 后镜检。被染为红色的花粉活力强,淡红色次之,无色者为无活力或不育花粉。

3. 每种方法观察 2 ~ 3 张片子,每片取 5 个视野,统计花粉的染色率,以染色率表示花粉活力百分率。

$$花粉活力(\%) = \frac{着色花粉粒的数目(粒)}{花粉粒总数(粒)} \times 100$$

【注意事项】

1. 染色时需将花粉完全浸于溶液中。

2. I_2 - KI 染色法不能准确表示花粉的活力,也不适用于研究某一处理对花粉活力的影响,因为三核期退化的花粉已有淀粉积累,遇碘呈蓝色。

3. 花粉活力测定也可用花粉萌发法。正常的成熟花粉粒具有较强的活力,在适宜的培养条件下便能萌发和生长,显微镜下可直接观察计算其萌发率,以确定其活力。不同种类植物的花粉萌发所需温度、蔗糖浓度和硼酸浓度不同,应依植物种类改变培养条件。此法也可用于观察花粉管在培养基上的生长速度以及不同蔗糖浓度、离体时间、环境条件等因素对花粉活力的影响。花粉萌发法更适用于易萌发的葫芦科等植物花粉活力的测定。

【思考题】

1. 测定花粉活力的方法很多,每种方法是否适合于所有植物花粉活力的测定?

2. 比较利用上述两种方法测定同一部位花粉的花粉活力是否相同? 分析其原因。哪种方法更能准确反映花粉的活力?

3. 通过网络自学,设计实验,采用花粉萌发法测定花粉活力。

学以致用

通过花粉活力的测定,可以了解花粉的可育性,并掌握不育花粉的形态和生理特征。在作物杂交育种、作物结实机理和花粉的生理研究中,常涉及花粉活力鉴定。掌握花粉活力的快速鉴定方法,是进行雄性不育株选育、杂交技术和改良以及揭示内外因素对花粉育性和结实率影响的基础。

请同学们想一想,本实验的知识点在植物生理学研究及生产实践中还有哪些应用?

(赫福霞)

实验 44　种子生活力快速测定

Ⅰ　TTC 法

【目的】

掌握 TTC 法快速测定种子生活力的原理和方法。

【原理】

凡有生活力的种子胚部在呼吸过程中都有氧化还原反应,而无生活力的种胚则无此反应。当氯化三苯基四氮唑(TTC)溶液渗入种胚的活细胞内,如果种胚具有生活力,其脱氢酶就可以将氧化态无色的 TTC(作为受氢体)还原成不溶的红色三苯甲臜(TTF)(反应式见实验 43);如果种胚死亡便不能染色;若种胚生活力衰退或部分丧失生活力,则染色较浅或局部被染色,因此,可以根据种胚染色的部位或染色的深浅程度来鉴定种子的生活力。该方法在不同国家间、地区间交换种子时最为常用。

【实验用品】

1. 材料

玉米种子、大豆种子、小麦种子等。

2. 器具

培养皿;镊子;单面刀片;垫板(切种子用);小烧杯;棕色试剂瓶;解剖针;白瓷盘,pH 试纸;恒温箱等。

3. 试剂

2 ~ 5 $g \cdot L^{-1}$ TTC 溶液:取 2 g(或 5 g)TTC 溶于 1 L 蒸馏水或冷开水中,配成 2 $g \cdot L^{-1}$(或 5 $g \cdot L^{-1}$)的 TTC 溶液(如不易溶解,可先加少量乙醇,使其溶解后再加水),调 pH 至 6.5 ~ 7.5。

【实验步骤】

1. 将玉米或小麦等作物的新种子、陈种子或死种子用温水(30 ~ 35 ℃)浸泡 2 ~ 6 h,使其充分吸胀。

2. 随机取种子 100 粒(水稻种子去壳,豆类种子去皮),沿种胚中央切开,取其一半备用。

3. 将准备好的种子放在培养皿中,浸于 TTC 试剂中,30 ~ 35 ℃恒温箱中保温 30 min。

4. 倒出 TTC 溶液,清水冲洗种子 2 ~ 3 次,立即观察种胚着色情况。胚全部或大部分被染成红色的即为有生活力的种子;种胚不被染色的为死种子;种胚的非关键性部位(如子叶的一部分)被染色,而胚根或胚芽尖端不染色,为不能正常发芽的种子。

5. 将另一半种子在沸水中煮 5 min 杀死胚，做同样染色处理，作为对照观察。

6. 计算活种子的百分率：

$$活种子的百分率(\%)=\frac{胚部染成红色的种子数(粒)}{供试种子数(粒)}\times 100$$

【注意事项】

1. TTC 不宜久藏，应随用随配，若已发红，则不能再用。

2. 染色温度一般以 25～35 ℃为宜。染色结束后立即进行鉴定（放久会褪色）。

3. 如测定种子数量较多，一时观察不完，应将已染色的样品放在湿润处，以免干燥后影响判断。

4. 小粒种子染色后，可加几滴乳酸苯酚溶液，10～30 min 后再进行鉴定，更易观察。

5. 不同种子生命力的测定，其所用的试剂浓度、染色时间、浸种时间也不同。

6. 判断有生活力的种子应具备的条件：胚发育良好、完整，整个胚染成鲜红色；子叶有小部分坏死，其部位不是胚中轴和子叶连接处；胚根尖虽有小部分坏死，但其他部位完好。

7. 判断无生活力的种子应具备的条件：胚全部或大部分不染色；胚根不染色部分不限于根尖；子叶不染色或丧失机能的组织超过 1/2；胚染成很淡的紫红色或淡灰红色；子叶与胚中轴的连接处或在胚根上有坏死的部分；胚根受伤以及发育不良的未成熟种子。

Ⅱ　染料染色法

【目的】

掌握染料（红墨水）染色法快速测定种子生活力的原理和方法。

【原理】

有生活力的种子其胚细胞的原生质膜具有半透性，有选择吸收外界物质的能力，一般染料不能进入细胞内，胚部不染色；而丧失生活力的种子，其胚部细胞原生质膜丧失了选择吸收的能力，染料可自由进入细胞内使胚部染色。所以，可根据种子胚部是否染色来判断种子的生活力。

【实验用品】

1. 材料

水稻、小麦、玉米、大豆等作物种子。

2. 器具

恒温箱；培养皿；刀片；烧杯；镊子。

3. 试剂

5% 红墨水：以市购红墨水为原液，用自来水配制成 5% 的红墨水溶液。

【实验步骤】

1. 浸种

同上述 TTC 法。

2. 染色

取已吸胀的种子100粒，用刀片沿种胚中央切开，将其中一半置于培养皿中，加5%红墨水（以淹没种子为度），染色10～15 min（温度高时间可短些）。

3. 观察

倒去红墨水，用水冲洗多次，至冲洗液无色为止。种胚不着色或着色很浅的为活种子；种胚与胚乳着色程度相同的为死种子。

4. 用高温灭活剩余的一半种子，并作同样染色处理，作为对照观察。

5. 记录种胚不着色或着色浅的种子数，计算活种子的百分率。

$$\text{活种子的百分率}(\%)=\frac{\text{胚部不着色的种子数(粒)}}{\text{供试种子数(粒)}}\times 100$$

【注意事项】

1. 染料浓度要适当，染色时间不能过长，否则不易区别染色与否。

2. 染料法测定种子生命力，以靛红染料法应用较广，且更适于禾本科谷类、豆类、麻类、瓜类、十字花科、棉花、果树、乔灌木等种子的生活力测定。

Ⅲ 荧光法

【目的】

掌握荧光法快速测定种子生活力的原理和方法。

【原理】

植物种子中常含有一些能在紫外光下产生荧光的物质，如黄酮类、香豆素类、酚类物质等。在种子衰老过程中，这些荧光物质的结构和成分往往发生变化，荧光颜色也会改变，但荧光性质几乎不变。衰老死亡的种子，虽内含荧光物质依然存在，但由于衰老或死亡，种子细胞质膜透性增加，当浸泡种子时，细胞内的荧光物质很容易外渗。因此，可以根据前一种情况直接观察种胚荧光的方法来鉴定种子的生命力，或根据后一种情况通过观察荧光物质渗出的多少来鉴定种子的生活力。

【实验用品】

1. 材料

待测植物种子。

2. 器具

紫外光灯;(不产生荧光的)滤纸;刀片;镊子;培养皿;烧杯等。

【实验步骤】

1. 直接观察法

用刀片沿种子中部切为两半,使其切面向上放在无荧光的滤纸上,紫外灯下观察。有生命力的种子在紫外光的照射下产生明亮的蓝色、蓝紫色或蓝绿色荧光;丧失生命力的种子在紫外光照射下多呈黄色、褐色以至暗淡无光,并带有多种斑点。

随机选取 20 粒待测种子,按上述方法进行观察,并记录有生命力及丧失生命力的种子数目,然后计算有生命力种子所占百分比。同时,做一平行常规发芽试验,计算其发芽率作为对照。

2. 纸上荧光法

该方法应用于白菜、萝卜等十字花科植物种子生命力的鉴定,效果很好。

(1) 浸种　将完整无损的种子 100 粒,于 25 ~30 ℃水中浸泡 2 ~3 h。

(2) 摆放　选吸胀的种子,以 3 ~5 mm 间隔整齐排列在培养皿中的湿滤纸上(滤纸上水分不能过多,以免荧光物质流散彼此影响)。培养皿可不加盖,放置 1.5 ~2 h,取出种子,将滤纸阴干。取出的种子仍按原顺序排列在另一培养皿中的湿滤纸上以备验证。

(3) 观察　将阴干的滤纸置于紫外荧光灯下观察(暗室中效果更好)。在放过种子的位置上如见到荧光圈,则为死种子,将其挑出;不产生荧光圈的种子则留在原来的培养皿中,维持湿度,让其自然发芽。

(4) 记录发芽数　3 ~4 天后记录培养皿中发芽种子数,并与观察结果比较。

$$\text{活种子的百分率}(\%)=\frac{\text{不产生荧光的种子数(粒)}}{\text{供试种子数(粒)}}\times 100$$

【注意事项】

1. 直接观察法适用于禾谷类、松柏类及某些蔷薇科果树的种子生活力的鉴定,但种间差异较大。

2. 纸上荧光法应用于白菜、萝卜等十字花科植物种子生活力的鉴定,效果很好。但对于一些在衰老、死亡后减弱或失去荧光的种子则不适用此法,只能采用直接观察法。

3. 纸上荧光法的成败取决于种子中荧光物质的存在及其种皮的性质。有些种子无论有无发芽能力,一经浸泡,即有荧光物质透出,大豆即属此类;也有些种子由于种皮的不透性,无论种子死活,都不产生荧光圈,此时,可用机械方法擦伤种皮,重复验证。相反,有时由于收获时受潮,种皮已破裂,也会产生荧光圈,试验时也应该注意。最好将浸泡液进行检查,没有荧光则适用于试验材料。

Ⅳ　溴麝香草酚蓝法(BTB 法)

【目的】

掌握溴麝香草酚蓝法测定种子生活力的原理和方法。

【原理】

活细胞具有呼吸作用，其呼吸放出的 CO_2 溶于水形成 H_2CO_3。H_2CO_3 解离成 H^+ 和 HCO_3^-，使胚周围环境酸度增加，可用酸碱指示剂溴麝香草酚蓝（BTB）来测定酸度的改变。BTB 的变色范围为 pH 6.0～7.6，酸性呈黄色，碱性呈蓝色，中间经过绿色（变色点为 pH 7.1）。颜色变化越明显则表明种子活力越强。死细胞没有呼吸作用，因此，没有 BTB 的颜色变化。

【实验用品】

1. 实验材料

玉米、小麦等种子。

2. 器具

恒温箱；天平；刀片；烧杯；镊子；培养皿；滤纸；漏斗等。

3. 试剂

（1）$1\ g \cdot L^{-1}$ BTB 溶液：称取 BTB 0.1 g，溶于煮沸过的 100 mL 自来水，用滤纸滤去残渣。滤液若呈黄色，可加数滴稀氨水或稀 NaOH 溶液，使之变为蓝色或蓝绿色。此液贮于棕色瓶中可长期保存。

（2）$10\ g \cdot L^{-1}$ BTB 琼脂凝胶：称取 $1\ g \cdot L^{-1}$ BTB 溶液 100 mL 于烧杯中，加 1 g 琼脂碎片，小火加热并不断搅拌。待琼脂完全溶解后，趁热倒入数个干燥洁净的培养皿中，使之呈均匀一薄层，冷却后备用。

【实验步骤】

1. 浸种

同上述 TTC 法。

2. 显色

取已吸胀的种子 100 粒，整齐地将胚向下埋于制好的琼脂凝胶培养皿中，间隔1 cm左右；将培养皿置于 30～35 ℃恒温箱中培养 2 h。观察并解释实验现象。

3. 用高温灭活的种子做同样浸种与实验处理，对比观察。

4. 记录种胚附近出现黄色晕圈的活种子数，计算活种子的百分率。

$$\text{活种子的百分率(\%)}=\frac{\text{出现黄色晕圈的种子数(粒)}}{\text{供试种子数(粒)}}\times 100$$

【注意事项】

制备的培养皿中琼脂凝胶层不宜过薄，厚度应以能浸没种子为宜。

【思考题】

1. 试比较 TTC 法、BTB 法、荧光法、染料染色法的测定结果是否相同，为什么？哪种方法更准确？

2. 就你所知，还有哪些快速测定种子生活力的方法？

学以致用

种子生活力是指种子能够萌发的潜在能力或种胚具有的生命力。它是决定种子品质和实用价值大小的主要依据，与播种时的用种量直接相关。测定种子生活力常采用发芽实验，即在适宜条件下，让种子吸水萌发，在规定天数内统计发芽的种子占供试种子的百分比。但常规直接发芽法测定发芽率所需时间较长，特别是有时为了应急需要，如涉及购买种子或者地区间交换种子时，没有足够的时间来测定发芽率；若遇到休眠种子，则更无法测定。快速测定法能在较短时间内获得结果。

请同学们想一想，本实验的知识点在植物生理学研究和生产实践中还有哪些应用？

（赫福霞）

实验 45　谷物种子萌发时淀粉酶活力的测定

【目的】

学习和掌握测定淀粉酶活力的原理和方法；了解谷物种子萌发时 α - 淀粉酶和 β - 淀粉酶活性的差异。

【原理】

淀粉是植物最主要的储藏多糖，也是人和动物的重要食物和发酵工业基本原料。淀粉经淀粉酶作用后生成麦芽糖等小分子物质而被机体利用。几乎所有植物中都存在淀粉酶，尤其是萌发的禾谷类种子，淀粉酶活性最强。淀粉酶主要包括 α - 淀粉酶和 β - 淀粉酶。α - 淀粉酶随机水解淀粉的 α -1,4 - 糖苷键，作为淀粉分解的起始酶而起主要作用，其水解产物为麦芽糖、麦芽三糖、糊精等还原糖；β - 淀粉酶水解非还原端的第二个 α -1,4 - 糖苷键，水解产物为麦芽糖，并能使一部分糊精糖化。淀粉的水解产物麦芽糖及其他还原糖能与 3,5 - 二硝基水杨酸（DNS）反应，使其还原生成棕红色 3 - 氨基 -5 - 硝基水杨酸，反应式如下：

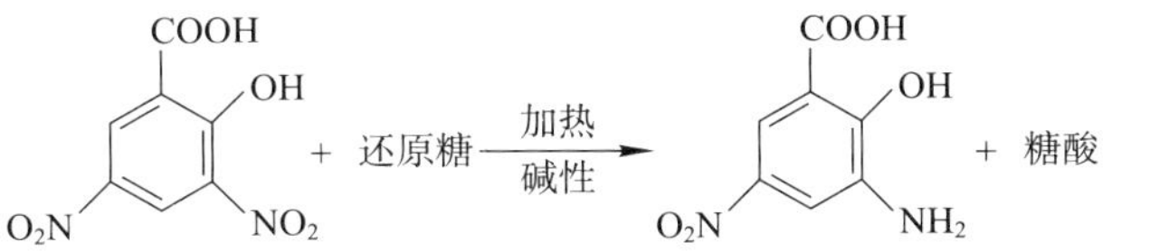

3，5-二硝基水杨酸（黄色）　　3-氨基-5-硝基水杨酸（棕红色）

在一定范围内，其颜色深浅与淀粉酶水解产生还原糖的量成正比，还原糖浓度可用麦芽糖浓度来表示，用比色法测定淀粉酶作用于淀粉后生成的还原糖的量，以单位质量样品在一定时间内生成麦芽糖的量表示酶活力。

两种淀粉酶具有不同理化特性，α - 淀粉酶不耐酸，在 pH 3.6 以下迅速钝化；β - 淀粉酶不耐热，在 70 ℃下 15 min 则被钝化。据此，在测定时钝化其中之一，即可测定另一种酶的活力。本实验采用加热钝化 β - 淀粉酶而测定 α - 淀粉酶活力，再与非钝化条件下测得的总淀粉酶活力比较，求出 β - 淀粉酶活力。

【实验用品】

1. 材料

不同萌发阶段的大麦或小麦种子。

2. 器具

分光光度计；离心机；恒温水浴锅；研钵；具塞刻度试管；刻度吸管；容量瓶等。

3. 试剂

（1）麦芽糖标准液（1 mg · mL^{-1}）：称取 100 mg 麦芽糖，蒸馏水溶解并定容至 100 mL。

（2）DNS 试剂：精确称取 DNS 1 g，溶于 20 mL 2 mol · L^{-1} NaOH 溶液中，加 50 mL 蒸馏水，再加 30 g 酒石酸钾钠，溶解后用蒸馏水定容至 100 mL。盖紧瓶塞，勿使 CO_2 进入。若溶液混浊可过滤后使用。

（3）0.1 mol · L^{-1} pH 5.6 的柠檬酸缓冲液

A 液（0.1 mol · L^{-1}柠檬酸）：称取分析纯柠檬酸 21.01 g，蒸馏水溶解并定容至 1 L；

B 液（0.1 mol · L^{-1}柠檬酸钠）：称取柠檬酸钠 29.41 g，蒸馏水溶解并定容至 1 L；

取 A 液 55 mL 与 B 液 145 mL 混匀，即为 0.1 mol · L^{-1}pH 5.6 的柠檬酸缓冲液。

（4）10 g · L^{-1}淀粉溶液：称取 1 g 淀粉溶于 100 mL 0.1 mol · L^{-1} pH 5.6 的柠檬酸缓冲液中。

【实验步骤】

1. 酶液提取

称取 25 ℃下萌发 3 ~ 4 天的小麦种子 1.0 g（芽长 1.0 ~ 1.5 cm），置于研钵中，加少量石英砂和 2 mL 蒸馏水，研磨成匀浆，转入离心管，用 7 mL 蒸馏水分次将残渣洗入离心管，室温放置 15 ~ 20 min，每隔数分钟搅动 1 次，使其充分浸提。

浸提液于 3 000 r · min^{-1}转速下离心 10 min，上清液定容于 50 mL 容量瓶，摇匀，即为淀粉酶原液。吸取淀粉酶原液 5 mL，用蒸馏水定容至 50 mL，摇匀，即为淀粉酶稀释液。

2. 麦芽糖标准曲线制作

取 7 支干净的具塞刻度试管，编号，按表 45 - 1 加入试剂，摇匀，置于沸水浴中煮沸 5 min。取出后流水冷却，加蒸馏水定容至 20 mL。以 1 号管为空白调零点，在 540 nm 波长下比色测定。以麦芽糖含量为横坐标、吸光度为纵坐标，绘制麦芽糖标准曲线。

表 45－1　制作麦芽糖标准曲线所用试剂

试剂	试管号						
	1	2	3	4	5	6	7
麦芽糖标准液/mL	0	0.2	0.4	0.8	1.2	1.6	2.0
蒸馏水/mL	2.0	1.8	1.6	1.2	0.8	0.4	0
麦芽糖含量/mg	0	0.2	0.4	0.8	1.2	1.6	2.0
DNS 试剂/mL	2.0	2.0	2.0	2.0	2.0	2.0	2.0

3. 酶活力测定

取 6 支干净的具塞刻度试管，编号，按表 45－2 进行操作。

表 45－2　酶活力的测定操作方案表

操作项目	试管号					
	Ⅰ－1	Ⅰ－2	Ⅰ－3	Ⅱ－1	Ⅱ－2	Ⅱ－3
淀粉酶原液/mL	1.0	1.0	1.0	0	0	0
钝化 β－淀粉酶	置 70 ℃水浴中 15 min，取出后在流水中冷却					
淀粉酶稀释液/mL	0	0	0	1	1	1
NaOH 试剂/mL	2.0	0	0	2.0	0	0
预保温	40 ℃恒温水浴中保温 10 min					
10 g · L^{-1}淀粉溶液（40 ℃）/mL	1.0	1.0	1.0	1.0	1.0	1.0
保温	40 ℃恒温水浴中准确保温 5 min					
NaOH 试剂/mL	0	2.0	2.0	0	2.0	2.0

各管试剂加完后，摇匀，从每管分别取 2 mL 混合液，分别加 2 mL DNS 试剂，置于沸水浴中煮沸 5 min，取出冷却，加蒸馏水定容至 20 mL。同样，以 1 号管为空白调零点，在 540 nm 波长下比色测定吸光度。

4. 结果计算

用Ⅰ－2、Ⅰ－3 吸光度平均值与Ⅰ－1 吸光度之差，在标准曲线上查出相应的麦芽糖含量（mg），再按下式计算 α－淀粉酶的活力：

$$\alpha－淀粉酶活力(mg \cdot g^{-1} \cdot 5\ min^{-1}) = C_{\alpha} \cdot V_{t} \cdot t^{-1} \cdot FW^{-1} \cdot V_{1}^{-1}$$

计算Ⅱ－2、Ⅱ－3 吸光度平均值与Ⅱ－1 吸光度之差，在标准曲线上查出相应的麦芽糖含量（mg），按下式计算（$\alpha+\beta$）淀粉酶总活力：

$$(\alpha+\beta)淀粉酶总活力(mg \cdot g^{-1} \cdot 5\ min^{-1}) = C_{T} \cdot V_{t} \cdot N \cdot t^{-1} \cdot FW^{-1} \cdot V_{1}^{-1}$$

式中：C_{α}——α－淀粉酶水解淀粉生成的麦芽糖量（查标准曲线求值，以下同）（mg）；

C_{T}——（$\alpha+\beta$）淀粉酶共同水解淀粉生成的麦芽糖量（mg）；

V_{1}——显色所用酶液体积（mL）；

V_{t}——淀粉酶原液总体积（mL）；

FW——样品鲜重（g）；

t——酶作用时间(min);

N——稀释倍数。

【注意事项】

1. 样品提取液的定容体积和酶液稀释倍数可根据不同材料酶活性的大小而定。

2. 应保证酶促反应时间的准确性,在进行钝化和保温步骤时,水浴温度和时间要严格控制。进行沸水浴的水位要高于试管中反应液的高度。

3. 10 g · L^{-1}淀粉溶液和淀粉酶提取液在反应前,必须分别置于 40 ℃水浴中预热,保证底物和酶的反应在最适温度下进行。

【思考题】

1. α-淀粉酶和β-淀粉酶性质和作用特点有何不同?

2. 在实验中设置Ⅰ-1、Ⅱ-1 的意义何在?

3. 测定淀粉酶活性时,为什么要用 pH 5.6 的柠檬酸缓冲液来配制 10 g · L^{-1}淀粉溶液? 为什么 10 g · L^{-1}淀粉溶液要在 40 ℃下进行保温?

4. 实验过程中还应注意哪些问题,才能确保酶活性测定准确?

5. 设计实验,探讨温度、pH、激活剂和抑制剂等影响因素对淀粉酶活性的影响。

学以致用

淀粉酶普遍存在于植物体内,特别是萌发后的禾谷类种子淀粉酶活性最强。淀粉酶活性高低可以衡量种子萌发速率,亦可作为植物抗逆性的生化指标(如干旱、盐、重金属胁迫等)。小麦成熟期如遇阴雨天气,有的品种会发生严重的穗发芽,造成巨大损失,这是小麦种子中淀粉酶活动的结果。因此,淀粉酶的活性测定,具有理论和应用研究的意义。

请同学们想一想,本实验的知识点在植物生理学研究及农业生产实践中还有哪些应用?

(赫福霞)

实验 46　愈伤组织的形成与分化

【目的】

了解植物激素在器官形成中的作用,掌握植物组织培养的原理和基本操作技术。

【原理】

组织培养是指在无菌条件下将离体的植物器官(如根、茎、叶、花、果等)、组织(如形成层、胚乳等)、细胞(如大、小孢子及体细胞等)以及原生质体,在人工控制的培养条件下进行培养,使其生长、分化并形成完整植株的技术,被培养的部位称为外植体。

植物组织培养的理论依据是细胞全能性,即每一个细胞中都包含着产生一个完整植株的全套基因,在适宜的条件下,任何一个细胞都能形成一个新的个体。外植体在失去原来的分化状态进行脱分化形成愈伤组织时,或者由愈伤组织再分化成新个体时都要受到激素的调节控制。例如,培养基成分中的生长素和细胞分裂素的比例可以决定根和芽的分化,生长素与细胞分裂素比值高时,促进根的分化;比值低时,则促进芽的分化。因此,通过改变激素的相对浓度即可有效地调节愈伤组织再分化的进程,基本过程如图 46 – 1。

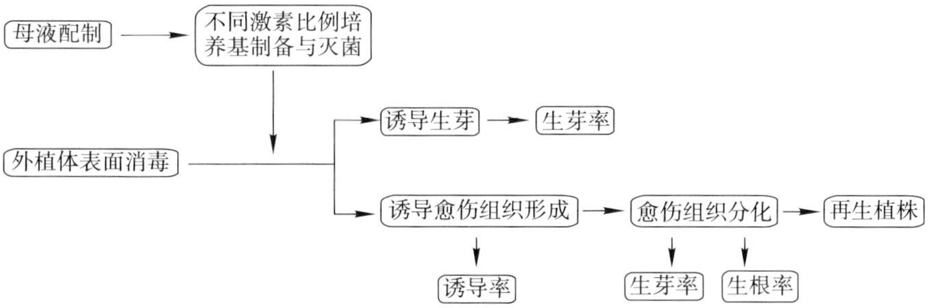

图 46 – 1　植物组织培养诱导再生植株的基本过程(改自李玲,2009)

【实验用品】

1. 材料

菊花或烟草叶片。

2. 器具

超净工作台;高压灭菌锅;手术刀;长柄镊子;三角瓶;容量瓶;移液管;培养皿;广口瓶;烧杯;酒精灯;封口膜;白线绳等。

3. 试剂

75% 乙醇(体积百分数,后同);10 $g \cdot L^{-1}$ 次氯酸钠或 1 $g \cdot L^{-1}$ 氯化汞;1 $mol \cdot L^{-1}$ HCl;1 $mol \cdot L^{-1}$ NaOH;琼脂;6 – 苄基腺嘌呤(6 – BA);萘乙酸(NAA);MS 培养基中各种化合物(配方见以下各表)。

【实验步骤】

1. 配制培养基

(1) 按 MS 培养基配方,先配制各母液。

① 10 倍大量元素母液　按表 46 – 1 配制,用蒸馏水溶解并定容至 1 000 mL。

② 100 倍微量元素母液　按表 46 – 2 配制,用蒸馏水溶解并定容至 1 000 mL。

表46－1　大量元素母液的配制剂量

大量元素	质量/g	大量元素	质量/g
NH_4NO_3	16.5	$CaCl_2 \cdot 2H_2O$	4.4
KNO_3	19.0	$MgSO_4 \cdot 7H_2O$	3.7
KH_2PO_4	1.7		

表46－2　微量元素母液的配制剂量

微量元素	质量/mg	微量元素	质量/mg
KI	83	$ZnSO_4 \cdot 7H_2O$	860
H_3BO_3	620	$NaMoO_4 \cdot 2H_2O$	25
$MnSO_4 \cdot 4H_2O$	2 230	$CuSO_4 \cdot 5H_2O$	2.5
$CoCl_2 \cdot 6H_2O$	2.5		

③ 200倍铁盐母液　$Na_2 \cdot$ EDTA 3.73 g、$FeSO_4 \cdot 7H_2O$ 2.78 g，蒸馏水溶解并定容至500 mL。

④ 200倍有机成分母液　按表46－3配制，用蒸馏水溶解并定容至1 000 mL。

表46－3　有机成分母液的配制剂量

有机成分	质量/g	有机成分	质量/g
肌醇	20	盐酸硫胺素	0.02
烟酸	0.1	甘氨酸	0.4
盐酸吡哆醇	0.1		

⑤ 植物激素

0.1 $mg \cdot mL^{-1}$ NAA溶液　称取10 mg NAA，用少量95%乙醇溶解后，蒸馏水定容至100 mL。

1 $mg \cdot mL^{-1}$ 6－BA　称取50 mg 6－BA，少量1 $mol \cdot L^{-1}$ HCl溶解后，蒸馏水定容至50 mL。

（2）将各种元素的母液按表46－4混合，配制成MS培养基。

表46－4　配制MS培养基1 L的母液加入量

配制MS培养基1 L NAA和6－BA的母液加入量			
大量元素母液/mL	100	微量元素母液/mL	10
铁盐母液/mL	5	有机成分母液/mL	5
蔗糖/g	30	琼脂/g	7

（3）按表46－5分别加入NAA和6－BA母液。

表46－5　MS培养基1 L中NAA和6－BA母液加入量

培养基编号	1	2	3	4
NAA/mL	0.1	0.2	0.1	0
6－BA/mL	3	3	0	3

（4）培养基加入琼脂及分装灭菌

取一支 1 000 mL 烧杯，先加入约 700 mL 的蒸馏水，然后按表 46 – 4 加入 MS 母液用量，按表 46 – 5 加入处理 1 激素用量，其间不断搅拌，混匀；将称量好的 30 g 蔗糖倒入烧杯，玻璃棒搅拌至溶解，用 1 $mol\cdot L^{-1}$ NaOH 或 1 $mol\cdot L^{-1}$ HCl 调 pH 至 5. 8；再加入琼脂 7 g，加热搅拌至琼脂溶解，定容至 1 000 mL，标记为 1 号培养基。其余 3 个激素处理按以上操作配制完成，编号分别记为 2 号、3 号、4 号。

将含有不同激素比例的 MS 培养基分装到准备好的 50 mL 三角瓶中，做好标记。分装时注意不要把培养基粘附到瓶口或管口附近的内壁上，以免引起污染。分装过程中还要不时摇晃烧杯中的培养基，否则先后分装的各瓶培养基凝固能力不同。用封口膜封口后，放入高压灭菌锅，1. 2 个大气压（0. 121 5 MPa）下灭菌 15 min，冷却后备用。MS 培养基的制备流程如图 46 – 2。

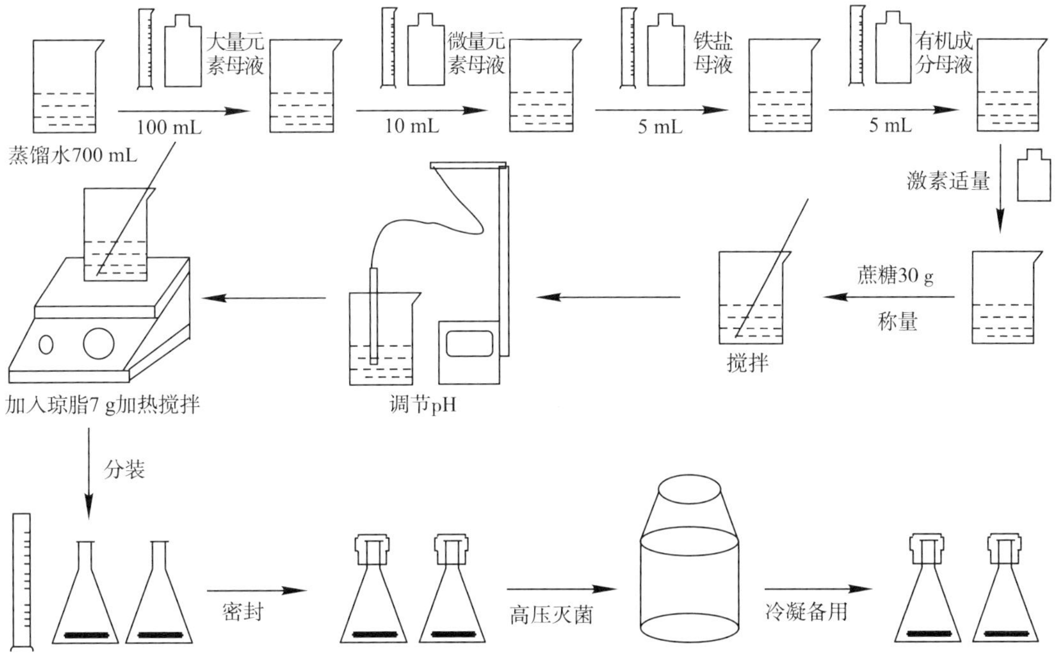

图 46 – 2　MS 培养基的制备流程（改自李玲，2009）

2. 材料消毒与接种

取菊花或烟草幼嫩叶片于小烧杯中，自来水冲洗后用 75% 乙醇浸泡 15 s，无菌水冲洗 2 次，再用 10 $g\cdot L^{-1}$ 次氯酸钠溶液浸泡 15 min，期间多次晃动小烧杯，使其灭菌充分；无菌水冲洗 3 次，转入放有滤纸、无菌的培养皿中，用解剖刀切取 $0.5\times0.5\ cm^2$ 小块，接种 3 ~ 4 块于 50 mL 三角瓶中，每组 4 个处理，每个处理 3 次重复。接种后置于培养室中培养。培养温度 25 ± 2 ℃，光照强度约 2 000 lx，每天照明 12 h。

3. 结果观察与记录

接种后注意观察并记录外植体上愈伤组织和根、芽出现的时间及数量，加以分析比较。

$$愈伤组织诱导率(\%)=\frac{形成愈伤组织的外植体数}{接种外植体数}\times100$$

$$生芽率(\%)=\frac{生芽外植体数}{接种外植体数}\times 100$$

$$生根率(\%)=\frac{生根外植体(或愈伤组织)块数}{接种外植体(或愈伤组织)总数}\times 100$$

【注意事项】

1. 配制植物激素时,溶解试剂的乙醇和盐酸用量要少,用蒸馏水稀释时,慢慢沿烧杯内壁加入。

2. 对培养基灭菌和器皿消毒要严格,并且灭菌锅内培养基和接种工具不宜装得太挤,以免妨碍蒸汽流通而影响灭菌效果。

3. 分装培养基时,不能把培养基沾附到瓶口上,以免引起污染。

4. 应经常检查组培间内的培养材料,以便及时剔除污染的材料或三角瓶。

【思考题】

1. 植物愈伤组织及器官分化与哪些因素有关?

2. 组织培养过程中应注意哪些问题?

3. 供给一片菊花幼叶,通过什么实验方法能够获得菊花的再生植株?

提示:①原理;②操作技术要点;③器官再生诱导方法。

学以致用

植物组织培养作为一种技术,已广泛应用于许多学科,它不仅对理论研究有重要意义,还展现了十分广阔的应用前景。例如,在农、林、医、药生产上,组织培养技术被广泛应用于快速无性繁殖、获得无病毒植株、种质资源保存(人工种子)、生产次生代谢物质等(数字资源 7-1)。随着基因工程技术的应用,获得优良性状(如抗性、高产、优质等)的转基因作物对农业生产具有更大的意义,而植物再生体系的建立是获得转基因作物的先决条件,所以,掌握组织培养技术和方法至关重要。

请同学们想一想,本实验的技术及其知识点在植物生理学研究及生产实践中还有哪些应用?

(赫福霞)

【本章思考与作业】

1. 种子生活力与种子活力有何异同?

2. 讨论植物组织培养与农业生产的关系。

3. 建一个组织培养实验室需要哪些基本设备和仪器?

4. 组织培养中如何尽量避免出现污染?

5. 植物组织培养技术主要包括哪些环节？各环节的主要工作内容是什么？

6. 填空练习

（1）鉴定花粉生活力的方法有________和________。

（2）组织培养的理论基础是________，一般培养基的组成包括五大类物质________、________、________、________和________。

（3）植物组织培养过程中，最常用的培养基是________，培养基的 pH 因外植体的来源不同而异，常用________和________调节 pH，大多数植物的 pH 要求调节在________范围内。

（4）一般情况下，培养基的灭菌要求压力为________，温度为________，维持时间为________。

（5）用 95% 乙醇配成 75% 乙醇 1 000 mL，需用________ mL 95% 乙醇和________ mL 蒸馏水配制。

（6）培养基污染的原因从病原菌上分析主要有________和________两大类。

（7）组织培养时，要诱导外植体产生愈伤组织，应在基本培养基中加入________类激素；培养基中 CTK/IAA 比值高时，诱导愈伤组织分化产生________，CTK/IAA 比值低时，诱导分化形成________。

（8）培养基中糖浓度对维管束的分化有很大影响，低浓度蔗糖有利于________分化，高浓度蔗糖则有利于________分化，中等浓度则可形成________和________，并有________产生。

（9）植物组织培养常以________作为培养基的碳源，其浓度一般为________，该物质还具有________的作用。

（10）进行组织培养的培养基中常用的生长素类激素有________和________，常用的细胞分裂素类激素有________和________。

（参考答案见数字资源）

（赫福霞）

第 8 章
逆境生理

本章学习引导

逆境是对植物生存及生长不利的各种环境因素的总称。逆境下,生物膜损伤、质膜透性增大、离子外流,位于膜上的各种酶活性紊乱,活性氧与清除活性氧的系统之间的平衡被破坏。在一定程度上,植物对逆境具有抵抗和忍耐能力。膜脂的组分、抗氧化酶及抗氧化剂以及渗透调节物质的多少等与植物的抗逆性直接相关。本章介绍质膜透性及其过氧化产物丙二醛含量测定,抗氧化保护性酶(超氧化物歧化酶、过氧化物酶、过氧化氢酶、多酚氧化酶等)活性及抗氧化剂(过氧化氢、还原型谷胱甘肽、抗坏血酸等)含量测定,活性氧、游离脯氨酸和膜脂脂肪酸含量测定等基础性实验。学生也可选择其中的几个指标比较不同材料的抗性大小,或对实验材料进行逆境预处理,比较各指标的变化,开展综合性实验训练。

实验 47　电导仪法测定植物细胞质膜透性

【目的】

掌握电导仪法测定质膜透性的原理和方法。

【原理】

植物组织受到逆境伤害时，由于膜的功能受损或结构破坏，其透性增大，细胞内的盐类或有机物将有不同程度的渗出，从而引起细胞外液的电导率发生变化，通过测定外渗液电导率的变化，可以反映质膜的伤害程度和所测材料抗逆性的大小。伤害越重，外渗越多，电导率增加也越大。

【实验用品】

1. 材料

植物新鲜叶片。

2. 器具

电导率仪（DDS－307 型或 DDS－11 型）；真空泵（或注射器）；恒温水浴器；称量瓶（或小烧杯）；打孔器；移液管（10 mL）；铝锅；竹镊子；搪瓷盘；去离子水；滤纸等。

【实验步骤】

1. 容器洗涤

电导法对水和容器的洁净度要求严格，水的电导值要求为 1～2 S（西门子）；所用容器必须彻底清洗，再用去离子水冲净，倒置于洗净而垫有洁净滤纸的搪瓷盘中备用。为了检查试管是否洁净，可向试管中加入电导值 1～2 S 的新制去离子水，用电导仪测定是否仍维持原电导值。

2. 材料处理

取正常生长的植株叶片若干片，分成 2 份，用纱布擦净表面灰尘。将其中一份放在约 －20 ℃下冷冻 20 min（或置于 40 ℃左右的恒温箱中 30 min）进行逆境胁迫处理；另一份裹入潮湿的纱布中，室温下作对照。

3. 测定

（1）去离子水冲洗叶片 2 次，再用洁净滤纸吸净表面水分。用直径 6～8 mm 的打孔器避开主脉打取叶圆片（或切割成大小一致的叶块），每组 30 片，分装在 3 只洁净的称量瓶（或小烧杯）中，每瓶 10 片。

（2）向各瓶加 10 mL 去离子水，置于真空干燥箱中抽气 10 min（也可直接将叶圆片放入注射器内，吸取 10 mL 去离子水，堵住注射器口进行抽气），以抽出细胞间隙的空气，当缓缓放入空气时，水即渗入细胞间隙，叶片变成半透明状，沉入水下。室温放置 1 h（期间多次摇动），或在振荡器上振荡 1 h。

(3) 将各瓶充分摇匀,用电导率仪测量初电导值(S_1)。

(4) 将各瓶置于沸水浴中 10 min,杀死植物组织。取出称量瓶,自来水冷却至室温,室温下平衡 10 min,摇匀,测量终电导值(S_2)。

4. 结果计算

细胞膜受的伤害程度可由相对电导率表示,计算公式如下:

$$相对电导率(L) = S_1 \cdot S_2^{-1}$$

对照(在室温下)也有少量电解质外渗,故因低温或高温胁迫而产生的外渗,即伤害度(或伤害性外渗)可由下式计算:

$$伤害度(\%) = (L_t - L_{ck}) \cdot (1 - L_{ck})^{-1} \times 100$$

式中:L_t——处理叶片的相对电导率;

L_{ck}——对照叶片的相对电导率。

在电导率测定中一般应用去离子水,若制备困难可用普通蒸馏水代替,但需要设一空白组(蒸馏水),测定样品时同时测定空白电导值(S_0),按下式计算相对电导率:

$$相对电导率(L) = (S_1 - S_0) \cdot (S_2 - S_0)^{-1}$$

式中:S_0——空白电导值。

【注意事项】

1. CO_2在水中的溶解度较高,测定电导时要防止高 CO_2气源和口中呼出的 CO_2进入试管,以免影响结果的准确性。避免用手直接接触叶片。

2. 温度对溶液的电导影响很大,故 S_1 和 S_2必须在相同温度下测定。

【思考题】

1. 测定电解质外渗量时,为何要对材料进行真空抽气?

2. 材料经真空抽气后为何要在室温下振荡一段时间?

学以致用

水中含盐量愈大,水的导电性能愈强。故根据电导率的大小,可以推算水中矿化度的大小,可测量超纯水。植物的抗旱性与其细胞内积累的渗透调节物质的含量有关。不同抗旱品种植物,经一定水分胁迫后,分别取其叶片制成匀浆,可用电导率仪测定其电导率,进而鉴定各品种植物的抗旱性。

请同学们想一想,本实验还有哪些应用?

(刘丽杰)

实验 48　游离脯氨酸含量测定

【目的】

掌握磺基水杨酸法测定游离脯氨酸的原理及方法。

【原理】

采用磺基水杨酸提取植物体内的游离脯氨酸，不仅大大减少了其他氨基酸的干扰，快速简便，而且不受样品状态（干样或鲜样）限制。在酸性条件下，脯氨酸与茚三酮反应生成稳定的红色缩合物，用甲苯萃取后，此缩合物在波长 520 nm 处有一最大吸收峰。在一定范围内脯氨酸浓度的高低与其吸光度成正比。

【实验用品】

1. 材料

大豆、小麦等植物新鲜组织。

2. 器具

分光光度计；水浴锅；漏斗；大试管（20 mL）；具塞刻度试管（20 mL）；注射器或滴管等。

3. 试剂

（1）30 $g \cdot L^{-1}$ 磺基水杨酸溶液。

（2）甲苯。

（3）25 $g \cdot L^{-1}$ 酸性茚三酮显色液：冰乙酸和 6 $mol \cdot L^{-1}$ H_3PO_4 以体积比 3∶2 混合，作为溶剂进行配制。

（4）100 $\mu g \cdot mL^{-1}$ 脯氨酸标准溶液：准确称取 25 mg 脯氨酸，蒸馏水溶解后定容至 250 mL。用时取适量用蒸馏水稀释 10 倍，即配制成 10 $\mu g \cdot mL^{-1}$。

【实验步骤】

1. 标准曲线制作

（1）取 7 支具塞刻度试管按表 48－1 加入各试剂，混匀后沸水加热 40 min。

表 48－1　各试管中试剂加入量

试管号	0	1	2	3	4	5	6
脯氨酸标准溶液稀释液/mL	0	0.2	0.4	0.8	1.2	1.6	2.0
水/mL	2	1.8	1.6	1.2	0.8	0.4	0
冰乙酸/mL	2	2	2	2	2	2	2
茚三酮显色液/mL	3	3	3	3	3	3	3
脯氨酸含量/μg	0	2	4	8	12	16	20

（2）取出冷却后向各管加 5 mL 甲苯，充分振荡，以萃取红色物质。静置分层后吸取甲苯层，在波长 520 nm 下比色，0 号管为对照。

（3）以吸光度为纵坐标，脯氨酸含量为横坐标，绘制标准曲线，求线性回归方程。

2. 样品提取

小麦等植物新鲜叶片洗净擦干，称取 0.2 ~ 0.5 g，剪碎放入研钵，加 30 $g \cdot L^{-1}$ 磺基水杨酸溶液5 mL，研磨成匀浆，转入离心管，沸水浴浸提 10 min，冷却后以 3 000 $r \cdot min^{-1}$ 离心 10 min，取上清液待测。

3. 测定

吸取上清液 2 mL，加冰乙酸 2 mL 和显色液 3 mL，沸水浴加热 40 min，然后按标准曲线制作方法进行甲苯萃取和比色。

4. 结果计算

$$\text{脯氨酸含量}(\mu g \cdot g^{-1}) = C \cdot V \cdot (V_a \cdot W)^{-1}$$

式中：C——由标准曲线求得提取液中脯氨酸含量（μg）；

V——提取液总体积（mL）；

V_a——测定时所吸取的体积（mL）；

W——样品鲜重（g）。

【注意事项】

1. 配制的茚三酮溶液仅在 24 h 内稳定，因此最好现用现配。

2. 茚三酮的用量与脯氨酸的含量相关。一般当脯氨酸含量在 10 $\mu g \cdot mL^{-1}$ 时，显色液中茚三酮的浓度需达到 10 $mg \cdot mL^{-1}$，才能保证脯氨酸充分显色。

3. 脯氨酸与茚三酮试剂在沸水浴中的反应时间要严格控制，不宜过久，否则会引起沉淀。

【思考题】

1. 植物体内游离脯氨酸含量的测定有何意义？

2. 当改变萃取剂时，比色应做哪些改变？如何选择最适波长？如何选择最佳萃取剂？

学以致用

植物在逆境胁迫下，游离脯氨酸会大量积累，其积累量与植物的抗逆性有关，因此，脯氨酸是反应植物抗性大小的生理指标之一。例如，作为抗旱指标，通过测定正常环境及干旱条件下各种植物材料及同一材料不同品种的脯氨酸含量，来筛选抗旱材料及品种。

请同学们想一想，本实验的知识点还有哪些应用？

（刘丽杰）

实验 49　丙二醛含量测定

【目的】

掌握硫代巴比妥酸法测定丙二醛（MDA）含量的原理及方法。

【原理】

植物器官衰老或在逆境条件下，往往发生膜脂过氧化作用，MDA 是膜脂过氧化的最终分解产物之一，其含量可以反映细胞膜脂质过氧化强度及植物遭受伤害的程度，因此，可以通过 MDA 含量的测定来判断植物的抗性。

在酸性和高温条件下，MDA 可以与硫代巴比妥酸（TBA）反应生成红棕色的三甲双酮（3，5，5－三甲基恶唑－2，4－二酮），其最大吸收峰在 532 nm 波长处。可溶性糖能够与 TBA 反应，其产物在 532 nm 波长处也有吸收（最大吸收峰在 450 nm），因此，测定植物组织中 MDA 时会受到可溶性糖等物质干扰。由于植物在逆境胁迫时可溶性糖会增加，因此，测定植物组织中 MDA－TBA 反应物质含量时一定要排除可溶性糖的干扰。此外，在 532 nm 波长处还有非特异性背景吸收的影响也要排除。

采用双组分分光光度计法可分别求出 MDA 和可溶性糖的含量。据朗伯－比尔定律 $A=k\cdot C\cdot L$，当液层厚度为 1 cm 时，$k=A/C$，k 称为该物质的比吸收系数。当某一溶液中有数种吸光物质时，某一波长下的吸光度等于此混合液在该波长下各显色物质的吸光度之和。

已知蔗糖与 TBA 显色反应产物在 450 nm 波长和 532 nm 波长下的比吸收系数分别为 85.40 和 7.40；MDA 在 450 nm 波长下无吸收，故该波长下的比吸收系数为 0，MDA 在 532 nm 波长下的比吸收系数为 155；532 nm 非特异性吸光度可以用 600 nm 波长的吸光度代表。

根据双组分分光度计法建立方程组，解方程后得计算公式：

$$C_1=11.71\ A_{450} \tag{49-1}$$

$$C_2=6.45(A_{532}-A_{600})-0.56\ A_{450} \tag{49-2}$$

式中：C_1——可溶性糖的浓度（$mmol\cdot L^{-1}$）；

C_2——MDA 的浓度（$\mu mol\cdot L^{-1}$）；

A_{450}、A_{532}、A_{600}——分别代表 450 nm、532 nm 和 600 nm 波长下的吸光度。

【实验用品】

1. 材料

受干旱、高温、低温等逆境胁迫的植物组织或衰老的植物组织。

2. 器具

分光光度计；离心机；天平；10 mL 离心管；研钵；试管；刻度吸管；剪刀等。

3. 试剂

（1）100 $g\cdot L^{-1}$ 三氯乙酸（TCA）；

（2）6 g · L^{-1} TBA：0.6 g TBA 先用少量 NaOH（1 mol · L^{-1}）溶解，再用 100 g · L^{-1} TCA 定容至 100 mL。

【实验步骤】

1. 样品提取

植物组织洗净擦干，称取 1 g，放入研钵，加 100 g · L^{-1} TCA 2 mL 和少量石英砂，研磨至匀浆，再加 8 mL TCA 进一步研磨，匀浆于 4 000 r · min^{-1}离心 10 min，上清液为样品提取液。

2. 显色反应和测定

吸取上清液 2 mL（对照加 2 mL 蒸馏水），加 2 mL 6 g · L^{-1} TBA 溶液，混匀，沸水浴中反应 15 min，迅速冷却后离心。取上清液测定 450 nm、532 nm、600 nm 波长下的吸光度。

3. 结果计算

按公式 49 - 1 直接求得样品提取液中可溶性糖的浓度。

按公式 49 - 2 直接求得样品提取液中 MDA 的浓度。

将求得的 MDA 浓度，代入下列公式，计算样品中的 MDA 含量：

$$\text{MDA 含量}(\mu mol \cdot g^{-1}) = C \cdot V \cdot W^{-1}$$

式中：C——MDA 浓度（μmol · L^{-1}）；

V——提取液体积（mL）；

W——植物组织鲜重（g）。

【注意事项】

1. 低浓度的铁离子能够显著增加 TBA 与蔗糖或 MDA 显色反应物在 532 nm 和 450 nm 波长处的吸光度，所以在蔗糖、MDA 与 TBA 显色反应中需一定量的铁离子，通常植物组织中铁离子的含量为 100 ~ 300 μg · g^{-1}，根据植物样品量和提取液的体积，加入 Fe^{3+} 的终浓度为 0.5 μmol · L^{-1}。

2. MDA - TBA 显色反应的加热时间，沸水浴要控制在 10 ~ 15 min，时间太短或太长会引起 532 nm 波长处吸光度下降。

3. 如用 MDA 作为植物衰老指标，首先应检验被测材料提取液是否能与 TBA 反应形成 532 nm 波长处的吸收峰。否则只测定 532 nm、600 nm 波长两处吸光度，计算结果与实际情况不符，测得的高吸光度是一个假象。

4. 在有糖类物质干扰条件下（如深度衰老时），吸光度的增大，不再是由于脂质过氧化产物 MDA 含量的升高，而是水溶性碳水化合物的增加，由此改变了提取液成分，不能再用 532 nm、600 nm 波长两处吸光度计算 MDA 含量，可测定 510 nm、532 nm、560 nm 波长处的吸光度，用 $A_{532} - (A_{510} - A_{560})/2$ 的值来代表 MDA 与 TBA 反应液的吸光度。

【思考题】

1. 哪些因素会影响 MDA 含量测定结果？

2. 样品中可溶性糖含量影响 MDA 的测定结果，有何办法消除其影响？

3. 不同植物在同一逆境下，MDA 含量变化不同，说明什么？

学以致用

许多疾病与自由基和膜质过氧化密切相关，如动脉硬化、慢性胃炎、糖尿病等，测定血液或组织匀浆中 MDA 的含量可以了解体内脂质过氧化的程度，是研究某些疾病或毒物作用的一项很有意义的指标。

请同学们想一想，本实验的知识点还有哪些应用？

（刘丽杰）

实验 50　超氧化物歧化酶活性测定

【目的】

掌握氮蓝四唑（NBT）光化还原法测定超氧化物歧化酶（SOD）活性的原理及方法。

【原理】

SOD 催化的反应是：$2O_2^- + 2H^+ = H_2O_2 + O_2$

根据光化学反应，即 SOD 抑制 NBT 在光下的还原作用，可以确定酶活性大小。在氧化物存在下，核黄素可被光还原，被光还原的核黄素在有氧条件下极易再氧化而产生 $O_2^{\cdot -}$，它可将 NBT 还原为蓝色的甲腙，后者在 560 nm 波长处有最大吸收峰，而 SOD 作为氧自由基的清除剂可抑制此反应。于是光还原反应后，反应液蓝色越深，说明酶活性越低，反之酶活性越高。通过测定加入酶液后蓝色甲腙含量的变化，可计算出 SOD 的活性。一个酶活单位定义为将 NBT 的还原抑制到对照一半（50%）时所需的酶量。

【实验用品】

1. 材料

大豆、小麦等植物新鲜组织。

2. 器具

高速冷冻离心机；分光光度计；微量进样器；光照培养箱（箱内均匀照光，照度 4 000 lx）；试管；旋转的圆盘透明试管架（有机玻璃制造）；黑色硬纸套等。

3. 试剂

（1）0.05 mol · L^{-1} PBS 缓冲液（pH 7.8）。

（2）提取介质：50 mmol · L^{-1} pH 7.8 PBS[内含 10 g · L^{-1} PVP（聚乙烯吡咯烷酮）]。

(3) 130 mmol·L^{-1}甲硫氨酸(Met)溶液:称 1.399 g Met,用 PBS 溶解并定容至 100 mL。

(4) 750 μmol·L^{-1} NBT 溶液:称取 0.061 33 g NBT,用 PBS 溶解并定容至 100 mL,避光保存。

(5) 100 μmol·L^{-1}核黄素溶液:取 0.007 5 g 核黄素,定容至 100 mL,避光保存,随用随配,并稀释 10 倍。

【实验步骤】

1. 酶液提取

植物新鲜组织洗净擦干(叶片去主脉),称取 0.5 g 置于预冷研钵中,加 2 mL 预冷的提取介质,冰浴下研磨成匀浆,加提取介质冲洗研钵,并使终体积为 10 mL,4 ℃下 10 500 r·min^{-1}离心 20 min,上清液即为 SOD 粗酶液。

2. 显色反应

取透明度好、质地相同的试管 4 支,2 支为测定,2 支为对照,按表 50－1 加入试剂。混匀后,给 1 支对照管罩上比试管稍长的双层黑色硬纸套遮光,与其他各管同时置于光照培养箱内反应 10～20 min(要求各管照光情况一致,反应控制在 25～35 ℃之间的某个恒温下,视酶活性高低适当调整酶的浓度和反应时间)。

表 50－1　显色反应试剂配制表

试剂	用量/mL	终浓度(比色时)
PBS	1.5	
Met 溶液	0.3	13 mmol·L^{-1}
NBT 溶液	0.3	75 μmol·L^{-1}
EDTA－2Na	0.3	10 μmol·L^{-1}
核黄素溶液	0.3	2.0 μmol·L^{-1}
酶液	0.1	对照 2 支管以缓冲液代替
H_2O	0.2	
总体积	3.0	

3. SOD 活性测定与计算

反应结束后,用黑布罩上试管,终止反应。以遮光的对照管为空白,分别在 560 nm 波长下测定各管的吸光度,按下列公式计算 SOD 活性:

$$\text{SOD 活性}(U \cdot g^{-1}) = (A_0 - A_S) \cdot V_T \cdot (0.5A_0 \cdot W \cdot V_a)^{-1}$$

$$\text{SOD 比活力}(U \cdot mg^{-1}) = \text{SOD 总活性} \cdot C^{-1}$$

式中:A_0——照光对照管 560 nm 波长处的吸光度;

A_S——样品管 560 nm 波长处的吸光度;

V_T——样液总体积(mL);

V_a——测定时所吸取的体积(mL)；
W——植物组织鲜重(g)；
C——粗酶液中的蛋白质含量($mg \cdot g^{-1}$)。

【附注】

当测定样品数量较大时，可在临用前根据用量将表 50－1 中各试剂(酶液和核黄素除外)按比例混合后一次加入 2.90 mL，然后依次加入核黄素和酶液，使终浓度不变，其余各步与上相同。

【注意事项】

1. 各试管的照光条件要求一致。所用玻璃试管要透明度好，质地规格均一。光照强度和时间要严格控制。
2. 植物中的酚类物质对测定有干扰，制备粗酶液时可加入 PVP，尽可能除去酚类等次生物质。
3. 测定酶活性时加入的酶量，以能抑制反应的 50% 为佳。
4. 为了保持酶的活力，制备酶液时要在低温下操作。

【思考题】

1. 在 SOD 测定中为什么设照光和遮光两个对照管？
2. 影响本实验准确性的主要因素是什么？应如何克服？

学以致用

SOD 是需氧生物中普遍存在的一种含金属酶，有 CuZn－SOD、Mn－SOD、Fe－SOD 三种类型。SOD 能够防御活性氧或其他过氧化物自由基对细胞膜系统的伤害。因此，其活性与植物的抗性密切相关，可以通过测定 SOD 活性来判断植物的抗逆性。逆境下，抗性强的材料其 SOD 活性往往高于逆境敏感材料，因此，可以通过测定不同作物品种(如玉米)的 SOD 活性，来筛选抗逆品种。常用的 SOD 测定方法有三种，即氮蓝四唑光化还原法、邻苯三酚自氧化法、邻苯三酚自氧化－化学发光法。

由于 SOD 可以清除自由基，防止细胞衰老，对人体皮肤有明显的保护作用，因此，SOD 被广泛用于化妆品生产。

请同学们想一想，本实验的知识点还有哪些应用？

(刘丽杰)

实验 51　过氧化物酶活性测定

【目的】

掌握愈创木酚法测定过氧化物酶(peroxidase,POD)活性的原理及方法。

【原理】

在 POD 催化下,H_2O_2将愈创木酚氧化成茶褐色产物 4－邻甲基苯酚,此产物在470 nm 处有最大吸收峰,因此可以检测 POD 的活性。

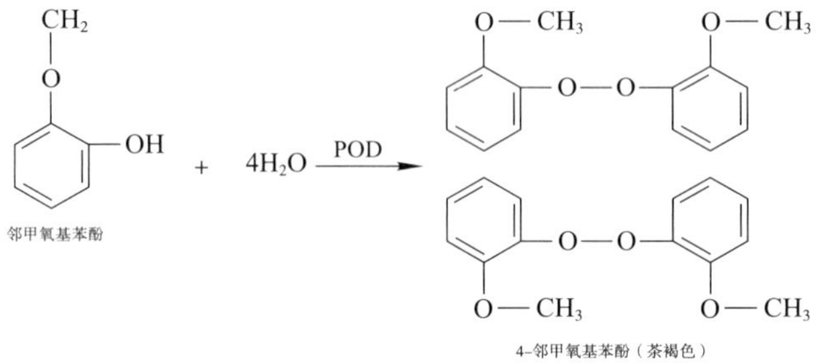

【实验用品】

1. 材料

大豆、小麦等植物新鲜组织。

2. 器具

分光光度计;离心机;研钵;容量瓶;量筒;试管;吸管;天平等。

3. 试剂

(1) 0.05 mol · L^{-1}pH 5.5 的 PBS。

(2) 0.05 mol · L^{-1}愈创木酚。

(3) 20 g · L^{-1} H_2O_2。

(4) 200 g · L^{-1} TCA(三氯乙酸)。

【实验步骤】

1. 酶液提取

植物新鲜组织洗净擦干(叶片去主脉),称取 1.0 g 放入研钵,加适量 PBS 研成匀浆(最好冰浴研磨)。匀浆液全部转入离心管,4 000 r · min^{-1} 4 ℃下离心 10 min,上清液转入 25 mL 容量瓶,沉淀用 5 mL PBS 再提取两次,上清液并入容量瓶,定容至刻度线,低温下保存备用。

2. 酶活性测定

酶活性测定反应体系:2.9 mL 0.05 mol · L^{-1} PBS;1 mL 20 g · L^{-1} H_2O_2;1 mL 0.05 mol · L^{-1}

愈创木酚和 0.1 mL 酶液。用加热煮沸 5 min 的酶液为对照。反应体系加入酶液后,立即于 37 ℃水浴中保温 15 min,然后迅速转入冰浴,并加入 2 mL 200 g · L^{-1} TCA 终止反应,过滤(或 5 000 r · min^{-1}离心 10 min),适当稀释,470 nm 波长下测定吸光度。

3. 结果计算

以每分钟内 A_{470}变化 0.01 为 1 个过氧化物酶活性单位(U)。

$$\text{POD 活性}(\text{U} \cdot \text{min}^{-1} \cdot \text{mg}^{-1}\text{protein}) = \Delta A_{470} \cdot V \cdot (0.01W \cdot V_a \cdot T)^{-1}$$

式中:ΔA_{470}——反应时间内吸光度的变化;

W——植物组织鲜重(g);

T——反应时间(min);

V——提取酶液总体积(mL);

V_a——测定时取用酶液体积(mL)。

【注意事项】

为了保持酶的活力,制备酶液时最好在低温下操作。

【思考题】

1. 简述测定 POD 酶活性的生理意义。
2. 本测定方法有哪些需要改进的地方?
3. 影响 POD 酶活性测定的因素有哪些?

学以致用

POD 是由微生物或植物所产生的一类氧化还原酶,主要存在于过氧化物酶体中,可催化过氧化氢氧化酚类和胺类化合物,具有消除过氧化氢和酚类、胺类毒性的双重作用。POD 能够清除植物体内产生的活性氧,减少活性氧对植物的伤害,因此,通过测定 POD 活性可判断植物的抗逆性。

POD 有多种同工酶,其同工酶作为一种重要的遗传标记,也被广泛应用于生物学研究的各个领域,例如,POD 可为农作物、药用植物与药材品种鉴定等提供重要依据。

请同学们想一想,本实验的知识点还有哪些应用?

(包雨卓)

实验 52　过氧化氢酶活性测定

【目的】

掌握分光光度法测定过氧化氢酶(CAT)活性的原理及方法。

【原理】

CAT 催化的反应是：$2H_2O_2 \xrightarrow{CAT} 2H_2O + O_2$

可根据 H_2O_2 的消耗量来测定 CAT 活性。H_2O_2 在 240 nm 波长处有较强吸收峰，CAT 分解 H_2O_2 使反应溶液的吸光度随反应时间而降低。测定吸光度的变化速度，即可测出 CAT 活性。

【实验用品】

1. 材料

大豆、小麦等植物新鲜组织。

2. 器具

紫外分光光度计；离心机；研钵；容量瓶；刻度吸管；试管；恒温水浴锅等。

3. 试剂

(1) 0.2 $mol \cdot L^{-1}$ pH 7.8 PBS(内含 10 $g \cdot L^{-1}$ PVP)。

(2) 0.1 $mol \cdot L^{-1}$ H_2O_2(用 0.1 $mol \cdot L^{-1}$ $KMnO_4$ 标定)。

【实验步骤】

1. 酶液提取

植物新鲜组织洗净擦干(叶片去主脉)，称取 0.5 g 放入研钵，加 2 ~ 3 mL 4 ℃预冷的 PBS 和少量石英砂研磨成匀浆，转入 25 mL 容量瓶，用 PBS 冲洗研钵数次，合并冲洗液，定容至刻度线，混匀后置于 5 ℃冰箱中静置 10 min，取上清液 4 000 $r \cdot min^{-1}$离心 15 min，上清液即为 CAT 粗提液，5 ℃下保存备用。

取 10 mL 试管 3 支，其中 2 支为样品测定管，1 支为空白管，按表 52 - 1 顺序加入试剂。

表 52 - 1　样品测定液配制表

试管号	0(CK)	1	2
粗酶液/mL	0.2(煮沸)	0.2	0.2
pH 7.8 PBS/mL	1.5	1.5	1.5
蒸馏水/mL	1.0	1.0	1.0

2. 酶活性测定

25 ℃预热后，逐管加入 0.3 mL 0.1 $mol \cdot L^{-1}$ H_2O_2，每加完 1 管立即计时，并迅速倒入石英比色杯中，240 nm 波长下测定吸光度，每隔 1 min 读数 1 次，共测 4 min。

3. 结果计算

以 1 min 内吸光度 A_{240} 减少 0.1 的酶量为 1 个酶活单位（U）。

$$\text{CAT 活性}(U \cdot g^{-1} \cdot min^{-1}) = \Delta A_{240} \cdot V \cdot (0.1 V_a \cdot T \cdot W)^{-1}$$

$$A_{240} = A_0 - (A_1 + A_2) \cdot 2^{-1}$$

式中：A_0——加入煮沸酶液的对照管的吸光度；

A_1、A_2——样品管的吸光度；

V——粗酶提取液总体积（mL）；

V_a——测定用粗酶液体积（mL）；

W——植物组织鲜重（g）；

0.1——A_{240} 每下降 0.1 为 1 个酶活单位（U）；

T——加 H_2O_2 到最后一次读数时间（min）。

【注意事项】

1. 在 240 nm 波长下有强吸收的物质对本实验都有干扰。
2. CAT 催化反应迅速，在实验操作前最好进行预实验，保证实验过程的流畅、准确。

【思考题】

1. 影响 CAT 活性测定的因素有哪些？
2. CAT 与哪些生化过程有关？
3. 底物浓度过高会对 CAT 活性测定有何影响？

学以致用

CAT 是一种血红蛋白酶，含有铁，位于微体中。CAT 可除去植物体内因光呼吸或逆境胁迫产生的 H_2O_2，将积累的 H_2O_2 分解为 H_2O 和 O_2，从而减少其对植物组织的氧化伤害。因此，通过测定 CAT 活性可以判断植物的抗逆性。

请同学们想一想，本实验的知识点还有哪些应用？

（包雨卓）

实验 53　多酚氧化酶活性测定

I　分光光度法

【目的】

掌握分光光度法测定多酚氧化酶(PPO)活性的原理及方法。

【原理】

PPO 在有氧条件下,可以将酚氧化成醌,醌在 525 nm 波长处有较强吸光度,通过测525 nm 波长下的吸光度变化可测得多酚氧化酶的活性。

【实验用品】

1. 材料

马铃薯块茎或其他植物组织。

2. 器具

分光光度计;离心机;匀浆器;试管;刻度吸管;尼龙网袋(或纱布袋)等。

3. 试剂

(1) 0.05 $mol \cdot L^{-1}$ PBS,pH 5.5。

(2) 0.1 $mmol \cdot L^{-1}$ PBS,pH 6.5。

(3) 1.0 mL 0.1 $mol \cdot L^{-1}$ 儿茶酚。

(4) 200 $g \cdot L^{-1}$ TCA。

(5) PVP(事先用蒸馏水浸洗,然后过滤除去杂质)。

(6) $(NH_4)_2SO_4$。

【实验步骤】

1. 酶液提取

称取马铃薯块茎 20 g 放入匀浆机,加 2 g PVP 和 100 mL 0.1 $mmol \cdot L^{-1}$ PBS(pH 6.5),打碎成匀浆,用尼龙网(或纱布)过滤,滤液加 30% 饱和度 $(NH_4)_2SO_4$,4 000 $r \cdot min^{-1}$ 离心15 min,去沉淀。上清液再加 $(NH_4)_2SO_4$ 使达 60% 饱和度,4 000 $r \cdot min^{-1}$ 离心 15 min,收集沉淀。所得沉淀溶于少量 0.01 $mol \cdot L^{-1}$ PBS(pH 6.5)中,即为粗酶液。

2. 酶活性测定

反应试管中分别加 3.9 mL 0.05 $mol \cdot L^{-1}$ pH 5.5 PBS,1.0 mL 0.1 $mol \cdot L^{-1}$ 儿茶酚和 0.1 mL 酶液(以煮过失活的酶液为对照),两组重复。各管于 37 ℃ 保温 10 min,迅速放入冰浴中,立即加 2 mL 200 $g \cdot L^{-1}$ TCA,5 000 $r \cdot min^{-1}$ 离心 10 min,收集上清液,并适当稀释,于 525 nm

波长下测定吸光度。

3. 活性计算

以每分钟内 A_{525} 值变化 0.01 为 1 个酶活力单位，按下式计算酶活性：

$$\text{PPO 活性}(\text{U}\cdot\text{min}^{-1}) = \Delta A_{525}\cdot N\cdot(0.01T)^{-1}$$

$$\text{酶的比活力}(\text{U}\cdot\text{g}^{-1}\cdot\text{min}^{-1}) = \Delta A_{525}\cdot N\cdot(0.01W\cdot T)^{-1}$$

式中：ΔA_{525}——反应时间内 525 nm 波长处的吸光度变化；

W——植物组织鲜重(g)；

T——反应时间(min)；

N——稀释倍数，即提取的总酶液为反应系统内酶液体积的倍数。

【注意事项】

1. PVP 是用作多酚类物质的吸附剂，亦可用聚乙酰胺或吐温 -80 代替。
2. 儿茶酚要现用现配，否则会自动氧化失效。

【思考题】

1. 制备粗酶提取液时加 PVP 有何作用？
2. 反应结束后，加 20% TCA 的作用是什么？

Ⅱ　组化定位检测

【目的】

掌握多酚氧化酶(PPO)活性的组化定位检测方法。

【原理】

PPO 可将邻苯二酚转化为深褐色，镜检观察有深褐色沉淀的部位表明有多酚氧化酶活性。

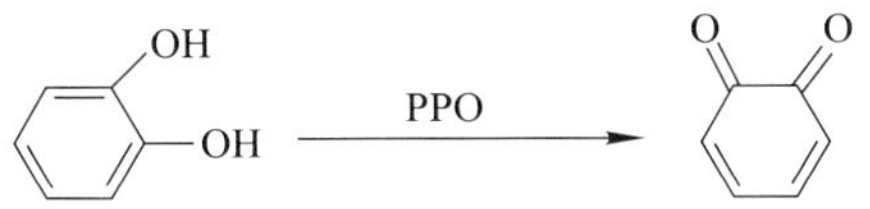

邻苯二酚　　　　深褐色醌类产物

【实验用品】

1. 材料

玉米种子根(萌发 3 ~ 5 d)、蚕豆叶片等。

2. 器具

显微镜；烧杯；培养皿；吸管；载玻片；盖玻片；双面刀片。

3. 试剂

（1）10 g·L^{-1} 邻苯二酚溶液：1 g 邻苯二酚溶于 100 mL 蒸馏水，存于低温或暗处（1～2 周内使用有效，最好现用现配）。

（2）pH 7.2 PBS：0.1 mol·L^{-1} KH_2PO_4 24 mL 加 0.1 mol·L^{-1} Na_2HPO_4 76 mL 即得。

【实验步骤】

1. 玉米幼根进行冰冻切片（厚 10～15 μm），或徒手切片。蚕豆叶片撕取表皮，切成 0.5 cm^2 小块，置于蒸馏水中。

2. 将制片移入 pH 7.2 PBS 内 2～5 ℃下处理 5 min。玉米幼根最好选取从根尖到成熟区各部位的切片进行染色，以进行酶活性的比较观察。

3. 将制片移入 10 g·L^{-1} 邻苯二酚溶液内，37 ℃保温 1～2 h。

4. 另取切片先在蒸汽浴中加热处理 10 min，然后按样品步骤进行实验，作为对照。

5. 镜检观察，有棕红色或褐色沉淀的部位表明有 PPO 活性。绘图或拍照记录实验结果。

【注意事项】

保温时间长短视材料而定，时间过长，深褐色化合物会溶解到溶液中，使切片颜色变淡，影响结果；时间太短，反应不完全观察效果可能不明显。

【思考题】

比较分光光度法和组织化学定位检测 PPO 哪种方法更准确？

● 学以致用 ●

PPO 是植物体（如土豆、苹果、荔枝、菠菜、马铃薯、豆类、茶叶、烟草等）内普遍存在的一种非线粒体内的末端氧化酶，存在于质体中，含铜，一般植物体的幼嫩部分含量较多。在植物组织中，PPO 与类囊体膜结合在一起，天然状态无活性，但将组织匀浆或损伤后酶被活化，从而表现出活性。PPO 包括单酚氧化酶、双酚氧化酶（儿茶酚酶）和漆酶。PPO 可以将酚类物质如单酚、邻苯二酚、邻苯三酚等氧化成相应的醌类。测定 PPO 常用的方法有分光光度法、氧电极法、滴定法、减压法、组化定位检测等。

茶树新梢中 PPO 活性影响茶叶的品质，其作用主要是促使儿茶素类物质氧化形成茶黄素、茶红素、茶褐素等氧化聚合物，伴随儿茶素的氧化，氨基酸、胡萝卜素等香气前体发生偶联氧化，产生各种各样的香气化合物，并形成红茶的基本风味（滋味、香气）。PPO 活性强，多酚含量高，对红茶品质有利，而对绿茶的生产不利，因此，制绿茶时采下的茶叶要立即进行“旺火杀青”。

请同学们想一想，本实验的知识点还有哪些应用？

（包雨卓）

实验54 过氧化氢含量测定

【目的】

掌握偏钒酸铵法测定过氧化氢(H_2O_2)含量的原理和方法。

【原理】

在酸性条件下,H_2O_2 与偏钒酸根(VO_3^-)离子生成稳定的橘红色络合物,此络合物在室温下可稳定100 min以上,并且在460 nm波长处具有最大的吸收峰。因此,用紫外-分光光度计测定橘红色络合物的吸光度并查询标准曲线,方可得出待测样品中 H_2O_2 的含量。

【实验用品】

1. 材料

大豆、小麦等植物组织。

2. 器具

紫外-可见分光光度计;离心机;称量天平;研钵;刻度试管;容量瓶;移液器;漏斗等。

3. 试剂

(1) 过氧化氢标准液(0.3 $mg \cdot mL^{-1}$):取1.0 mL体积分数为30%的过氧化氢稀释定容至100 mL(用高锰酸钾法标定),然后将其稀释为0.3 $mg \cdot mL^{-1}$的标准溶液。

(2) 4 $mol \cdot L^{-1}$ HCl;

(3) 偏钒酸铵溶液(2.0 $mg \cdot mL^{-1}$):称取偏钒酸铵0.234 g,溶解于100 mL容量瓶中,稀释至刻度线。

【实验步骤】

1. 标准曲线制作

(1) 取6支20 mL刻度试管按照表54-1加入各试剂,混匀后室温放置6~10 min。

表54-1 各试管中试剂加入量

试管号	0	1	2	3	4	5
过氧化氢标准液/mL	0	0.5	1.0	1.5	2.0	2.5
蒸馏水/mL	2.5	2.0	1.5	1.0	0.5	0
盐酸/mL	4	4	4	4	4	4
偏钒酸铵溶液/mL	8	8	8	8	8	8
过氧化氢含量/mg	0	0.15	0.30	0.45	0.60	0.75

（2）静置后在波长 460 nm 下测定吸光度，0 号管为对照组。

（3）以吸光度为纵坐标，过氧化氢含量为横坐标，绘制标准曲线，求线性回归方程。

2. 样品提取

小麦等植物新鲜叶片洗净擦干，称取 5 ~ 10 g，剪碎放入研钵，加入 10 ~ 50 mL 蒸馏水，研磨成匀浆，转入 100 mL 容量瓶，期间多次润洗研钵并一并转入容量瓶，加入蒸馏水定容至刻度线，摇匀后静置 30 ~ 60 min 充分提取，转移至 100 mL 离心管 3 000 $r \cdot min^{-1}$ 离心 10 min，取上清液待测。

3. 测定

准确吸取 20 mL 的待测上清液于 50 mL 容量瓶中，依次加入 4 $mol \cdot L^{-1}$ HCl 8.0 mL，偏钒酸铵溶液 16.0 mL，用蒸馏水稀释至刻度，摇匀，静置 8 min 后，在紫外 - 可见分光光度计上，于 460 nm波长处，用 1 cm 比色皿，测定吸光度。以试剂空白作为对照组，三次重复。

4. 结果计算

$$过氧化氢含量(mg \cdot g^{-1}) = C \cdot V \cdot (Va \cdot W)^{-1}$$

式中：C——由标准曲线求得提取液中过氧化氢含量（mg）；

V——提取液总体积（mL）；

V_a——测定时所吸取的体积（mL）；

W——样品鲜重（g）。

【注意事项】

1. 测定生长环境不同或生长阶段不同的植物组织中 H_2O_2 含量时应进行预实验，依据实验结果适当调整样品量及反应体系配比，因为不同生境下植物组织 H_2O_2 含量不同。

2. 反应后的络合物具有毒性，要严格按照实验要求将废液回收，避免接触皮肤、吸入等。

【思考题】

1. 如果实验取材过程中有一部分实验材料在 4 ℃冰箱保存一天，另一部分在室温存放，对实验结果会有何影响？

2. 实验中加 HCl 有何作用？换做 H_2SO_4或 H_3PO_4可否？

● 学以致用 ●

过氧化氢是活性氧的一种，多种外界刺激或细胞内信号分子都可以导致细胞内 H_2O_2 的积累。H_2O_2 不仅具有损伤生物大分子、产生细胞毒害的能力，而且还被证明可以作为信号分子，在气孔运动、生物和非生物胁迫应答、细胞程序性死亡、激素应答以及生长发育调控过程中起重要作用。目前植物细胞 H_2O_2 的测定方法主要有激光共聚焦显微检测（数字资源 8 -1）、紫外分光光度计检测（数字资源 8 -2）和 DAB 组织染色等技术。

请同学们想一想，本实验的知识点和技术点还有哪些应用？

（包雨卓）

实验 55　超氧阴离子含量测定

【目的】

掌握改进的羟胺氧化法测定超氧阴离子（$O_2^{\cdot-}$）含量的原理及方法。

【原理】

$O_2^{\cdot-}$ 使羟胺氧化产生亚硝酸根离子（NO_2^-），在酸性条件下，磺胺与 NO_2^- 起重氮化反应形成重氮盐，重氮盐进一步与 α－萘胺偶联形成粉红色偶氮化合物，此化合物在 530 nm 波长处有显著光吸收。因此，可用此方法测定超氧阴离子（$O_2^{\cdot-}$）含量。

$O_2^{\cdot-}$ 与羟胺反应式如下：

$$NH_2OH + 2O_2^- + H^+ \longrightarrow NO_2^- + H_2O_2 + H_2O$$

可用 KNO_2 制作标准曲线，以 NO_2^- 浓度乘以 2 作为 $O_2^{\cdot-}$ 浓度，计算出样品中 $O_2^{\cdot-}$ 含量。

【实验用品】

1. 材料

植物新鲜组织。

2. 器具

研钵；高速冷冻离心机；离心管；水浴锅；分光光度计等。

3. 试剂

（1）65 mmol · L^{-1} 磷酸钾缓冲液（pH 7.8）。

（2）10 mmol · L^{-1} 盐酸羟胺。

（3）58 mmol · L^{-1} 磺胺。

（4）7 mmol · L^{-1} α－萘胺。

（5）三氯甲烷。

（6）100 μmol · L^{-1} KNO_2 标准溶液：称取 85.1 mg KNO_2，用蒸馏水溶解定容至 100 mL，即得 10 mol · L^{-1} KNO_2 溶液。取 1 mL 该液稀释至 100 mL，即得 100 μmol · L^{-1} KNO_2 标准溶液。根据 $O_2^{\cdot-}$ 与盐酸羟胺反应式，计算出此溶液相当于 200 μmol · L^{-1} $O_2^{\cdot-}$。

【实验步骤】

1. 制作标准曲线

取 7 支试管，按表 55－1 分别加入各种试剂，摇匀。置于 25 ℃水浴加热 10 min。分别加入 58 mmol · L^{-1} 磺胺 1 mL，摇匀，再加 7 mmol · L^{-1} α－萘胺 1 mL，摇匀，25 ℃水浴 20 min，以 0 号管调零，立即在波长 530 nm 处测定吸光度。以吸光度为纵坐标，超氧阴离子物质量（μmol）为横坐标，制作标准曲线。

2. 样品提取

植物新鲜组织洗净擦干，称取 1 g 放入研钵，加 65 mmol·L^{-1}磷酸钾缓冲液（pH 7.8）3 mL 及少许石英砂，充分研磨，转入离心管，10 000 r·min^{-1}离心 15 min，取上清液定容至 3 mL，即得 $O_2^{\cdot-}$ 提取液。

3. 样品测定

取 65 mmol·L^{-1}磷酸钾缓冲液 0.5 mL 分别加入试验组、对照组和空白调零组，试验组和空白调零组分别加 10 mmol·L^{-1}盐酸羟胺 0.1 mL（对照组用 0.1 mL 蒸馏水取代），摇匀，25 ℃水浴 10 min，试验组和对照组分别加上清液 0.5 mL（空白调零组用 0.5 mL、65 mmol·L^{-1}磷酸钾缓冲液取代），摇匀，25 ℃水浴 20 min，分别加入 58 mmol·L^{-1}磺胺 1 mL，摇匀，再加 7 mmol·L^{-1} α－萘胺 1 mL，摇匀，25 ℃水浴 20 min，加等体积（3 mL）色素萃取液三氯甲烷，并于 10 000 r·min^{-1}离心 3 min，取粉红色水相（上层），测定 530 nm 波长处的吸光度。

表 55－1　制作 KNO_2标准曲线各试剂用量

加入试剂	试管号						
	0	1	2	3	4	5	6
100 μmol·L^{-1} KNO_2标准溶液/mL	0	0.1	0.2	0.3	0.4	0.5	0.6
蒸馏水/mL	1	0.9	0.8	0.7	0.6	0.5	0.4
65 mmol·L^{-1}磷酸钾缓冲液/mL	1	1	1	1	1	1	1
1 mmol·L^{-1}盐酸羟胺/mL	1	1	1	1	1	1	1
相当于 $O_2^{\cdot-}$ 物质量/μmol	0	0.02	0.04	0.06	0.08	0.1	0.12

4. 结果计算

从标准曲线上查得试验组和对照组的吸光度所对应的超氧阴离子的量（μmol），根据下列公式计算样品中超氧阴离子的含量（μmol·g^{-1}）：

$$超氧阴离子含量(\mu mol \cdot g^{-1}) = n \cdot V \cdot (V_a \cdot W)^{-1}$$

式中：n——标准曲线查得的超氧阴离子的量（μmol）；

V——样品提取液总体积（mL）；

V_a——测定用样品液体积（mL）；

W——植物组织鲜重（g）。

【注意事项】

设置对照组有什么作用？可以消除哪些因素的影响？

【思考题】

如将植物材料在逆境下处理一段时间，$O_2^{\cdot-}$ 的量会如何变化？

学以致用

植物细胞在其生命活动过程中，由于叶绿体、线粒体和质膜上每时每刻都发生着电子传递过程中电子的泄漏，因而不可避免地会产生大量的活性氧。活性氧的种类主要包括：1 种激发态的氧分子，即单线态氧分子（$^1O_2$）；3 种含氧的自由基，即超氧阴离子自由基（$O_2^{\cdot-}$）、羟自由基（·OH）和氢过氧自由基（$HO_2^{\cdot}$）；2 种过氧化物，即过氧化氢（H_2O_2）和过氧化脂质（ROOH）以及一种含氮氧化物（NO）等。这些物质化学反应活性强、存在寿命短，一般情况下采用的分析方法可大体分为化学反应法、捕捉法和直接测定法。常见的植物 $O_2^{\cdot-}$ 测定方法有化学发光法、NBT 法、细胞色素法、邻苯三酚法、肾上腺素法和羟胺氧化法。超氧阴离子是活性氧的一种，多种外界刺激都可以导致细胞内超氧阴离子的积累。近几年的研究表明，活性氧在植物对环境胁迫的信号感受、传导与适应过程中起重要作用。因此，准确测定活性氧浓度在植物抗逆性研究中具有非常重要的作用。

请同学们想一想，本实验的知识点还有哪些应用？

（马春泉）

实验 56　还原型谷胱甘肽含量测定

【目的】

了解植物组织中抗坏血酸 - 谷胱甘肽循环代谢过程；掌握分光光度法测定还原型谷胱甘肽（GSH）的原理及方法。

【原理】

GSH 能与 5,5' - 二硫代双（2 - 硝基苯甲酸）（DTNB）反应产生 2 - 硝基 -5 - 巯基苯甲酸和氧化型谷胱甘肽。2 - 硝基 -5 - 巯基苯甲酸为一种黄色物质，在波长 412 nm 处有最大光吸收，因此，可以通过该物质的产生量来计算 GSH 的含量。

【实验用品】

1. 材料

小麦胚芽，绿豆芽等。

2. 器具

高速冷冻离心机；分光光度计；研钵；离心管；水浴锅；容量瓶；试管等。

3. 试剂

(1) 50 g·L^{-1} TCA 溶液(含 5 mmol·L^{-1} Na_2-EDTA):称取 5 g TCA,蒸馏水溶解稀释至 100 mL,再称取 186 mg Na_2-EDTA·$2H_2O$,加入 TCA 溶液中。

(2) 0.1 mol·L^{-1}磷酸钠缓冲溶液(pH 7.7)。

(3) 0.1 mol·L^{-1}磷酸钠缓冲溶液(pH 6.8)。

(4) 4 mmol·L^{-1} DTNB 溶液:称取 15.8 mg DTNB,用 0.1 mol·L^{-1}磷酸钠缓冲溶液(pH 6.8)溶解,定容至 10 mL,混匀,4 ℃保存。

(5) 100 μmol·L^{-1} GSH 标准液:称取 3.1 mg GSH,加少量无水乙醇溶解,用蒸馏水定容至 100 mL。

【实验步骤】

1. 标准曲线制作

取 6 支试管,编号,按表 56-1 加入各种试剂,混匀。25 ℃保温 10 min。以 0 号试管为参照,测定显色液在 412 nm 波长处的吸光度。以吸光度为纵坐标,GSH 的物质的量(μmol)为横坐标,绘制标准曲线。

表 56-1　制作还原型谷胱甘肽标准曲线的试剂用量

加入试剂	试管号					
	0	1	2	3	4	5
100 μmol·L^{-1} GSH 标准液/mL	0	0.2	0.4	0.6	0.8	1
蒸馏水/mL	1	0.8	0.6	0.4	0.2	0
0.1 mol·L^{-1}磷酸钠缓冲溶液(pH 7.7)/mL	1	1	1	1	1	1
4 mmol·L^{-1} DTNB 溶液/mL	0.5	0.5	0.5	0.5	0.5	0.5
相当于 GSH 量/μmol	0	20	40	60	80	100

2. 样品提取

植物材料洗净擦干,称取 2 g 置于研钵中,加 5 mL 经 4 ℃预冷的 50 g·L^{-1} TCA 溶液(含 5 mmol·L^{-1} Na_2-EDTA),在冰浴下研磨成匀浆,在 4 ℃下 12 000 r·min^{-1}离心 20 min。上清液供测定,并测量提取液总体积。

3. 样品测定

取 2 支试管,分别加 0.1 mol·L^{-1}磷酸钠缓冲溶液(pH 7.7)1 mL 和提取液 1 mL,向一支试管中加 4 mmol·L^{-1} DTNB 0.5 mL,另一支试管加 0.1 mol·L^{-1}磷酸钠缓冲溶液(pH 6.8) 0.5 mL。25 ℃保温 10 min。用标准曲线 0 号管的溶液作参比调零,迅速测定 412 nm 波长处的吸光度,分别记作 A_S、A_C。

4. 结果计算

根据 $A_S - A_C$的值,从标准曲线上查出相应的 GSH 量,根据下列公式计算样品中 GSH 含量:

$$\text{GSH 含量}(\mu mol \cdot g^{-1}) = n \cdot V \cdot (V_a \cdot W)^{-1}$$

式中：n——标准曲线查得的 GSH 量(μmol)；

V——样品提取液总体积(mL)；

V_a——测定时样品液体积(mL)；

W——植物组织鲜重(g)。

【注意事项】

1. 提取样品时，需沉淀去除蛋白质，以防止蛋白质中所含巯基和相关酶对测定结果的影响。

2. DTNB 溶液要现用现配。

【思考题】

1. 能否用本实验方法测定样品中总谷胱甘肽含量？应如何操作？

2. 测定调零管、空白对照管和本底对照管吸光度有何意义？

3. 反应液中 DTNB 对吸光度和测定结果有何影响？

学以致用

谷胱甘肽是含有巯基的小分子肽类物质，是由谷氨酸、半胱氨酸和甘氨酸结合而成的三肽，广泛存在于动、植物中，在小麦胚芽和动物肝脏中含量极高，达 100～1 000 mg/100 g；在西红柿、菠萝、黄瓜中含量也较高(12～33 mg/100 g)，而甘薯、绿豆芽、洋葱、香菇中则含量较低(0.06～0.7 mg/100 g)。谷胱甘肽有还原型(GSH)和氧化型(GSSG)两种形式，在生理条件下以 GSH 占绝大多数。谷胱甘肽还原酶催化两型间的互变。GSH 的结构中含有一个活泼的巯基(-SH)，易被氧化脱氢，这一特异结构使其成为植物体内主要的自由基清除剂。GSH 能直接与 H_2O_2 等氧化剂结合，生成 H_2O 和 GSSG，能够保护许多蛋白质和酶等分子中的巯基不被自由基等有害物质氧化，从而使蛋白质和酶等分子发挥其生理功能。GSH 可以清除植物体内产生的活性氧，减少植物的伤害，可以通过测定 GSH 来判断植物的抗逆性。

请同学们想一想，本实验的知识点还有哪些应用？

(马春泉)

实验57 还原型抗坏血酸含量测定

【目的】

掌握分光光度法测定还原型抗坏血酸(AsA)含量的原理及方法。

【原理】

抗坏血酸即维生素C,有氧化型和还原型两种形式。还原型抗坏血酸(AsA)具有较强的还原力,可以把铁离子还原为亚铁离子,亚铁离子与红菲咯啉(4,7-二苯基-1,10-菲咯啉,BP)反应形成红色螯合物。此化合物在534 nm波长处有最大吸收峰,其吸光度与AsA含量呈正相关。

【实验用品】

1. 材料

植物新鲜叶片。

2. 器具

离心机;分光光度计;研钵;试管;离心管;容量瓶;漏斗;滤纸等。

3. 试剂

(1) 50 $g \cdot L^{-1}$三氯乙酸(TCA):称取5 g TCA,蒸馏水溶解,并稀释至100 mL。

(2) 0.4% H_3PO_4-乙醇溶液:将0.47 mL 85% H_3PO_4加到无水乙醇中,定容至100 mL。

(3) 5 $g \cdot L^{-1}$ BP-乙醇溶液:称取0.25 g BP加无水乙醇,并定容至50 mL。

(4) 0.3 $g \cdot L^{-1}$ $FeCl_3$-乙醇溶液:称取0.03 g $FeCl_3$加无水乙醇,并定容至100 mL。

(5) 100 $\mu g \cdot mL^{-1}$标准抗坏血酸溶液:称取10 mg抗坏血酸,用50 $g \cdot L^{-1}$ TCA溶液溶解,定容至100 mL。现用现配,于棕色瓶中低温冷藏。

【实验步骤】

1. 标准曲线制作

取7支试管,按表57-1加入各种溶液,混合液于30 ℃反应60 min;以0号管混合液为参照,于534 nm波长处测定吸光度。以AsA浓度为横坐标,以A_{534}为纵坐标绘制标准曲线,求出线性方程。

表57-1 制作抗坏血酸标准曲线试剂用量

加入试剂	试管号						
	0	1	2	3	4	5	6
抗坏血酸标准液/mL	0	0.1	0.2	0.3	0.4	0.5	0.6

续表

加入试剂	试管号					
	0	1	2	3	4	5
50 $g \cdot L^{-1}$ TCA/mL	2	1.9	1.8	1.7	1.6	1.5
无水乙醇/mL	1	1	1	1	1	1
0.4% H_3PO_4 – 乙醇溶液/mL	0.5	0.5	0.5	0.5	0.5	0.5
5 $g \cdot L^{-1}$ BP – 乙醇溶液/mL	1	1	1	1	1	1
0.3 $g \cdot L^{-1}$ $FeCl_3$ – 乙醇溶液/mL	0.5	0.5	0.5	0.5	0.5	0.5
相当于抗坏血酸量/μg	0	10	20	30	40	50

2. 样品提取

植物新鲜叶片洗净擦干，称取 1.0 g，按 1∶5（质量体积比）加入 50 $g \cdot L^{-1}$ TCA，在冰浴上研磨成匀浆，4 000 $r \cdot min^{-1}$离心 10 min，上清液供测定。

3. 样品测定

取 1 mL 样品提取液于试管中，加 1 mL 50g · L^{-1} TCA，再按制作标准曲线的方法，加入其他成分进行测定，并根据标准曲线计算 AsA 含量。

4. 结果计算

根据吸光度，在标准曲线上查得混合液中 AsA 的量，按下式计算：

$$\text{AsA 含量(mg/100 g)} = n \cdot V \cdot (V_a \cdot M \cdot 1\,000)^{-1}$$

式中：n——标准曲线查得的 AsA 量（μg）；

V——样品提取液总体积（mL）；

V_a——测定时样品液体积（mL）；

M——植物组织鲜重（g）。

【注意事项】

样品提取液要避光保存，否则会加速抗坏血酸的氧化。

【思考题】

1. 测定维生素 C 含量还有哪些方法？比较其各自的优缺点。
2. 能否用此方法测出总抗坏血酸的含量？应如何操作？

学以致用

抗坏血酸即维生素 C，能够维持 –SH 处于还原状态而保持酶的活性，是一种重要的抗氧化剂。抗坏血酸主要以两种形式存在,即还原型抗坏血酸(AsA)和氧化型抗坏血酸(又称为脱氢型抗坏血酸 DAsA),AsA 在一定条件下,可以氧化生成 DAsA,这种反应是可逆的。DAsA 可由二硫苏糖醇(DTT)还原成 AsA。新鲜的水果和蔬菜及其制品富含大量维生素 C。测定维生素 C 含量,可作为评价果蔬品质的重要指标。测定 AsA 的方法还有紫外分光光度法(数字资源 8-2)、2,6-二氯靛酚滴定法(数字资源 8-3)、碘量滴定法(数字资源 8-4)、2,4-二硝基苯肼比色法(数字资源 8-5)及高效液相色谱法(数字资源 8-6)等。AsA 能够清除植物体内产生的活性氧,减少植物的伤害,因此,也可以通过测定 AsA 来判断植物的抗逆性。

请同学们想一想,本实验的知识点还有哪些应用?

(马春泉)

实验 58　膜脂脂肪酸含量测定

【目的】

掌握气相色谱法测定膜脂脂肪酸含量的原理及方法。

【原理】

高等植物中的膜脂主要是各种类脂,可用氯仿-甲醇溶液提取,在碱性条件下水解出高级脂肪酸,经甲酯化后,即可进行气相色谱分析。将含有混合脂肪酸的膜脂样品注入气相色谱柱后,通过进样口快速升温汽化后被载气带入层析柱,根据各个组分在分离柱中保留时间不同而被分离。用标准脂肪酸的保留时间定性各组分,然后用峰面积归一化法定量计算脂肪酸含量。

【实验用品】

1. 材料

植物新鲜组织。

2. 器具

气相色谱仪(SP-2100 型),FID 检测器;聚乙二醇丁二酸酯(DEGS);毛细管柱;离心机或抽滤装置等。

3. 试剂

(1) 氯仿-甲醇溶液(体积比为 1∶2);氯仿;无水乙醇;7.6 g · L^{-1} NaCl 溶液。

(2) 脂肪酸色谱标样:棕榈酸、硬脂酸、油酸、亚油酸、亚麻酸和花生烯酸等。

(3) 0.4 mol · L^{-1} KOH-甲醇溶液:称取 22.4 g KOH 溶于甲醇,定容至 1 000 mL。

(4) 石油醚-苯溶液:将 1 份石油醚(30~60 ℃沸程)与等体积的苯混合即可。

【实验步骤】

1. 膜脂的提取

(1) 植物新鲜组织洗净擦干，称取 10 g，100 ℃加热 5 min，杀死酯酶。取出样品，冷却至室温后剪碎，放入匀浆器（或研钵）中，加 2 ~ 3 倍量的氯仿 – 甲醇溶液，匀浆 1 min（氯仿 – 甲醇溶液的用量视样品含水量而定，一般应使氯仿∶甲醇∶水的比例在匀浆中为 1∶2∶0.8 为宜）。

(2) 用 5 ~ 10 mL 氯仿清洗 1 次，抽滤或离心后合并滤液。

(3) 向滤液中加 7.6 $g \cdot L^{-1}$ 的 NaCl 溶液 5 mL（使氯仿∶甲醇∶水的比例为 2∶2∶1.8），充分振荡 15 min，静置到溶液分为两层后，收集下层溶液减压蒸干即为总类脂。

2. 类脂的甲酯化

取膜脂 0.1 mg 于 10 mL 具塞试管中，加 1 mL 石油醚 – 苯混合液使之溶解，再加 1 mL 0.4 $mol \cdot L^{-1}$ KOH – 甲醇溶液，充分振荡后静置 15 min，加 8 mL 蒸馏水，再次充分振荡后静置到溶液分为清晰的两层（若上层液混浊，可加几滴无水乙醇，几分钟后可澄清），将上层清液直接进行气相色谱分析。

3. 层析柱的老化

新的聚乙二醇丁二酸酯（DEGS）毛细管柱需经老化后才能使用。老化时载气（N_2）流速 20 $mL \cdot min^{-1}$（为正常测试时的 1/2），柱温 190 ~ 200 ℃（比测试高 10 ℃），老化 36 h 以上。

4. 样品分析

(1) 色谱层析条件　进样口温度 200 ℃，柱温 190 ℃，检测器温度 250 ℃；载气（N_2）流速 40 $mL \cdot min^{-1}$，压强 1.4 $kg \cdot cm^{-2}$，氢气流速 40 $mL \cdot min^{-1}$，空气流速 450 $mL \cdot min^{-1}$，压强 1.2 $kg \cdot cm^{-2}$。气相色谱仪（SP – 2100 型）启动程序参见实验 40。

(2) 样品进样　仪器稳定后，用微量注射器吸取 0.5 μL 甲酯化后的样品快速从进样孔注入层析柱，约 12 min 内，类脂脂肪酸即可完全出峰。根据标准脂肪酸的保留时间确定膜脂中脂肪酸的种类，再用峰面积归一化法计算其含量。

5. 结果计算

$$P_i(\%) = A_i \cdot (A_1 + A_2 + \cdots + A_n)^{-1} \times 100$$

式中：P_i——某脂肪酸的百分含量；

A_1、A_2、$\cdots A_n$——各脂肪酸的峰面积；

A_i——被测脂肪酸的峰面积。

【注意事项】

甲脂化样品，经真空干燥后放在冰箱内保存，存放时间越短越好，一般不超过一周，如果来不及进行气相层析，可将类脂样品溶在甲醇中低温保存，层析前进行甲脂化。

【思考题】

1. 提取膜脂的过程中应注意哪些影响因素？

2. 测定植物样品中膜脂脂肪酸含量有何意义？

● 学以致用 ●

植物膜脂中的脂肪酸组分及含量与植物细胞膜的结构、流动性和功能密切相关。膜脂中不饱和脂肪酸含量高，膜的液化程度大，收缩性和膨胀性大，在低温下不易破裂损坏，抗冷性强。膜脂中饱和脂肪酸含量高，膜的液化程度低，抗热性、抗旱性强。此外，脂肪酸的碳链越长固化温度越高；相同碳链长度时，不饱和键数多，固化温度越低。因此，在细胞膜脂中含有较多碳链短的、不饱和键多的脂肪酸时，固化温度低，对于提高植物的抗逆性有重要意义。适当的逆境锻炼可以使细胞膜组分中脂肪酸的不饱和度增加，从而使植物抗逆性增强。植物膜脂中的脂肪酸组分及含量与植物的抗性密切相关，可以通过测定膜脂中的脂肪酸组分及含量来判断植物的抗逆性。

请同学们想一想，本实验的知识点还有哪些应用？

（马春泉）

【本章思考与作业】

1. 测定酶的活性时要注意哪些事项？

2. 讨论抗氧化酶及抗氧化物质在植物生命活动中的主要生理作用。

3. 讨论活性氧自由基在植物生命活动中的主要生理作用。

4. 讨论膜脂及膜蛋白成分与植物抗逆性的关系。

5. 填空练习

（1）冷害严重威胁着许多国家和地区主要作物的生长发育，常造成严重减产。可以检测作物是否受到低温伤害的植物生理学实验有：________、________、________、________、________等。

（2）植物组织受到逆境伤害时，生物膜的透性________，外渗液的电导率________；伤害愈重，外渗液愈________，电导率________。

（3）电导法测定植物组织抗逆性所用的主要仪器是________，测定时需要真空抽气，其作用是________。

（4）植物在逆境胁迫下，游离氨基酸________会大量积累，且积累指数与植物的抗逆性有关，因此，这种氨基酸是反应植物抗逆性的生理指标之一。

（5）采用磺基水杨酸提取植物体内游离脯氨酸的优点是________、________、________。在酸性条件下，脯氨酸与茚三酮反应生成稳定的红色缩合物，用________萃取后，在 520 nm 波长处有最大吸收峰。配制和使用茚三酮时应注意________。

（6）植物器官衰老或在逆境条件下，往往发生膜脂过氧化作用，________是膜脂过氧化的最终分解产物之一，其含量可以反映植物遭受伤害的程度。测定该成分时会受到________等多种物质的干扰，为排除这些干扰，可分别求出________和________的含量。

（7）气相色谱法测定植物膜脂中脂肪酸含量时，甲脂化样品保存应注意________；进样时应注意________。

（8）SOD 可抑制________在光下的还原作用，由此可以确定该酶的活性。植物中的酚类物质对 SOD 的测定有干扰，制备粗酶液时可加入________，减少干扰。测定酶活性时加入的酶量，以能抑制反应的________%

为佳。

(9) H_2O_2在 240 nm 波长下有较强吸收,CAT 能分解________,使反应溶液吸光度随反应时间而________。根据________的变化速度即可测出 CAT 的活性。

(10) 在 POD 酶催化下,________将愈创木酚氧化成棕褐色产物,此产物在________波长处有最大吸收峰,故可通过测________下的吸光度变化测定 POD 的活性。

(11) PPO 在有氧条件下,可以将________氧化成________,该物质在 525 nm 波长下有较强的吸光度,通过测________变化可测得 PPO 的活性。

(12) AsA 具有较强的还原力,可以把铁离子还原为________,该产物与________反应形成红色螯合物,此化合物在________波长处有最大吸收峰,其吸光度与 AsA 含量呈正相关。

(13) GSH 能和 5,5' – 二硫代双(2 – 硝基苯甲酸)(DTNB)反应产生________,该产物在波长________下具有最大光吸收,因此,可以通过该物质的产生量来计算 GSH 的含量。

(14) $O_2^{\cdot-}$ 使羟胺氧化产生________,酸性条件下,该产物与磺胺反应形成重氮盐,重氮盐进一步与________偶联形成粉红色偶氮化合物,此化合物在________处有显著光吸收。因此,可用此方法测定超氧阴离子($O_2^{\cdot-}$)含量。

(15) 目前植物细胞 H_2O_2的主要测定方法有________、________和________等技术。

(参考答案见数字资源)

(包雨卓)

第9章
研究设计性实验

本章学习引导

植物生理学实验是植物生理学发展的基础和重要环节，是植物生理学理论通向农业生产实践的桥梁。研究设计性实验将在开放实验室中模拟毕业论文和今后科研工作的实际情况，学生从材料处理开始，全程参与管理，自行进行各项指标测定，并根据实验结果撰写实验（学术）论文。这种教学模式有助于克服传统验证性单项实验教学“照方抓药”、被动学习的弊端。通过研究设计性实验，培养学生综合实践能力，激发学生学习的主动性和创造性，提高学生探索新问题的兴趣、认识事物的综合能力，以及研究问题的开拓意识和创新能力；同时培养学生实事求是的科学态度和团结协作的合作精神，为后续学习和工作奠定坚实的基础。

实验 59　植物缺素培养的形态观察及其生理代谢分析

【目的】

掌握溶液培养法进行植物缺素培养及其相应生理代谢分析的研究思路和实验方法。

【原理】

植物体含有 17 种必需元素,各元素具有不同的生理功能。植物缺乏某一元素会表现出特定的缺素症状,在生理指标上也会表现出相应的变化。

【实验用品】

1. 材料

适于当地栽培的玉米、番茄等品种。

2. 器具

智能气候培养箱;电热恒温培养箱;分光光度计;离心机;水浴锅;电导率仪;阿贝折射仪等。

3. 试剂

蔗糖;TTC;乙酸乙酯;H_2SO_4;磷酸缓冲液;丙酮或乙醇;$CaCO_3$ 粉;愈创木酚;$Ca(ClO)_2$;H_2O_2等。

【实验步骤】

1. 时间安排

每周先做单项小实验,掌握实验方法,最后再做综合实验。利用平时的零星时间进行玉米幼苗缺素培养。

2. 缺素处理

精选玉米种子 300 粒,用 75% 乙醇(10 s)和 50 g · L^{-1} $Ca(ClO)_2$溶液(10 min)消毒,水洗 3 遍后浸种 14 ~ 15 h,25 ℃恒温箱中催芽 2 d,每天水洗 2 遍。出芽后选整齐一致的萌发种子移入培养皿,继续培养 2 ~ 3 d,每天换水 2 次。萌发的小苗取出放入烧杯中,每只烧杯放 3 株,完全培养液培养。出 2 片真叶去胚乳后进行缺素处理(共设 6 种缺素:- N, - P, - K, - Ca, - Mg, - Fe),以完全营养液培养的植株为对照。每 7 d 更换一次培养液,按时通气、调 pH。光照培养箱中培养 20 d 后测定各项生理指标,同时对植株进行形态和缺素症状观察与文字记录。

3. 生理指标测定

(1) 外渗电导率测定采用 DDS - 307 型电导率仪法。

测定方法:分别称取各处理植株叶片 0.5 g 置于小烧杯中→各加 20 mL 蒸馏水→抽气→浸泡 10 min →测电导率(S_1)→煮沸 1 min →测电导率(S_2),以蒸馏水为空白对照(S_0)。

结果计算:

$$相对电导率(L) = (S_1 - S_0) \cdot (S_2 - S_0)^{-1}$$

$$伤害率(\%)=(L_t-L_{CK})\cdot(1-L_{CK})^{-1}$$

式中：S_0——蒸馏水电导率；

S_1——煮沸前电导率；

S_2——煮沸后电导率；

L_t——处理叶片的相对电导率；

L_{CK}——对照叶片的相对电导率。

（2）叶绿素含量测定采用分光光度法。

测定方法：称取 0.2 g 叶片$\xrightarrow{95\%乙醇、石英砂(少许)、CaCO_3(少许)}$研磨→过滤→定容至 25 mL→测定 665 nm 和 649 nm 波长处的吸光度。以 95% 的乙醇为空白对照。

结果计算：

$$叶绿素\ a\ 的浓度\ C_A(mg\cdot L^{-1})=13.95D_{665}-6.88D_{649}$$

$$叶绿素\ b\ 的浓度\ C_B(mg\cdot L^{-1})=24.96D_{649}-7.32D_{665}$$

$$叶绿素(a+b)总浓度\ C_T(mg\cdot L^{-1})=C_A+C_B$$

$$叶绿素含量(mg\cdot g^{-1})=(C\cdot V)\cdot(W\cdot 1\,000)^{-1}$$

式中：C——提取液浓度（$mg\cdot L^{-1}$）；

V——提取液总体积（mL）；

W——样品鲜重（g）。

（3）根系活力测定采用 TTC 法。

测定方法：

① 实验 $\left\{\begin{array}{l}0.3\ g\ 玉米根尖\\ 5\ mL\ 4\ g\cdot L^{-1}\ TTC\ 溶液\\ 5\ mL\ 1/15\ mol\cdot L^{-1}\ 磷酸缓冲液\end{array}\right\}$→称量瓶中$\frac{37\ ℃黑暗处}{1\ h}$保温→加 2 mL 1 $mol\cdot L^{-1}$ H_2SO_4 终止反应。

② 空白 $\left\{\begin{array}{l}0.3\ g\ 玉米根尖\\ 2\ mL\ 1\ mol\cdot L^{-1}\ H_2SO_4\end{array}\right\}$→称量瓶中→$\left\{\begin{array}{l}5\ mL\ 4\ g\cdot L^{-1}\ TTC\ 溶液\\ 5\ mL\ 0.067\ mol\cdot L^{-1}\ 磷酸缓冲液\end{array}\right\}$→$\frac{37\ ℃黑暗处}{1\ h}$保温。

分别取出①和②处理的根，吸干水$\xrightarrow{石英砂(少许)}$加 3 mL 乙酸乙酯→研磨→过滤→乙酸乙酯定容→485 nm 波长处比色（以乙酸乙酯为空白对照）→记录吸光度，查标准曲线。

结果计算：

$$TTC\ 还原强度(\mu g\cdot g^{-1}\cdot h^{-1})=A\cdot(W\cdot t)^{-1}$$

式中：A——TTC 还原量（μg）；

W——样品根重（g）；

t——反应时间（h）。

（4）水势测定采用阿贝折射仪法。

按表 59－1 配制系列浓度梯度蔗糖溶液。

表 59－1　系列浓度梯度蔗糖溶液的配制

试管号	1	2	3	4	5
蔗糖浓度/($mol \cdot L^{-1}$)	0.02	0.05	0.10	0.20	0.30
1 $mol \cdot L^{-1}$蔗糖母液/mL	0.2	0.5	1.0	2.0	3.0
蒸馏水/mL	9.8	9.5	9.0	8.0	7.0

测定方法:

① 用折射仪分别测定 1—5 号试管中蔗糖溶液的折光率(由低浓度向高浓度),记录结果。

② 取 5 个青霉素小瓶各加 0.1 g 玉米叶片→分别各加入 2 mL 不同浓度蔗糖溶液→加盖→放置 20 min,经常摇动→测折光率。

结果计算:

把结果记录在表 59－2 中。

表 59－2　折射仪法测定植物组织水势记录表

蔗糖浓度/($mol \cdot L^{-1}$)	0.02	0.05	0.10	0.20	0.30
反应前折光率					
反应后折光率					
折光率变化					
反应液浓度变化					
植物组织水势变化					

比较两次测定结果,找出折光率未变的溶液或平均相邻两管(折光率一个增加、一个降低)的浓度值,即为等渗浓度。

$$\psi_s = -i \cdot R \cdot C \cdot T$$

式中:i——溶液的解离常数,蔗糖等于 1;

C——等渗点溶液的质量摩尔浓度($mol \cdot kg^{-1}$);

R——气体常数($0.008\ 314\ L \cdot Mpa \cdot mol^{-1} \cdot K^{-1}$);

T——绝对温度(K);

ψ_s——溶液的渗透势(Mpa)。

(5) 过氧化物酶活性测定采用愈创木酚法。

酶液制备:称取 0.3 g 玉米叶片,加 0.05 $mol \cdot L^{-1}$ pH 5.5 的磷酸缓冲液研磨离心 $\xrightarrow[10\ min]{3\ 000\ r \cdot min^{-1}}$用磷酸缓冲液定容备用。

活性测定:

① 反应体系(2.5 mL 磷酸缓冲液 +1 mL 2 $g \cdot L^{-1}$ H_2O_2 +1 mL 0.5 $mol \cdot L^{-1}$愈创木酚 +0.5 mL 酶液)$\xrightarrow[15\ min]{37\ ℃}$保温→加 2 mL 200 $g \cdot L^{-1}$三氯乙酸终止反应→470 nm 波长处比色。

② 对照:酶液先煮沸灭活。

结果计算：

$$过氧化物酶活性(活性单位 \cdot g^{-1} \cdot min^{-1}) = (\Delta A \cdot V_T) \cdot (0.01W \cdot t \cdot V_s)^{-1}$$

式中：ΔA——吸光度变化量；

V_T——提取液总体积(mL)；

W——样品鲜重(g)；

t——反应时间(min)；

V_s——测定用酶液体积(mL)。

【注意事项】

1. 大量元素、微量元素和铁盐要分别配成母液保存在冷柜中，若出现沉淀，需重新配制。

2. 缺素培养过程要认真、精心管理，否则难以取得理想效果。

3. 本实验的实验材料、培养方法和测定指标等内容，可根据学校、实验室条件、任课教师和学生等具体情况随时调整。

【思考题】

1. 比较分析各缺素植株的生理指标变化与其形态变化之间的关系，进而说明各元素的生理作用。

2. 利用实验室开放时间，完成各缺素植株的解剖学观察，并与相应的生理指标变化进行比较分析。

学以致用

查找有关资料，利用简单容器尝试自己生产无土栽培蔬菜。

（苍　晶）

实验 60　植物对低温胁迫生理适应的研究

【目的】

学习掌握植物逆境生理的研究方法和基本实验技能。

【原理】

低温会对植物幼苗造成伤害，因为低温常使幼苗的细胞膜脂发生相变，使膜结构改变，引起代谢紊乱。其伤害程度可以通过测定相应的生理指标来反映。

【实验用品】

1. 材料

适于当地栽培的玉米、小麦等品种。

2. 器具

智能气候培养箱；电热恒温培养箱；分光光度计；离心机；水浴锅；电导率仪；阿贝折射仪等。

3. 试剂

蔗糖；TTC；乙酸乙酯；H_2SO_4；磷酸缓冲液；丙酮或乙醇；$CaCO_3$ 粉，甲苯，$Ca(ClO)_2$；磺基水杨酸；冰乙酸等。

【实验步骤】

1. 时间安排

在掌握单项生理指标测定实验方法后，再进行综合实验。玉米幼苗培养利用平时分散的时间进行。

2. 幼苗培养

精选玉米种子 300 粒于烧杯中，用 75% 乙醇消毒 10 s，清水冲洗后再用 50 $g \cdot L^{-1}$ $Ca(ClO)_2$ 溶液浸泡 10 min，水洗 3 遍，再用蒸馏水浸种 14～15 h。25 ℃恒温箱催芽 2 d，每天水洗 2 遍。出芽后选整齐一致的萌发种子播种在砂子中，先浇透底水，播种后覆砂子 1 cm 厚，用塑料布覆盖保湿，出苗后揭去塑料布。每周浇水 2～3 次，浇完全培养液 1 次。待幼苗培养到 4～5 片真叶时挖出，进行低温处理及生理指标测定。

3. 低温处理

玉米幼苗置于 5 ℃、10 ℃处理 4～5 h，或 −20 ℃处理 10 min 和 20 min。以室温培养（25 ℃）的幼苗为对照。

4. 生理指标测定

（1）外渗电导率测定方法同实验 59。

（2）叶绿素含量测定方法同实验 59。

（3）根系活力测定方法同实验 59。

（4）水势测定方法同实验 59。

（5）脯氨酸含量测定采用磺基水杨酸法。

脯氨酸提取：称取 0.5 g 叶片，加 5 mL 30 $g \cdot L^{-1}$ 磺基水杨酸，煮沸 10 min →离心 3 000 $r \cdot min^{-1}$ 10 min →取上清液待测。

测定方法：

① 处理组 $\left\{\begin{array}{l}\text{待测液 2 mL}\\ \text{冰乙酸 2 mL}\\ \text{显色液 2 mL}\end{array}\right\}\xrightarrow[\text{40 min}]{\text{沸水浴}}$ 各试管冷却→各管加 5 mL 甲苯→充分振荡→静止分层，取甲苯层液→520 nm 波长处比色。

② 对照组 $\left.\left\{\begin{array}{l}\text{磺基水杨酸 2 mL}\\ \text{冰乙酸 2 mL}\\ \text{显色液 2 mL}\end{array}\right.\right\}\xrightarrow[40\ \text{min}]{\text{沸水浴}}$ 冷却→加 5 mL 甲苯⟶充分振荡⟶静止分层，取甲苯层液→520 nm 波长处比色。

结果计算：

$$\text{脯氨酸}(\mu g \cdot g^{-1}) = C \cdot V \cdot (W \cdot a)^{-1}$$

式中：W——样品重(g)；

a——测定时取样液体积(mL)；

C——由标准曲线查得提取液中脯氨酸含量(μg)；

V——提取液总体积(mL)。

【注意事项】

1. 浸种时水要放满烧杯，以免种子吸水膨胀后上部种子接触不到水。

2. 砂培播种时覆土深度要适当，以 1 ~ 1.5 cm 厚为宜，过深或过浅均不利于获得健壮幼苗。

3. 本实验的实验材料、培养方法和测定指标等内容，可根据学校、实验室条件、任课教师和学生等具体情况随时调整。

【思考题】

1. 根据实验结果，分析所测定的各项生理指标与植物抗寒性的关系。

2. 试列举几项提高植物抗寒性的具体措施。

学以致用

某县农技部门引入几个水稻新品种，该县地处寒带，请你用所学知识设计一个实验，对这几个品种是否适合在当地种植做出评价。

（苍　晶）

实验 61　$CaCl_2$ 在提高植物抗旱性中的作用

【目的】

学习掌握提高植物抗旱性的研究方法和基本实验技能；利用科学方法筛选抗旱性强的植物品种。

【原理】

Ca 能够增强细胞结构的稳定性，影响细胞质的黏性，因此，对植物的抗旱性有一定的影响。本实验采用 20 $mmol \cdot L^{-1}$ 的 $CaCl_2$ 处理玉米种子和幼苗，以 PEG－6000 模拟干旱胁迫玉米幼苗，探讨 $CaCl_2$ 对提高玉米抗旱性的作用。

【实验用品】

1. 材料

适于当地栽培的玉米、小麦等作物品种。

2. 器具

智能气候培养箱；电热恒温培养箱；分光光度计；离心机；水浴锅；电导率仪；阿贝折射仪等。

3. 试剂

$CaCl_2$、Na_2CO_3、PEG－6000、蔗糖、TTC、乙酸乙酯、H_2SO_4、磷酸缓冲液、丙酮或乙醇、$CaCO_3$ 粉、甲苯、$Ca(ClO)_2$、磺基水杨酸、冰乙酸等。

【实验步骤】

1. 时间安排

在掌握单项生理指标测定实验方法后，再进行综合实验。玉米幼苗培养利用平时分散的时间进行。

2. $CaCl_2$ 处理

（1）浸种处理：选饱满均匀一致的玉米种子，用 1 $g \cdot L^{-1}$ 的升汞浸泡 5～10 min 消毒，蒸馏水多次冲洗后再用 20 $mmol \cdot L^{-1}$ 的 $CaCl_2$ 室温下浸种 12 h（以不处理的种子为对照），然后置于 25℃温箱中催芽，出芽后按照实验 59 方法继续培养，待幼苗长至 3～4 片真叶时，进行干旱处理。

（2）浸苗处理：按照实验 59 方法培养玉米幼苗，待幼苗长至 3～4 片真叶时，将玉米苗置于 20 $mmol \cdot L^{-1}$ 的 $CaCl_2$ 溶液中浸根 6 h（以不处理的幼苗为对照），然后进行干旱处理。

3. 干旱处理

将 $CaCl_2$ 处理过的玉米幼苗分别置于不同浓度的 PEG 中模拟干旱处理：0（对照），5%（轻度干旱），12.5%（中度干旱），20%（严重干旱），6～7 d 后测定生理指标。

4. 生理指标测定

（1）外渗电导率测定方法同实验 59。

（2）叶绿素含量测定方法同实验 59。

（3）根系活力测定方法同实验 59。

（4）水势测定方法同实验 59。

（5）脯氨酸含量测定方法同实验 60。

【注意事项】

1. 浸种时水要放满烧杯，以免种子吸水膨胀后上部种子接触不到水。

2. 用 75 mmol · L^{-1}的 Na_2CO_3处理时因浓度大会发生沉淀，属于正常的实验现象。

3. 本实验的实验材料、培养方法和测定指标等内容，可根据学校、实验室条件、任课教师和学生等具体情况随时调整。

【思考题】

1. 比较干旱胁迫和低温胁迫对各项生理指标影响有何异同。

2. 如何提高植物的抗旱性？

学以致用

用所学知识设计一个实验，筛选适于在干旱地区种植的小麦品种。

（苍　晶）

实验 62　不同种作物光合能力的比较研究

【目的】

学习掌握植物光合生理研究的基本思路和方法；了解不同作物的光合性能。

【原理】

不同的植物在一天中的不同时间段及不同天气（阴、晴）里的光合能力均不同。本实验采用光合测定仪及叶绿素荧光仪测定不同作物的光合指标，比较上述情况下的光合能力。

【实验用品】

1. 材料

玉米、大豆、小麦等，田间生长季种植。

2. 器具

LI－6400P（或 R）型便携式光合测定系统；叶绿素荧光仪（PAM－2100 或 PAM－2500）。

【实验步骤】

1. 不同材料光合指标的比较

在同一时间段，对 3 种不同的植物材料进行测定。

2. 同一材料一天中不同时间段光合速率等指标的测定

每天上午 8 点开始，每隔 1 h 测定一次，比较一天内光合速率等指标的变化情况。

3. 同一生长状态的植株，阴天及晴天光合速率等指标的比较

4. 测定指标

①光合速率；②呼吸速率；③蒸腾系数；④气孔导度；⑤胞间 CO_2 浓度；⑥最大荧光（F_m）；⑦初始荧光（F_0）；⑧暗处理下光系统Ⅱ的最大量子产量（F_v/F_m）；⑨实际量子产量（yield）；⑩光化学淬灭系数（q_P）；⑪非光化学淬灭系数（q_N）。

【注意事项】

1. 植物的最大量子产量、最大荧光及初始荧光均与叶片暗反应的时间有关，所以暗夹夹住叶片的时间一定要准确计时。

2. 叶绿素荧光仪（PAM－2100、PAM－2500）属于贵重仪器，使用时应十分小心，严格遵守仪器操作规程。

【思考题】

1. 分析不同植物一天内 F_v/F_m 及光合速率变化的差异及其原因。

2. 比较不同植物在中午强光下光抑制强度的差异，并分析其原因。

3. 比较阴天和晴天所测光合指标的不同，并分析其原因。

学以致用

用所学知识设计一个实验，比较同种作物的不同品种及不同水肥栽培措施下光合能力的差异。

（于　晶）

实验 63　外源激素对植物幼苗生长及抗冷性影响的研究

【目的】

学习掌握外源激素调控植物幼苗抗冷性的研究思路和技术方法。

【原理】

植物激素能够调节植物的各个生长发育过程，但激素浓度不同，其作用效果不同。

【实验用品】

1. 材料

小麦（抗寒品种及不抗寒品种）。

2. 器具

培养盒；智能气候培养箱；电热恒温培养箱；分光光度计；离心机；水浴锅；电导率仪等。

3. 试剂

（1）浓度分别为 0、10^{-4}、10^{-5}、10^{-6}、10^{-7} mol·L^{-1}的 ABA、GA、6－BA 溶液；

（2）乙醇；考马斯亮蓝 G－250；DNS（3，5－二硝基水杨酸）；硫代巴比妥酸等。

【实验步骤】

1. 培养盒种植

种子精选后，室温蒸馏水浸种 12 h，发芽 24 h，挑选露白一致的种子摆放于培养盒（18 cm×5 cm×1.5 cm）中，每盒 6 粒，3 次重复，培养介质为 3% 的琼脂培养基（外加 0、10^{-4}、10^{-5}、10^{-6}、10^{-7} mol·L^{-1}的 ABA、GA、6－BA），每盒 35 mL，2～4 ℃、45°倾斜角度暗培养，在胶面上盖一张滤纸（15 cm×5 cm），使根系在胶面与滤纸间生长。分别于第 3、5、7、9、11 d 照相，测定第 11 d 时胚芽长、根长及胚芽和根的干重和鲜重。

2. 水培种植

种子精选后，室温蒸馏水浸种 12 h，发芽 24 h，在完全培养液中室温培养至三叶期，然后一部分转入含有 0、10^{-4}、10^{-5}、10^{-6}、10^{-7} mol·L^{-1}的 ABA、GA、6－BA 完全培养液中；另一部分叶片喷施 0、10^{-4}、10^{-5}、10^{-6}、10^{-7} mol·L^{-1}的 ABA、GA、6－BA 溶液。

处理后继续培养 1 d，转入 2～4 ℃培养箱，5 d 后取样叶片和根系测定各项生理指标。

3. 生理指标测定

①叶绿素；②可溶性糖；③可溶性蛋白；④丙二醛；⑤细胞膜透性。

【注意事项】

1. 培养盒种植时要保证种子的整齐性。

2. 大量元素、微量元素和铁盐要分别配成母液存于冷柜，若发生沉淀，需重新配制。

【思考题】

1. 为什么不同浓度的激素对幼苗生长及抗冷性的影响不同？分析原因。
2. 根据所学知识,想一想还可以测定哪些指标来反映抗冷性的大小?

● 学以致用 ●

培养盒法可以研究不同外界因素下根系的生长状况,请同学们想一想,应用此方法还可以进行哪些方面的根系研究?

（于　晶）

实验 64　不同抗性作物品种苗期耐逆性的筛选鉴定

【目的】

学习掌握不同抗逆作物品种的基本筛选方法。

【原理】

不同的作物品种对不同非生物胁迫的忍耐程度不同,设置不同胁迫条件并处理作物幼苗,一定时间后观察幼苗长势,进而初步筛选获得不同抗性的品种。

【实验用品】

1. 材料

玉米自交系或杂交种。

2. 器具

智能气候培养箱;分光光度计;光合测定仪等。

3. 试剂

NaCl;PEG 6000;乙醇等。

【实验步骤】

1. 材料处理(自己设计胁迫梯度)

玉米幼苗长至二叶一心期,进行胁迫处理。

(1) 盐胁迫　NaCl 浓度梯度为 0、50、100、150、200、250、300 $mol \cdot L^{-1}$。

(2) 干旱胁迫　PEG 浓度梯度为 0、10%、20%、30%、40%。

(3) 低温胁迫　25 ℃、15 ℃、10 ℃、5 ℃。

7 d 后观察各品种玉米幼苗的长势，取样测定相应生理指标。

2. 生理指标测定

①叶色（叶绿素含量）；②是否存活（存活率）；③光合速率；④细胞透性（电导率）等。

【注意事项】

胁迫处理前一定要保证幼苗生长的一致性及其良好的生长状态。

【思考题】

如果用于其他植物的抗性筛选和鉴定，如冬小麦，各种胁迫的水平应如何调整？

（于　晶）

实验 65　逆境胁迫对作物幼苗抗氧化酶影响的研究

【目的】

学习掌握植物抗氧化酶系统研究的思路和方法。

【原理】

逆境下，植物体内会产生活性氧自由基，抗氧化酶系统可以清除这些自由基，抗性不同的材料，其抗氧化酶活性不同，因此，清除活性氧的能力也不同。

【实验用品】

1. 材料

实验 64 筛选获得的胁迫耐性玉米品种及胁迫敏感玉米品种。

2. 器具

智能气候培养箱；分光光度计；低温离心机等。

3. 试剂

NBT；核黄素；愈创木酚；H_2O_2；抗坏血酸；PVP；$Na_2HPO_4-NaH_2PO_4$ 缓冲液；NADPH；Tris-HCl；甘露醇；EDTA；牛血清蛋白。

【实验步骤】

1. 材料处理

玉米幼苗长至二叶一心期，进行胁迫处理。

(1) 盐胁迫　NaCl 浓度为 200 mol · L^{-1}。
(2) 干旱胁迫　PEG 浓度为 300 g · L^{-1}。
(3) 低温胁迫　10℃ 低温。
处理 7 d 后,取样测定各种抗氧化酶活性。
2. 测定指标
(1) SOD 活性测定方法同实验 50。
(2) POD 活性测定方法同实验 51。
(3) CAT 活性测定方法同实验 52。
(4) APX(抗坏血酸过氧化物酶)活性测定方法自查文献(选做)。

【注意事项】

测定酶的活性时要在低温下操作。

【思考题】

1. 每种抗氧化酶对玉米幼苗抗逆性大小的影响是否相同? 哪种酶的影响最大?
2. 除抗氧化酶外,还有哪些物质能够清除活性氧?
3. 查阅文献,自学抗氧化酶系统的单脱氢抗坏血酸还原酶(MDHAR)、脱氢抗坏血酸还原酶(DHAR)、谷胱甘肽还原酶(GR)等保护酶的作用及其测定方法。

(于　晶)

实验 66　逆境胁迫对作物幼苗脯氨酸代谢影响的研究

【目的】

学习掌握逆境胁迫对作物脯氨酸代谢影响的研究思路和方法。

【原理】

逆境下,植物体内会积累脯氨酸等渗透调节物质来调节渗透压,进而抵抗逆境。

【实验用品】

1. 材料
实验 64 筛选获得的胁迫耐性玉米品种及胁迫敏感玉米品种。
2. 器具
智能气候培养箱;分光光度计;低温离心机;水浴锅等。

3. 试剂

磺基水杨酸溶液；甲苯；酸性茚三酮显色液；鸟氨酸；α－酮戊二酸；磷酸吡哆醛；茚三酮；无水乙醇；$NaH_2PO_4-KH_2PO_4$（pH 7.8）；EDTA；β－巯基乙醇；$Na_2CO_3-NaHCO_3$（pH 10.3）；2,6－二氯酚靛酚；脯氨酸。

【实验步骤】

1. 材料处理

玉米幼苗长至二叶一心期，进行胁迫处理。

（1）盐胁迫　NaCl 浓度为 200 mol · L^{-1}。

（2）干旱胁迫　PEG 浓度为 300 g · L^{-1}。

（3）低温胁迫　10 ℃。

处理 7 d 后，取样测定脯氨酸含量及其代谢中的关键酶活性。

2. 测定指标

（1）脯氨酸含量测定方法同实验 48。

（2）脯氨酸脱氢酶（ProDH）活性测定方法自查文献（选做）。

（3）吡咯啉－5－羧酸合成酶（P5CS）活性测定方法自查文献（选做）。

（4）鸟氨酸 δ－氨基转移酶（δ－OAT）活性测定方法自查文献（选做）。

【注意事项】

测定酶的活性时要在低温下操作。

【思考题】

脯氨酸有两条合成途径（谷氨酸途径和鸟氨酸途径），不同胁迫条件下其合成途径是否一致，以哪个途径为主？

学以致用

某省从国外引入一些冬小麦、玉米新品种，该省冬季温度低、风大，并有大面积的盐碱地，请你用所学知识设计一个实验，对这些品种是否适合于当地种植做出评价。

（于　晶）

实验 67　JA 调控冬小麦抗寒性的生理研究

【目的】

深入了解植物激素 JA 调控植物抗寒性的原理和方法，学习综合分析评价植物的抗寒性。

【原理】

低温限制植物的分布及产量，植物激素脱落酸（ABA）、水杨酸（SA）、茉莉酸（JA）等参与植物对低温胁迫的应答。JA 及其衍生物茉莉酸甲酯（MeJA）是主要的茉莉酸类物质，JA 可作为信号分子，参与植物响应生物及非生物胁迫。

外施 MeJA 处理可以显著提高低温胁迫下小麦幼苗 SOD、POD 和 CAT 等抗氧化酶的活性，增加可溶性蛋白的含量，降低外渗电导率和丙二醛含量，从而维持细胞膜的完整性，增强小麦抵抗低温的能力。低温胁迫可促进植物体内 JA 生物合成基因的表达，抑制 JA 分解代谢相关酶基因的表达，进而提高植物体内 JA 水平，调节生理代谢，响应低温胁迫。

【材料、仪器设备及试剂】

1. 材料

抗寒性不同的冬小麦品种，如东农冬麦 1 号和济麦 22。

2. 仪器设备

低温光照培养箱；分光光度计；电导仪；离心机；水浴锅等。

3. 试剂

（1）1.0 $mmol \cdot L^{-1}$ MeJA；

（2）硫代巴比妥酸；茚三酮；愈创木酚；NBT；DAB；PVP 等（参考实验 4、47～52）。

【实验步骤】

1. 播种小麦种子于土壤中，待三叶一心期，喷施 1.0 $mmol \cdot L^{-1}$ MeJA 于小麦叶片。植物置于低温光照培养箱中 4 ℃处理 1 周后，取叶片用于下列指标的测定。

2. 外渗电导率测定方法同实验 47。

3. 丙二醛含量测定方法同实验 49。

4. 脯氨酸含量测定方法同实验 48。

5. SOD 活性测定方法同实验 50。

6. POD 活性测定方法同实验 51。

7. CAT 活性测定方法同实验 52。

8. ROS 测定：H_2O_2 采用 DAB 染色，$O_2^{\cdot-}$ 采用 NBT 染色，方法同实验 4。

9. 数据处理、结果计算，综合评价不同冬小麦品种的抗寒性。

【注意事项】

1. MeJA 处理前要保证幼苗长势一致。
2. 测定酶的活性时要在低温下操作。
3. ROS 组化染色时要注意时间不宜过长，也不宜过短。
4. 其他注意事项参见实验 4、47－52。

【思考题】

1. 激素对植物抗寒性的调控还可以通过检测哪些指标进行评价？

学以致用

JA 作为一种信号分子，参与拟南芥的根系生长、花青素积累、毛状体起始、雄性育性、叶片衰老以及对生物和非生物胁迫等反应。JA 信号途径包括信号产生（生物合成和代谢）、信号转导及下游基因表达三个过程。

JA 正调节拟南芥 ICE－CBF 抗寒途径。正常条件下，JA 信号阻遏因子 JAZ 蛋白通过阻遏 ICE1（CBF 诱导因子）的转录，抑制下游冷应答基因的表达；冷胁迫增加了拟南芥内源 JA 含量，JA 以活性形式 JA－Ile（茉莉酸－异亮氨酸）与 JA 受体 COI1 结合，JAZ 蛋白被降解，从而解除对 MYC2（JA 信号转录因子）、ICE1 的阻遏，激活冷应答通路 CBF/DREB1 基因表达，增强了其抗寒性；相反，阻断 JA 生物合成或信号转导途径，则会导致植物对冷冻敏感。

请同学们想一想，本实验知识点还有哪些应用？

（张　达）

实验 68　γ－氨基丁酸对逆境下植物抗氧化酶活性的影响

【目的】

学习掌握外源 γ－氨基丁酸对逆境下植物抗氧化酶活性的影响。

【原理】

γ－氨基丁酸（γ－aminobutyric acid，GABA）是一种普遍存在于生物体内的非蛋白质氨基酸，逆境下，GABA 含量往往会增加。外源施用 GABA 可以通过改变抗氧化酶活性、激素含量等生理指标，提高植物的抗逆性。

【材料、仪器设备】

1. 实验材料

小麦、玉米等植物种子。

2. 仪器设备

智能气候培养箱;分光光度计;低温离心机;水浴锅等。

3. 试剂

NBT;核黄素;愈创木酚;H_2O_2;抗坏血酸;聚乙烯吡咯烷酮;$Na_2HPO_4-NaH_2PO_4$缓冲液;NADPH;Tris-HCl;甘露醇;EDTA;半胱氨酸;脱氢抗坏血酸;还原型谷胱甘肽;牛血清蛋白;GABA。

【实验步骤】

1. 材料处理

幼苗长至二叶一心期,外源喷施 10 $mmol \cdot L^{-1}$ GABA,2 天后进行胁迫处理。

盐胁迫:NaCl 浓度为 200 $mmol \cdot L^{-1}$;

干旱胁迫:PEG 浓度为 300 $g \cdot L^{-1}$;

低温胁迫:6 ℃。

处理 7 天后,取样测定抗氧化酶活性。

2. 测定指标

(1)SOD;(2)POD;(3)CAT;(4)APX;(5)MDHAR;(6)DHAR;(7)GR。

【注意事项】

1. 测定酶活时要在低温下操作。

【思考题】

1. GABA 在植物体中是通过什么途径合成的?
2. GABA 的作用是什么?

学以致用

GABA 不仅可以调节植物生长发育及抗逆性,而且可以改善人类失眠、抑郁等症状及降低血压、血糖,是一种促进健康的功能性物质。因此,研究 GABA 代谢及调控途径对于作物在逆境下的稳产增产及获得高 GABA 含量的优质种子以提高人类健康指数至关重要。

(于 晶)

实验69　非编码RNA调控植物非生物胁迫的研究

【目的】

学习掌握非编码RNA调控植物非生物胁迫的研究思路和方法。

【原理】

为了在不利的环境条件下生存,植物进化出了复杂的遗传和表观遗传调控机制,以平衡其生长和非生物胁迫耐受能力。非编码RNA(ncRNAs)是一类在生物学过程中发挥功能但不能翻译成蛋白质的RNA,是植物的必要调节因子,主要包括miRNA和长链非编码RNAs(lncRNA)等,它们可通过在转录和转录后水平调节靶基因的表达,使植物能够协调生长的多个方面和对环境胁迫的反应。已知冬小麦中的miR399能够靶向泛素结合酶基因*TaUBC24*,并通过抑制ICE1降解,促进CBF－COR冷信号途径和清除ROS来启动植物抗寒应答。本实验检测低温胁迫下小麦miR399及其靶基因*TaUBC24*的表达量变化,结合ROS含量和抗氧化保护酶的活性等生理指标变化,初步验证miR399调控冬小麦抗寒性的作用。

【实验用品】

1. 材料

冬小麦。

2. 器具

电泳仪;微波炉;凝胶成像系统;紫外分光光度计;96孔板;实时荧光定量仪;低温高速离心机;超低温气候培养室等。

3. 试剂

Trizol试剂盒;异丙醇;氯仿;琼脂糖;焦碳酸二乙酯(DEPC);Tris－硼酸－EDTA缓冲液(TBE);溴化乙锭(EB);6×上样缓冲液;脱氧核糖核苷三磷酸(dNTP)混合物(10 $mmol\cdot L^{-1}$);Oligo dT引物;5×逆转录缓冲液;核糖核酸酶(RNase)抑制剂(40 $U\cdot \mu L^{-1}$);逆转录酶(RTase)(200 $U\cdot \mu L^{-1}$);SYBR® qPCR预混液;乙醇等。

【实验步骤】

1. 材料处理

精选冬小麦种子300粒,用75%乙醇消毒10 s,清水冲洗后再用50 $g\cdot L^{-1}$次氯酸钠溶液浸泡10 min,水洗后蒸馏水浸种14～15 h。25 ℃恒温催芽2 d,每天水洗2遍。出芽后选整齐一致的萌发种子播于土中,用塑料布覆盖保湿,出苗后揭去塑料布。每周浇水2～3次,浇完全培养液1次。待幼苗培养到三叶期时,进行4 ℃低温胁迫处理,7 d后,取叶片,用锡纸包好,液氮速冻后存于－80 ℃冰箱备用。

2. miRNA 的表达量检测

(1)总 RNA 的提取

取小麦叶片或根茎于研钵中,加液氮充分研磨,移入 1.5 mL 离心管中,加 1 mL Trizol 匀浆,静置 5 min。加 0.2 mL 氯仿,振荡 15 s,静置 2 min。4 ℃,12 000 r·min^{-1}离心 10 min,上清移至新离心管中。加 500 μL 异丙醇,混匀,静置 10 min。4 ℃,12 000 r·min^{-1}离心 10 min,此时可见白色絮状物,弃上清液。加 1 mL 75% 乙醇,洗涤沉淀。4 ℃,12 000 r·min^{-1}离心 2 min,弃上清液。晾干,加 30~50 μL 的 DEPC 水溶解,即得总 RNA 提取液。取部分用于浓度测定和电泳,其余存于 -80 ℃用于后期定量。

(2)总 RNA 的浓度及纯度测定

1)总 RNA 的电泳检测

10 g·L^{-1}琼脂糖凝胶制备:称 1 g 琼脂糖置于 250 mL 锥形瓶中,加 100 mL 1×TBE 溶液,加热溶解,待温度降至 50~60 ℃时,加入 5 μL EB,缓慢混匀,倒入制胶槽,插上梳子(避免产生气泡)。待胶凝固后拔出梳子,将胶放入电泳槽中,加 1×TBE 缓冲液没过凝胶。点样:取 2 μL 总 RNA 溶液,加 98 μL DEPC 水(即稀释 50 倍)。用微量移液器或吸头吸取稀释后的 RNA 样品 5 μL,与 1 μL 的 6×上样缓冲液充分混合,点入样孔。120 V 电压电泳 25~30 min 后取出凝胶,置于凝胶成像系统中观察拍照。

2)紫外分光光度计测定 RNA 浓度和纯度

分别测定波长 260 nm 和 280 nm 处的吸光值,比较、判断 RNA 的纯度和浓度。

(3)cDNA 链的合成

1)按表 69-1 配制反应液,65 ℃保温 5 min,冰上迅速冷却。

2)按表 69-2 配制 20 μL 反应液,缓慢混匀,42 ℃保温 60 min,95 ℃保温 5 min 使酶失活,冰上放置。

表 69-1　cDNA 链的合成第一步反应体系

试剂	使用量/μL
dNTP 混合液(每个 10 mmol·L^{-1})	1.0
Oligo dT 引物(50 μM)	1.0
总 RNA	*X* μL(=1 μg)
无 RNase 的 dH_2O	加至 10

表 69-2　cDNA 链的合成第二步反应体系

试剂	使用量/μL
上步反应液	10
5×逆转录缓冲液	4.0
RNase 抑制剂(40 U·μL^{-1})	0.5
RTase (200 U·μL^{-1})	1.0
无 RNase 的 dH_2O	加至 20

(4) miRNA cDNA 链的合成反应体系

按表 69－3 配置 10 μL 反应液，缓慢混匀，37 ℃ 保温 60 min，85 ℃保温 5 min 使酶失活，加 90 μL 双蒸水（ ddH_2O ），使总体积达到 100 μL，冰上放置。

表 69－3　miRNA cDNA 链的合成反应体系

试剂	使用量/μL
miRNA 逆转录缓冲液(2×)	5.00
总 RNA (0.25～8 μg)	3.75
miRNA 逆转录酶	1.25
总体积	10.00

(5) miRNA 和靶基因表达量的检测

① 引物设计

利用 Primer 5.0 设计 *TaUBC24* 以及内参基因 *U6* 的上下游引物。利用加尾法设计 miR399 的上下游引物，即上游引物为 miR399 成熟体序列，下游引物为 poly 尾反向互补序列。

② qPCR 反应体系

按表 69－4 配置 qPCR 反应体系。

表 69－4　qPCR 反应体系

试剂	使用量/μL	终含量
SYBR ® qPCR 预混液	10.0	1×
PCR 正向引物(10 $\mu mol \cdot L^{-1}$)	0.5	0.4 $\mu mol \cdot L^{-1}$
PCR 反向引物(10 $\mu mol \cdot L^{-1}$)	0.5	0.4 $\mu mol \cdot L^{-1}$
cDNA 模板	1.0	200 ng
ddH_2O	8.0	—
总体积	20.0	—

③ qPCR 反应程序如表 69－5：

表 69－5　qPCR 反应程序

温度/℃	时间	循环
95	10 s	
95	5 s	40
60	30 s	
95	60 s	
55	30 s	
95	30	

④ 数据分析

反应结束后,通过分析扩增曲线、溶解曲线以及 C_t 值判定当次实验结果是否可信。qPCR 实验的所有实验样品均重复 3 次,每次实验需进行 3 次生物学重复。采取 $2^{-\Delta\Delta Ct}$ 法计算基因的相对表达量。

3. 生理指标测定

(1) 细胞膜透性测定方法同实验 47。

(2) 超氧化物歧化酶活性测定方法同实验 50。

(3) 过氧化物酶活性测定方法同实验 51。

(4) 过氧化氢酶活性测定方法同实验 52。

(5) 活性氧含量测定方法同实验 55。

【注意事项】

1. 用于 miRNA 分析的 RNA 质量要求较高,应注意去除 DNA。

2. 本实验的实验材料、培养方法和测定指标等内容,可根据学校、实验室条件、任课教师和学生等具体情况适当调整。

学以致用

查阅相关资料,尝试从非编码 RNA 作用角度筛选抗寒小麦品种。

(彭瞰看)

实验 70　非生物胁迫(低温)下植物的表型组观察及其相关生理指标分析

【目的】

掌握高寒地区田间自然降温条件下冬小麦越冬前期生长过程的表型特征及其相关生理指标变化。

【原理】

植物在生长过程中会直接面对非生物环境的胁迫,主要包括低温、高温、干旱、盐渍、洪涝等灾害。与动物相比植物不能直接移动躲避灾害,但经过长期的适应过程,植物进化出了不同的抵御非生物胁迫的能力,它们表现在形态适应、生理代谢改变等多方面。正是因为植物在抵御不同胁迫下有表型上的明显变化,才促使我们通过细致的研究将这些有利的表型性状保留,从而提高栽培作物抵御非生物胁迫的能力。

【实验用品】

1. 材料

强抗寒性冬小麦品种东农冬麦 1 号(Dongnongdongmai 1,Dn1)。弱抗寒性冬小麦品种济麦 22(Jimai 22,J22)

2. 器具

电热恒温干燥箱;刻度尺;量角器;称量天平;滤纸;分光光度计等。

3. 试剂

乙醇;$CaCO_3$ 粉;TTC;乙酸乙酯;硫酸;磷酸缓冲液等。

【实验步骤】

1. 时间安排

黑龙江省高寒地区冬小麦播种期在每年的白露节气前后(9 月 5 日 ~15 日),因此,要在此时间段内进行田间播种。

2. 田间种植

(1) 整地

选取适宜的土地进行播种前的整理工作。经翻耕、耙地、平地及作畦等流程,制成 9.3 m × 2 m 的长方形小区(图 70 -1),在小区内得到垄长 1.5 m、间距 0.3m 的垄 30 条。

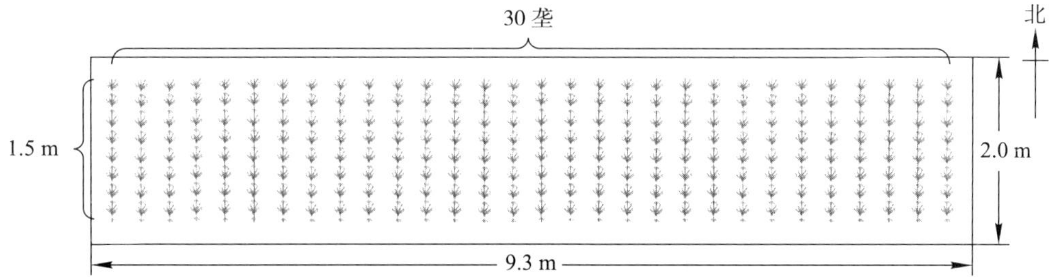

图 70 -1　小麦种植小区示意图

(2) 播种

播种前施氮肥 21 g · m^{-2},磷肥(P_2O_5)10 g · m^{-2}。精选冬小麦 Dn1 和 J22 种子分别在两个小区内播种种植,播种量约 100 粒/垄,小区两侧各设一个保护行,不进行样品采集。

3. 实验样本采集

以周为单位采集样品,从第 2 周(麦苗约 3 叶 1 心)开始直至第 9 周(立冬节气冬小麦已经停止生长),共计 8 周。样品采集过程中应尽量保持植株完好,保证根部完整。

4. 表型指标测定

(1) 表型采集

在每周采集样本时要对不同品种冬小麦的田间生长状态进行拍照记录;采集样本后将洗净

擦干的单株小麦幼苗在暗室内拍照记录,拍照时固定好比例尺,一并拍摄。每个品种的小麦选取 3 株以上进行单独拍照记录。

(2) 株高测定及分蘖数统计

测定方法:

样品采集期间,每个品种冬小麦随机选取 10 株长势较均匀的植株统计株高和分蘖数。株高采用小麦田间的实际生长高度;分蘖数为一级分蘖、二级分蘖,以及芽鞘蘖的全部统计结果。

结果计算:

株高统计结果:

$$D = \frac{D_1 + D_2 + \cdots + D_{10}}{10}$$

式中:D_x——随机测定单株株高(cm);

D——田间测定的平均株高(cm)。

分蘖数统计结果:

$$S = \frac{S_1 + S_2 + \cdots + S_{10}}{10}$$

式中:S_x——随机测定单株分蘖节数;

S——测定的平均分蘖节数。

(3) 叶面积测定

测定方法:

叶面积测定采用比叶重法中的鲜重法。于每周样品采集时,对各品种冬小麦随机选取 10 株,分别称取单株叶片总重 W(g),再选取其中大、小两个类型的叶片各 5 片,在每片叶片中部叶宽均匀处截取 1 cm 长的小段,称取 10 个小段的总重量 W_1(g),然后分别量出每一小段叶片宽度,相加得到叶片总宽度 d cm,求得 10 个小段的叶片总面积 $A_1 = 1d(cm^2)$。

结果计算:

单株冬小麦的叶面积为:

$$A(cm^2) = \frac{A_1 \times W}{W_1} = \frac{d \cdot W}{W_1}$$

式中:A——单个植株的总叶面积(cm^2);

A_1——10 个 1 cm 小段叶片的总面积(cm^2);

W——称取的单株叶片总重(g);

W_1——称取 10 个小段的总重量(g);

d——10 个 1 cm 小段叶片的总宽度(cm)。

注:叶面积测定也可使用叶面积测量仪进行测定。

(4) 叶夹角测定

测定方法:

叶夹角(叶面与地平面的夹角)的测定同样选取每周采集的单株小麦植株,每个品种选取 10 株作为测定对象,将每个植株分为上中下三个部分,每一部分选取 3 个叶片测定叶夹角,然后将上部($\angle\theta_1$)、中部($\angle\theta_2$)和下部($\angle\theta_3$)三部分的测定结果取平均值,作为小麦单株的平均叶夹角。

结果计算:

小麦单株的平均叶夹角:

$$\angle\theta = \frac{\angle\theta_1 + \angle\theta_2 + \angle\theta_3}{3}$$

式中:$\angle\theta_x$——单个植株上、中、下三部分的平均叶夹角(°);

$\angle\theta$——单个植株的平均叶夹角(°)。

(5) 总根长测定

测定方法:

选取每周采集的单株小麦植株,每个品种选取 10 株作为测定对象,将根系洗净,用滤纸吸干表面水分,分别称取单株根系总质量 G(g),再选取其中粗、细两个类型的根各 5 条,在每条根中部均匀处截取 1 cm 左右长的小段,称取 10 个小段的总质量 G_1(g),然后分别量出每一小段根的长度,相加得到 10 段小根的总长度 d cm。

结果计算:

$$L(\text{cm}) = \frac{d \cdot G}{G_1}$$

式中:L——单个植株的总根长(cm);

G——称取的单株根系总质量(g);

G_1——称取 10 个小段的总质量(g);

d——10 个小段根的总长度(cm)。

(6) 植株含水量的测定

测定方法:

将采集后的冬小麦每个品种随机选取 10 株,用于含水量的测定。去除小麦植株表面泥土,按编号置于托盘中,分别称取植株鲜重(A_x),然后在 110 ℃烘箱中杀青 15 min,将温度降至 80 ℃,烘至恒重(约 3 h),快速称取植株干重(B_x),依据下列公式计算冬小麦单株含水量,并求出各品种冬小麦平均含水量:

结果计算:

$$\text{单株含水量}\ H(\%) = \frac{A_x - B_x}{A_x} \times 100$$

式中:H——单株含水量%;

A_x——单株鲜重(g);

B_x——单株干重(g)。

(7) 表型相关生理指标测定

叶绿素含量测定方法同实验 59。

类胡萝卜素含量测定方法同实验 18。

叶绿素荧光参数测定方法同实验 20。

根系活力测定方法同实验14。

5. 结果统计

(1) 按生长周期整理好各个品种冬小麦越冬前生长期的田间生长照片与单株照片。

(2) 按照表70-1和表70-2整理实验结果,并结合不同品种冬小麦的表型及其相关生理指标,进行抗寒表型与小麦抗寒能力的综合分析。

表70-1 冬小麦表型指标测定结果

表型 / 周次	株高/cm		分蘖数/个		叶面积/cm^2		叶夹角/°		总根长/cm		含水量/%	
	Dn1	J22	Dn1	J22	Dn1	J22	Dn1	J22	Dn1	J22	Dn1	J22
2												
3												
4												
5												
6												
7												
8												
9												

表70-2 冬小麦表型相关生理指标测定结果

生理指标 / 周次	叶绿素含量		类胡萝卜素含量		叶绿素荧光参数								根系活力	
					F_v/F_m		$Y_{(II)}$		q_p		q_N			
	Dn1	J22	Dn1	J22	Dn1	J22	Dn1	J22	Dn1	J22	Dn1	J22	Dn1	J22
2														
3														
4														
5														
6														
7														
8														
9														

【注意事项】

1. 样品采集时一定要保证在每周的同一时间。

2. 单株幼苗拍照及指标测定过程要快,避免因时间过长导致植物萎蔫,失去原有形态。

3. 由于是大田取样,因此,在分析结果时要考虑环境温度及降水量。

4. 本实验的实验材料、培养方法和测定指标等内容,可根据学校、实验室条件等具体情况进行调整。

【思考题】

1. 比较分析高纬度地区（高寒地区）的冬小麦越冬过程与低纬度地区的差异。
2. 高寒地区冬小麦越冬前的匍匐生长状态与越冬能力的关系。

学以致用

查找有关植物表型组研究资料，自己动手设计同种植物在不同环境条件下生长状态的探究实验，并尝试总结植物与环境相关的不同表型及其生理指标的变化。

（包雨卓）

实验 71　外界因素对植物叶片气孔运动的调节（参考选题）

叶片是植物与外界环境进行水分和气体交换的主要通道。气孔在叶片上的分布、密度、大小、形状以及开闭等情况显著影响着植物的光合作用和蒸腾作用等生理代谢过程。

【方法建议】

选用蚕豆、紫鸭趾草等适宜的实验材料，设置不同光照、温度、湿度、CO_2浓度、K^+浓度、Ca^{2+}浓度、植物激素等处理，观察气孔开放比率，测定气孔开度、胞间 CO_2浓度、气孔导度、蒸腾速率等指标，认识植物和环境的密切关系。

（苍　晶）

实验 72　外界因素调控种子萌发的研究（参考选题）

种子萌发需要适宜的外界条件，如足够的水分、充足的氧气、适宜的温度和光照等。不同植物由于起源和进化的生态环境不同，其萌发所需的条件也有所差异。

【方法建议】

选用适宜的植物材料（如需光种子、需暗种子；不同抗盐性的植物种子等），设置不同光照、不同盐浓度，或不同温度、不同浸种时间、不同生长调节剂等处理，观察统计种子萌发率、萌发势等指标，并将未萌发的种子转入清水，观察其恢复萌发情况；根据种子性质的不同，进一步分析其萌发过程中的生理生化变化,初步了解外界因素调控种子萌发的作用机制。

(苍　晶)

实验 73　果蔬组织部位、货架期及烹调方式等对其营养成分的影响(参考选题)

果实和蔬菜含有大量的碳水化合物、丰富的维生素 C 和矿质元素,以及蛋白质等人体必需的营养成分,其中维生素 C 含量是评价果蔬质量的重要参数之一,可溶性糖直接影响果实品质,可溶性固形物与有机酸的含量比值影响果蔬的风味。

【方法建议】

选择不同的水果(或蔬菜),在相同的实验条件下测定其可溶性糖、维生素 C、有机酸等营养与风味成分,指导科学食用。也可以对一些果蔬(如苹果、葡萄、黄瓜等)的果肉和果皮的营养成分进行比较分析;或对常见蔬菜不同烹调方法(微波、煮、炒等)处理前后的营养成分及抗氧化活性进行比较分析;或对不同贮藏方式、不同货架期的果蔬进行相应分析,为评价果蔬营养成分和抗氧化物质的实际摄入量提供参考。

(苍　晶)

实验 74　重金属对植物生长发育的影响(参考选题)

在实验条件下能与硫代乙酰胺或硫化钠作用显色的金属杂质都属于重金属。植物的安全性越来越受到人们的关注,若植物中的重金属含量超标,特别是中药植物,会对人体产生不利的影响。

【方法建议】

采用溶液培养法,用不同浓度的重金属培养不同的植物材料,观察测定植株生长速率、光合速率、呼吸速率及主要的抗逆生理指标,同时测定植株体内的重金属含量;或到工业生产区周边观察不同植物在营养生长阶段出现的主要病症,了解植株对重金属作用的敏感性和生理反应。

(苍　晶)

实验75　植物生长物质对植物抗逆性的影响(参考选题)

植物激素作为植物体内的信号分子,对于调节植物生长发育及应答环境胁迫具有重要意义。已知适宜浓度的脱落酸、水杨酸、油菜素内酯等可以提高植物的抗寒、抗旱和抗盐性。

【方法建议】

用不同的植物生长调节剂采用不同方式处理植物材料,经低温、干旱等胁迫一定时间后,测定植物组织含水量、叶绿素含量、脯氨酸含量、保护酶活性、细胞膜透性等抗性生理生化指标,分析植株抵抗逆境的能力,了解植物生长调节剂影响植物抗逆性的作用机理。

(苍　晶)

实验76　植物次生代谢活性成分分析(参考选题)

植物次生代谢物在生物互作和药物开发中具有重要作用和价值。植物次生代谢物与植物产品品质关系密切,甚至对其商品价值起决定作用。

【方法建议】

选择茶叶等适宜材料,通过查阅文献了解其药用价值及主要活性成分,并设计实验进行分析。如优化茶叶中的主要成分茶多酚和茶多糖的提取条件;对不同品种、同一品种不同产地和不同季节的茶叶进行茶多酚、咖啡碱、黄酮类物质及维生素等含量分析,了解植物次生代谢物的积累量与其生长环境、个体差异、采样部位、样品贮存时间等因素的关系。

(苍　晶)

实验77　植物生理学理论和技术在农业生产中的应用调查与分析(参考选题)

结合所学知识,通过实际调查活动深入了解植物生理学理论和技术在现代农业和林业生产中的应用现状和发展前景,并结合调查中存在的问题,提出合理的改进意见和管理措施。

【方法建议】

1. 结合所学的植物生长调节物质的理论知识，调查植物生长调节物质的施用技术，并分析总结其施用原理，深入了解化学调控技术的应用现状和发展前景。注意根据植物生长物质的生理作用，合理设计调查内容和工作思路。

2. 结合外界环境因素对植物光合作用影响的相关理论知识，调查塑料大棚栽培生产中调节光、温、水、肥等因子对产量的影响。调查方法以咨询农户及个人观察思考为主。

3. 结合矿质元素的生理作用及合理施肥的生理基础，调查农业生产中化肥的使用对土壤及环境的影响，分析我国应用化肥面临的污染现状。在增产的前提下，请提出减轻化肥污染的合理对策。调查方法以咨询农户和网上查阅资料为主。

（苍　晶）

【本章思考与作业】

1. 根据自己的生活或生产实践经验，提出一个与植物生理学相关的科学问题，并设计实验解决该问题。

2. 练习题

（1）有一番茄田在外部形态上没有表现出缺水症状，试问是否需要灌溉？根据你所学过的植物生理学实验，自行设计一个灌溉生理指标。

提示：①原理；②主要仪器；③计算公式；④单位；⑤注意事项。

（2）现有2盆用液体培养2周的玉米苗：①是完全培养液；②是缺Mg培养液处理。试问，通过你所学过的植物生理学实验，测定哪种生理指标，能说明Mg元素的生理作用？

提示：①原理；②主要仪器；③主要操作过程；④注意事项；⑤Mg的主要生理作用。

（参考答案见数字资源）

（苍　晶）

附录1　试剂的配制

一、一般化学试剂的分级

化学试剂根据其质量分为各种规格(品级),在配制溶液时,应根据实验要求选择不同规格的试剂,一般化学试剂的分级见附表1。

附表1　化学试剂的分级

规格标准和用途	一级试剂	二级试剂	三级试剂	四级试剂	生物试剂
我国标准	保证试剂 C. R. 绿色标签	分析纯 A. R. 红色标签	化学纯 C. P. 蓝色标签	化学用 L. R.	B. R. 或 C. R.
国外标准	A. R. G. R. A. C. S. P. A. X. ч.	C. P. P. U. S. S. Puriss чдА	L. R. E. P. ч	P Pure	
用途	纯度最高,杂质含量最少。适用于最精确的分析和研究工作	纯度较高,杂质含量较低。适用于精确的微量分析工作,分析实验室广泛使用	纯度略低于分析纯,适用于一般的微量分析实验	纯度较低,适用于一般的定性检验	根据说明使用

二、试剂浓度的表示及其配制

1. 百分浓度

百分浓度(%)表示在100 g或100 mL溶液中含有溶质的数量。由于溶液的量可以用质量计算,也可以用体积计算,所以又分为质量百分浓度和体积百分浓度。

(1) 质量百分浓度(又称质量分数)　表示在100 g溶液中含有溶质的质量(g)。例如,10% NaCl溶液,即表示100 g NaCl溶液中含有10 g NaCl。配制时称取10 g NaCl,加入90 g蒸馏水即可。通常某溶液的浓度用百分浓度(%)表示时,指的就是质量百分浓度。试剂厂生产的液体酸碱,常以此法表示。

(2) 体积百分浓度(又称体积分数)　表示在100 mL溶液中含有溶质的体积(mL),通常液体溶质用此方式表示。例如,50 mL无水乙醇用蒸馏水稀释至100 mL,则乙醇浓度即为50%。

（3）质量体积百分浓度　表示在 100 mL 溶液中含有溶质的质量（g）。例如，一般百分浓度都用这种方法配制，常用于配制溶质为固体的稀溶液。此为过去的不规范用法，本书统一使用 $g \cdot L^{-1}$ 来表示。

2. 物质的量浓度

物质的量浓度是指单位体积溶液所含溶质的量，通常用 $mol \cdot L^{-1}$ 表示，即摩尔浓度。此外，还有一些较小的单位，如 $mmol \cdot L^{-1}$ 和 $\mu mol \cdot L^{-1}$，三者递次缩小 1 000 倍。

三、混合液的配制方法

在有两种溶液（或溶液和试剂）时，为了得到所需浓度的溶液可用下法：

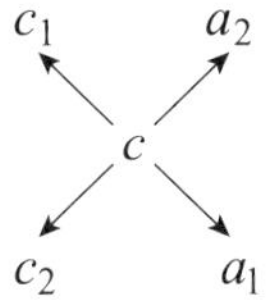

$$a_1 = c_1 - c$$

$$a_2 = c - c_2$$

式中，c 为所求的混合液浓度；c_1 和 a_1 为浓度较高的溶液的浓度（c_1）和质量（a_1）；c_2 和 a_2 为浓度较低的溶液的浓度（c_2）和质量（a_2）；在换算成体积 V 时必须计算溶液的密度（d），即不用 a 而用 $V \cdot d$。

【例 1】 有含量为 96% 和 70% 的溶液，需要用其配制 80% 的溶液，则要将 10 份的 96% 溶液和 16 份的 70% 溶液混合。

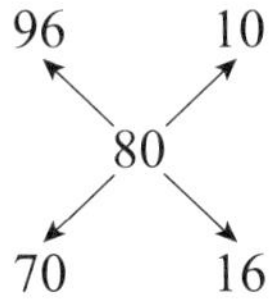

【例 2】 有 95% 乙醇，需要用它配制成 50% 的浓度，则要将 50 份的 95% 乙醇和 45 份的水混合。

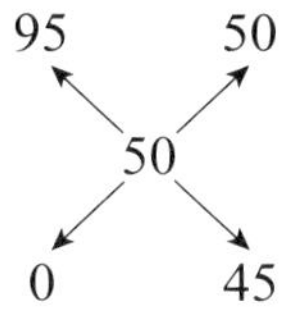

（孟　婧）

附录 2　硫酸铵饱和度常用表

一、调整硫酸铵溶液饱和度计算表(25 ℃)

	硫酸铵终浓度，饱和度/%																
	10	20	25	30	33	35	40	45	50	55	60	65	70	75	80	90	100
硫酸铵初浓度，饱和度/%	每 1 L 溶液加固体硫酸铵的克数/g*																
0	56	114	114	176	196	209	243	277	313	351	390	430	472	516	561	662	767
10		57	86	118	137	150	183	216	251	288	326	365	406	449	494	592	694
20			29	59	78	91	123	155	189	225	262	300	340	382	424	520	619
25				30	49	61	93	125	158	193	230	267	307	348	390	485	583
30					19	30	62	94	127	162	198	235	273	314	356	449	546
33						12	43	74	107	142	177	214	252	292	333	426	522
35							31	63	94	129	164	200	238	278	319	411	506
40								31	63	97	132	168	205	245	285	375	469
45									32	65	99	134	171	210	250	339	431
50										33	66	101	137	176	214	302	392
55											33	67	103	141	179	264	353
60												34	69	105	143	227	314
65													34	70	107	190	275
70														35	72	153	237
75															36	115	198
80																77	157
90																	79

* 在 25 ℃时，硫酸铵溶液由初浓度调到终浓度时，每升溶液所加固体硫酸铵的克数。

二、调整硫酸铵溶液饱和度计算表(0 ℃)

	硫酸铵终浓度,饱和度/%																
	20	25	30	35	40	45	50	55	60	65	70	75	80	85	90	95	100
硫酸铵初浓度,饱和度/%	每 100 mL 溶液加固体硫酸铵的克数/g*																
0	10.6	13.4	16.4	19.4	22.6	25.8	29.1	32.6	36.1	39.8	43.6	47.6	51.6	55.9	60.3	65.0	69.7
5	7.9	10.8	13.7	16.6	19.7	22.9	26.2	29.6	33.1	36.8	40.5	44.4	484.0	52.6	57.0	61.5	66.2
10	5.3	8.1	10.9	13.9	16.9	2.0	23.3	26.6	30.1	33.7	37.4	41.2	45.2	49.3	53.6	58.1	62.7
15	2.6	5.4	8.2	11.1	14.1	17.2	20.4	23.7	27.1	30.6	34.3	38.1	42.0	46.0	50.3	54.7	59.2
20	0	2.7	5.5	8.3	11.3	14.3	17.5	20.7	24.1	27.6	31.2	34.9	38.7	42.7	46.9	51.2	55.7
25		0	2.7	5.6	8.4	11.5	14.6	17.9	21.1	24.5	28.0	31.7	35.5	39.5	43.6	47.8	52.2
30			0	2.8	5.6	8.6	11.7	14.8	18.1	21.4	24.9	28.5	32.3	36.2	40.2	44.5	48.8
35				0	2.8	5.7	8.7	11.8	15.1	18.4	21.8	25.4	29.1	32.9	36.9	41.0	45.3
40					0	2.9	5.8	8.9	12.0	15.3	18.7	22.2	25.8	29.6	33.5	37.6	41.8
45						0	2.9	5.9	9.0	12.3	15.6	19.0	22.6	26.3	30.2	34.2	38.3
50							0	3.0	6.0	9.2	12.5	15.9	19.4	23.0	26.8	30.8	34.8
55								0	3.0	6.1	9.3	12.7	16.1	19.7	23.5	27.3	31.3
60									0	3.1	6.2	95.0	12.9	16.4	20.1	23.1	27.9
65										0	3.1	6.3	9.7	13.2	16.8	20.5	24.4
70											0	3.2	6.5	9.9	13.4	17.1	20.9
75												0	3.2	6.6	10.1	13.7	17.4
80													0	3.3	6.7	10.3	13.9
85														0	3.4	6.8	10.5
90															0	3.4	7.0
95																0	3.5
100																	0

* 在 0 ℃时,硫酸铵溶液由初浓度调到终浓度时,每 100 mL 溶液所加固体硫酸铵的克数。

（孟　婧）

附录3　实验中常用酸、碱的相对密度和浓度的关系

名称	化学式	分子量	相对密度	质量分数/%	物质的量浓度/(mol·L^{-1})	配1 L 1 mol·L^{-1}溶液所需体积/mL
盐酸	HCl	36.47	1.19	37.2	12.0	84
			1.18	35.4	11.8	
			1.10	20.0	6.0	
硫酸	H_2SO_4	98.09	1.84	95.6	18.0	28
			1.18	24.8	3.0	
硝酸	HNO_3	63.02	1.42	70.98	16.0	63
			1.40	65.3	14.5	
			1.20	32.36	6.1	
冰醋酸	CH_3COOH	60.05	1.05	99.5	17.4	59
磷酸	H_3PO_4	98.06	1.71	85.0	15.0	67.6
一水合氨	$NH_3·H_2O$	35.05	0.90		15.0	67
			0.904	27.0	14.3	70
			0.91	25.0	13.4	
			0.96	10.0	5.6	

（孟　婧）

附录4　常用有机溶剂及其主要性质

名称	化学式	分子量	熔点/℃	沸点/℃	溶解性质	性质
甲醇	CH_3OH	32.04	−97.8	64.7	溶于水、乙醇、乙醚、苯等	有毒，易燃
乙醇	C_2H_5OH	46.07	−114.10	78.50	与水及许多有机溶剂混溶	易燃，易挥发
丙醇	$CH_3CH_2CH_2OH$	60.09	−127.0	97.20	与水、乙醇、乙醚等混溶	对眼有刺激作用
异丙醇	$(CH_3)_2CHOH$	60.09	−88.5	82.5	与水、乙醇、氯仿等混溶，不溶于盐溶液	易燃
丁醇	$CH_3CH_2CH_2CH_2OH$	74.12	−90.0	117～118	与乙醇、乙醚等多种有机溶剂混溶	蒸汽有刺激性
戊醇	$CH_3(CH_2)_4OH$	88.15	−79.0	137.5	与乙醇、乙醚混溶	有刺激作用
叔丁醇	$(CH_3)_3COH$	74.12	25.6	82.41	溶于水，与乙醇、乙醚混溶	
丙酮	CH_3COCH_3	58.08	−94.0	56.5	与水、乙醇、氯仿、乙醚及多种油类混溶	挥发性强，易燃，有麻醉性
乙醚	$C_2H_5OC_2H_5$	74.12	−116.3	34.6	微溶于水，易溶于浓盐酸与苯、氯仿、石油醚及脂肪溶剂混溶	易挥发，易燃，有麻醉性
氯仿	$CHCl_3$	119.39	−63.5 固化	61～62	易溶于水，能与多种有机溶剂及油类混溶	易挥发
乙酸乙酯	$CH_3COOC_2H_5$	88.1	−83.0	77.0	溶于水，与乙醇、氯仿、丙酮、乙醚混溶	易挥发，易燃烧，有果香味
苯	C_6H_6	78.11	5.5 固化	80.1	易溶于水，与乙醇、乙醚、氯仿等有机溶剂及油等混溶	极易燃，有毒性，对造血系统有损害
甲苯	$CH_3C_6H_5$	92.13	−95 固化	110.6	微溶于水，能与多种有机溶剂混溶	易燃，有毒，高浓度有麻醉作用
二甲苯	$C_6H_4(CH_3)_2$	106.16		137～140	不溶于水，与无水乙醇、乙醚等多种有机溶剂混溶	易燃，有毒，高浓度有麻醉作用
酚	C_6H_5OH	94.11	40.85	182.0	能溶于热水，易溶于乙醇、乙醚、氯仿、甘油、油，不溶于冷水和石油醚	有毒，有腐蚀性高浓度时有麻醉作用

续表

名称	化学式	分子量	熔点/℃	沸点/℃	溶解性质	性质
己烷	$CH_3(CH_2)_4CH_3$	86.17	-95 固化	69.0	不溶于水，与乙醇、氯仿、乙醚混溶	易挥发，易燃，高浓度时有麻醉作用
环己烷	$CH_2(CH_2)_4CH_2$	84.16	6.47	80.7	不溶于水，与乙醇、乙醚、丙酮、苯等混溶	易燃，刺激皮肤，高浓度时可用于麻醉
甲酰胺	CH_3NO	45.04	2.55	210.5	溶于水，与甲醇、乙醇、丙酮、乙酸、己二醇、甘油等混溶，微溶于醚、苯、乙醚	对皮肤有刺激作用
四氯化碳	CCl_4	153.84	-23 固化	76.7	微溶于水，能与乙醇、苯、氯仿、乙醚、二硫化碳、石油醚、油等混溶	不燃烧，可用于灭火，有毒
二硫化碳	CS_2	76.14	-116.6	46.5	难溶于水，与无水甲醇、乙醇、乙醚、苯、氯仿、油类等混溶	有毒，有恶臭，极易燃烧
石油醚				35.8	不溶于水，能与多种有机溶剂混溶	有挥发性，极易燃烧
吡啶	C_5N_5N	79.10	-42 固化	115~116	能与水、乙醇、乙醚、石油醚混溶	易燃，有刺激作用
乙腈	C_2H_3N	41.05	-45	81.6	与水、甲醇、乙酸、甲酯、乙酯、丙酮、乙醚等混溶	有毒，遇火燃烧

（孟　婧）

附录 5　常用酸、碱指示剂

中文名	英文名	变色 pH 范围	酸性色	碱性色	浓度/%	溶剂	100 mL 指示剂需 0.1 $mol \cdot L^{-1}$ NaOH 的体积/mL
间甲酚紫	m - Cresol purple	1.2 ~ 2.8	红	黄	0.04	稀碱	1.05
麝香草酚蓝	Thymol blue	1.2 ~ 2.8	红	黄	0.04	稀碱	0.86
溴酚蓝	Bromphenol blue	3.0 ~ 4.6	黄	紫	0.04	稀碱	0.60
甲基橙	Methyl orange	3.1 ~ 4.4	红	黄	0.02	水	—
溴甲酚绿	Bromcresol green	3.8 ~ 5.4	黄	蓝	0.04	稀碱	0.58
甲基红	Methyl red	4.4 ~ 6.2	红	黄	0.10	50% 乙醇	—
氯酚红	Chlorphenol red	4.8 ~ 6.4	黄	红	0.04	稀碱	0.94
溴酚红	Bromphenol red	5.2 ~ 6.8	黄	红	0.04	稀碱	0.78
溴甲酚紫	Bromcresol purple	5.2 ~ 6.8	黄	紫	0.04	稀碱	0.74
溴麝香草酚蓝	Bromotymol blue	6.0 ~ 7.6	黄	蓝	0.04	稀碱	0.64
酚红	Phenol red	6.4 ~ 8.2	黄	红	0.02	稀碱	1.13
中性红	Neutral red	6.8 ~ 8.0	红	黄	0.01	50% 乙醇	—
甲酚红	Cresol red	7.2 ~ 8.8	黄	紫红	0.04	稀碱	1.05
间甲酚紫	m - Cresol purple	7.4 ~ 9.0	黄	紫	0.04	稀碱	1.05
麝香草酚蓝	Thymol blue	8.0 ~ 9.6	黄	蓝	0.04	稀碱	0.86
酚酞	Phenolphthalein	8.2 ~ 10.0	无色	紫	0.10	96% 乙醇	—
麝香草酚肽	Thymolphthalein	9.3 ~ 10.5	无色	紫	0.10	50% 乙醇	—
茜素黄 R	Alizarin yellow R	10.0 ~ 12.1	淡黄	棕红	0.10	50% 乙醇	—
金莲橙 O	Tropaeolin O	11.1 ~ 12.7	黄	红棕	0.10	水	—

（孟　婧）

附录6 植物组织培养常用培养基

矿质盐类	MS	ER	HE	SH	B_5	N_6
大量元素/($mg \cdot L^{-1}$)						
NH_4NO_3	1 650	1 200				463
KNO_3	1 900	1 900		2 500	2 500	2 830
$CaCl_2 \cdot 2H_2O$	440	440	75	200	150	166
$MgSO_4 \cdot 7H_2O$	370	370	250	400	250	185
KH_2PO_4	170	340				400
$(NH_4)_2SO_4$					134	
$NaNO_3$			600			
$NaH_2PO_4 \cdot H_2O$			125	345	150	
KCl			750			
微量元素/($mg \cdot L^{-1}$)						
KI	0. 83		0. 01	1. 0	0. 75	0. 8
H_3BO_3	6. 2	0. 63	1. 0	5. 0	3. 0	1. 6
$MnSO_4 \cdot 4H_2O$	22. 3	2. 23	0. 1	10	10	4. 4
$ZnSO_4 \cdot 7H_2O$	10. 6		1. 0	1. 0	2. 0	1. 5
Zn(螯合的)		15				
$Na_2MoO_4 \cdot 2H_2O$	0. 25	0. 025		0. 1	0. 25	
$CuSO_4 \cdot 5H_2O$	0. 025	0. 002 5	0. 03	0. 2	0. 04	
$CoCl_2 \cdot 6H_2O$	0. 025	0. 002 5		0. 1	0. 025	
$AlCl_3$			0. 03			
$NiCl_2 \cdot 6H_2O$			0. 03			
$FeCl_3 \cdot 6H_2O$			1. 0			
Na_2 - EDTA	37. 3	37. 3		20	37. 3	37. 3
$FeSO_4 \cdot 7H_2O$	27. 8	27. 8		15	27. 8	27. 8
附加成分/($mg \cdot L^{-1}$)						
肌醇	100		100	1 000	100	
烟酸	0. 5	0. 5		5. 0	1. 0	0. 5
盐酸吡哆醇	0. 5	0. 5		0. 5	1. 0	0. 5
盐酸硫胺素	0. 1	0. 5	1. 0	5. 0	10. 0	1. 0
甘氨酸	2. 0	2. 0				2. 0
D - 泛酸			2. 5			

续表

矿质盐类	MS	ER	HE	SH	B_5	N_6
半胱氨酸			10			
尿素			200			
氯化胆碱			0.5			
吲哚乙酸	1 ~ 30					0.2
萘乙酸		1.0				
激动素	0.04 ~ 10	0.02	0.25		1.0	1.0
2,4 - D			1.0	0.5	0.1 ~ 1.0	2.0
对氯苯氧乙酸				2.0		
蔗糖/$g \cdot L^{-1}$	30	40	20	30	20	50
pH	5.7	5.8	5.8	5.8	5.5	5.8

（孟　婧）

附录7 常见的植物生长调节物质及其主要性质

名称	化学式	分子量	溶解性质
吲哚乙酸(IAA)	$C_{10}H_9O_2N$	175.19	溶于醇、醚、丙酮,在碱性溶液中稳定,遇热酸后失去活性
吲哚丁酸(IBA)	$C_{12}H_{13}NO_2$	203.24	溶于醇、丙酮、醚,不溶于水、氯仿
α-萘乙酸(NAA)	$C_{12}H_{10}O_2$	186.20	易溶于热水,微溶于冷水,溶于丙酮、醚、乙酸、苯
2,4-二氯苯氧乙酸(2,4-D)	$C_8H_6Cl_2O_3$	221.04	难溶于水、溶于醇、丙酮、乙醚等有机溶剂
赤霉素(GA_3)	$C_{19}H_{22}O_6$	346.4	难溶于水,不溶于石油醚、苯、氯仿而溶于醇类、丙酮、冰醋酸
4-碘苯氧乙酸(PIPA)(增产灵)	$C_8H_7O_3I$	278	微溶于冷水,易溶于热水和乙醇、氯仿、乙醚、苯
对氯苯氧乙酸(PCPA)(防落素)	$C_8H_7O_3Cl$	186.5	溶于乙醇、丙酮和醋酸等有机溶剂和热水
激动素(KT)	$C_{10}H_9N_5O$	215.21	易溶于稀盐酸、稀氢氧化钠,微溶于冷水、乙醇、甲醇
6-苄氨基嘌呤(6-BA)	$C_{12}H_{11}N_5$	225.25	溶于稀碱、稀酸,不溶于乙醇
脱落酸(ABA)	$C_{15}H_{20}O_4$	264.3	溶于碱性溶液如$NaHCO_3$、三氯甲烷、丙酮、乙醇
2-氯乙基膦酸(CEPA)(乙烯利)	$C_2H_6ClO_3P$	144.5	易溶于水、乙醇、乙醚
2,3,5-三碘苯甲酸(TIBA)	$C_7H_3O_2I_3$	500.92	微溶于水,可溶于热苯、乙醇、丙酮、乙醚
马来酰肼(MH)(青鲜素)	$C_4H_4O_2N_2$	112.09	难溶于水,微溶于醇,易溶于冰醋酸、二乙醇胺
1,1-二甲基哌啶鎓氯化物(缩节胺)(Pix)	$C_7H_{16}NCl$	149.5	可溶于水
2-氯-N,N,N-三甲基乙酰胺氯化物(矮壮素)(CCC)	$C_5H_{13}NCl_{12}$	158.07	易溶于水,溶于乙醇、丙酮,不溶于苯、二甲苯、乙醚
B_9	$C_6H_{12}N_2O_3$	160.0	易溶于水、甲醇、丙酮,不溶于二甲苯
多效唑(PP333)	$C_{15}H_{20}ClN_3O$	293.5	易溶于水、甲醇、丙酮
三十烷醇(TAL)	$C_{30}H_{62}O$	438.38	不溶于水,难溶于冷甲醇、乙醇,可溶于热苯、丙酮、乙醇、氯仿
油菜素内脂(BR)	$C_{28}H_{48}O_6$	480	溶于甲醇、乙醇等

(孟婧)

附录8　植物激素与生长调节剂在农业生产中的应用

作用	药剂名称	施用对象	方法及效果
促进插枝生根	NAA	黄杨、松、葡萄、梨	500 ~ 1 000 $mg \cdot kg^{-1}$,粉剂沾根法
	IBA	苹果、李、池柏、桑、茶、甘薯	20 ~ 200 $mg \cdot L^{-1}$,慢速浸泡法;500 ~ 5 000 $mg \cdot L^{-1}$,快速浸泡法
促进开花	NAA	菠萝	15 ~ 20 $mg \cdot L^{-1}$,从株心灌
	CEPA	菠萝	400 ~ 1 000 $mg \cdot L^{-1}$,喷施或灌心
增加雌花	CEPA	黄瓜、南瓜	100 ~ 250 $mg \cdot L^{-1}$,1 ~ 4 叶期喷施
增加雄花	GA_3	黄瓜	50 ~ 150 $mg \cdot L^{-1}$,2 ~ 4 叶期喷施
促进结实	2,4 - D	番茄、茄子	10 ~ 30 $mg \cdot L^{-1}$,局部喷施
	GA_3	杂交水稻不育系	40 ~ 80 $mg \cdot L^{-1}$,始穗期至齐穗期喷施
		葡萄	10 ~ 20 $mg \cdot L^{-1}$,花期喷施
	NAA	西瓜	1 000 $mg \cdot L^{-1}$,混入羊毛脂软膏涂抹
	TIBA	大豆	125 $mg \cdot L^{-1}$,花期喷施
疏花疏果,促进脱落	NAA	鸭梨、苹果	40 $mg \cdot L^{-1}$,局部喷施
	CEPA	梨	240 ~ 480 $mg \cdot L^{-1}$,花期喷施
		苹果	250 $mg \cdot L^{-1}$,盛花前喷施
保花保果,防止脱落	NAA	棉花	10 $mg \cdot L^{-1}$,盛花期喷施
		苹果	40 ~ 60 $mg \cdot L^{-1}$,落果初期喷施
	GA_3	棉花	10 ~ 50 $mg \cdot L^{-1}$,盛花期喷施
		葡萄	200 $mg \cdot L^{-1}$,花后 10 d 喷施
	B_9	苹果	100 ~ 200 $mg \cdot L^{-1}$,采果前 60 d 喷施
	2,4 - D	柑橘	50 ~ 60 $mg \cdot L^{-1}$,11 ~ 12 月喷施
		番茄	10 ~ 25 $mg \cdot L^{-1}$,初花期、盛花期浸花朵
		茄子	30 $mg \cdot L^{-1}$,浸花处理
	PCPA	茄子	25 ~ 30 $mg \cdot L^{-1}$,喷花
促进营养生长,增加产量	GA_3	芹菜、苋、芫荽	50 ~ 100 $mg \cdot L^{-1}$,采前 10 ~ 15 d 喷施
		菠菜、莴苣、菜豆	10 ~ 30 $mg \cdot L^{-1}$,喷苗
		茶	100 $mg \cdot L^{-1}$,芽叶刚伸展时喷施
		花生	25 ~ 100 $mg \cdot L^{-1}$,喷苗

续表

作用	药剂名称	施用对象	方法及效果
	PIPA	水稻	30 mg · L^{-1},盛花期喷施
		花生	10 ~ 20 mg · L^{-1},盛大花期喷施
	PP333	早稻	300 mg · L^{-1},秧苗期喷施
	BR	芹菜、萝卜、番茄、小麦、水稻、玉米	0.01 ~ 0.000 1 mg · L^{-1},浸种或苗期喷施
延缓生长,植株矮化,增加产量	TIBA	大豆	150 mg · L^{-1},分枝期喷施
	CCC	小麦	3 000 mg · L^{-1},拔节期喷施
		棉花	20 ~ 50 mg · L^{-1},现蕾期、初花期喷施
	PP333	大豆	250 mg · L^{-1},分枝至初花期喷施
		油菜	100 ~ 150 mg · L^{-1},三叶期喷施
	PP333	小麦	50 mg · L^{-1},分蘖期、拔节期喷施
促进果实成熟	CEPA	香蕉	750 ~ 1 000 mg · L^{-1},采前喷果; 1 000 mg · L^{-1},采后浸果一下
		番茄	500 ~ 2 000 mg · L^{-1},采前喷果; 1 000 ~ 4 000 mg · L^{-1},采后浸果一下
		柿子	500 mg · L^{-1},采后浸果 0.5 ~ 1 min
促进橡胶分泌乳汁	CEPA	橡胶树	8%溶液涂树干割线下
打破休眠,促进萌发	GA_3	马铃薯块茎	0.5 mg · L^{-1},浸泡 10 min
		杏种子	300 ~ 800 mg · L^{-1},浸种 1.5 h
		人参种子	100 mg · L^{-1},浸泡 24 h 沙藏催芽
		党参种子	50 mg · L^{-1},浸种 6 h
		莴苣种子	100 mg · L^{-1},浸种 2 ~ 4 h
		菠菜种子	0.5 mg · L^{-1},浸种 24 h
延长休眠,抑制发芽	青鲜素(MH)	洋葱、大蒜、马铃薯块茎	2 500 mg · L^{-1},2 ~ 3 片叶已枯萎时,喷施于中间的青绿色叶面
		萝卜、芜菁	2 500 ~ 5 000 mg · L^{-1},采收前 4 ~ 14 d 喷施
	萘乙酸甲酯(MENA)	马铃薯块茎	1 000 mg · L^{-1},黏土粉剂混合贮藏

（周静文）

附录 9 常用缓冲溶液的配制

（一）磷酸缓冲液

母液：

A：0. 2 mol · L^{-1} Na_2HPO_4溶液；

$Na_2HPO_4 \cdot 2H_2O$ 35. 61 g，或 $Na_2HPO_4 \cdot 7H_2O$ 53. 65 g，或 $Na_2HPO_4 \cdot 12H_2O$ 71. 64 g，用蒸馏水溶解至 1 000 mL。

B：0. 2 mol · L^{-1} NaH_2PO_4溶液；

$NaH_2PO_4 \cdot H_2O$ 27. 6 g 或 $NaH_2PO_4 \cdot 2H_2O$ 31. 2 g，用蒸馏水溶解至 1 000 mL。

0. 1 mol · L^{-1}缓冲液配法 A：x(mL) + B：y(mL)稀释至 200 mL，如下表：

x/mL	y/mL	pH	x/mL	y/mL	pH
6. 5	93. 5	5. 7	55. 0	45. 0	6. 9
8. 0	92. 0	5. 8	61. 0	39. 0	7. 0
10. 0	90. 0	5. 9	67. 0	33. 0	7. 1
12. 3	87. 7	6. 0	72. 0	28. 0	7. 2
15. 0	85. 0	6. 1	77. 0	23. 0	7. 3
18. 5	81. 5	6. 2	81. 0	19. 0	7. 4
22. 5	77. 5	6. 3	84. 0	16. 0	7. 5
26. 5	73. 5	6. 4	87. 0	13. 0	7. 6
31. 5	68. 5	6. 5	89. 5	10. 5	7. 7
37. 5	62. 5	6. 6	91. 5	8. 5	7. 8
43. 5	56. 5	6. 7	93. 0	7. 0	7. 9
49. 0	51. 0	6. 8	94. 7	5. 3	8. 0

（二）Tris 缓冲液

母液：

A：0. 2 mol · L^{-1}三羟甲基氨基甲烷(Tris)(24. 2 g 溶解至 1 000 mL)。

B：0. 2 mol · L^{-1} HCl

A：50 mL + B：x mL，稀释至 200 mL。

x/mL	pH	x/mL	pH
5.0	9.0	26.8	8.0
8.1	8.8	32.5	7.8
12.2	8.6	38.4	7.6
16.5	8.4	41.4	7.4
21.9	8.2	44.2	7.2

（三）醋酸盐缓冲液

A：0.2 mol·L^{-1}醋酸液（11.55 mL稀释至1 000 mL）。

B：0.2 mol·L^{-1}醋酸钠溶液（16.4 g $C_2H_2O_2Na$或27.2 g $C_2H_2O_2Na\cdot 3H_2O$溶解至1 000 mL）。

A：x mL + B：y mL，稀释至100 mL。

x/mL	y/mL	pH	x/mL	y/mL	pH
46.3	3.7	3.6	20.0	30.0	4.8
44.0	6.0	3.8	14.8	35.2	5.0
41.0	9.0	4.0	10.5	39.5	5.2
36.8	13.2	4.2	8.8	41.2	5.4
30.5	19.5	4.4	4.8	45.2	5.6
25.5	24.5	4.6			

（四）柠檬酸－磷酸缓冲液

母液：

A：0.1 mol·L^{-1}柠檬酸溶液（19.21 g溶解至1 000 mL）

B：0.2 mol·L^{-1}磷酸氢二钠溶液（53.65 g $Na_2HPO_4\cdot 7H_2O$或71.7 g $Na_2HPO_4\cdot 12H_2O$溶至1 000 mL）

A：x mL + B：y mL，稀释至100 mL。

x/mL	y/mL	pH	x/mL	y/mL	pH
44.6	5.4	2.6	24.3	25.7	5.0
42.2	7.8	2.8	23.3	26.7	5.2
39.8	10.2	3.0	22.2	27.8	5.4
37.7	12.3	3.2	21.0	29.0	5.6
35.9	14.1	3.4	19.7	30.3	5.8
33.9	16.1	3.6	17.9	32.1	6.0
32.3	17.7	3.8	16.9	33.1	6.2
30.7	19.3	4.0	15.4	34.6	6.4
29.4	20.6	4.2	13.6	36.4	6.6
27.8	22.2	4.4	9.1	40.9	6.8
26.7	23.3	4.6	6.5	43.6	7.0
25.2	24.8	4.8			

（五）柠檬酸－氢氧化钠－盐酸缓冲液

pH	钠离子/($mol \cdot L^{-1}$)	柠檬酸/g	氢氧化钠/g	盐酸/mL	最终体积/L
2.2	0.20	210	84	160	10
3.1	0.20	210	83	116	10
3.3	0.20	210	83	106	10
4.3	0.20	210	83	45	10
5.3	0.35	245	144	68	10
5.8	0.45	285	186	105	10
6.5	0.38	266	156	126	10

使用时可以每升中加入1 g酚，若最后pH有变化，再用少量500 $g \cdot L^{-1}$氢氧化钠溶液或浓盐酸调节，贮于冰箱保存。

（六）甘氨酸－盐酸缓冲液（0.05 $mol \cdot L^{-1}$）

x mL 0.2 $mol \cdot L^{-1}$甘氨酸＋y mL 0.2 $mol \cdot L^{-1}$ HCl再加水稀释至200 mL。

pH	x/mL	y/mL	pH	x/mL	y/mL
2.2	50	44.0	3.0	50	11.4
2.4	50	32.4	3.2	50	8.2
2.6	50	24.2	3.4	50	6.4
2.8	50	16.8	3.6	50	5.0

甘氨酸分子量为75.07，0.2 $mol \cdot L^{-1}$甘氨酸溶液浓度为15.01 $g \cdot L^{-1}$。

（七）甘氨酸－氢氧化钠缓冲液（0.05 $mol \cdot L^{-1}$）

x mL 0.2 $mol \cdot L^{-1}$甘氨酸＋y mL 0.2 $mol \cdot L^{-1}$ NaOH再加水稀释至200 mL。

pH	x/mL	y/mL	pH	x/mL	y/mL
8.6	50	4.0	9.6	50	22.4
8.8	50	6.0	9.8	50	27.2
9.0	50	8.8	10.0	50	32.0
9.2	50	12.0	10.4	50	38.6
9.4	50	16.8	10.6	50	45.5

甘氨酸分子量为75.07，0.2 $mol \cdot L^{-1}$甘氨酸溶液浓度为15.01 $g \cdot L^{-1}$。

（八）硼砂－氢氧化钠缓冲溶液

贮备液A：0.05 $mol \cdot L^{-1}$硼砂（19.05 g $Na_2B_4O_7 \cdot 10H_2O$配成1 000 mL）。

贮备液B：0.2 $mol \cdot L^{-1}$氢氧化钠。

A:50 mL + B:x mL,稀释至200 mL。

pH	x/mL	pH	x/mL
9.28	0.0	9.7	29.0
9.35	7.0	9.8	34.0
9.40	11.0	9.9	38.6
9.50	17.6	10.0	43.0
9.60	23.0	10.1	46.0

（九）硼酸－硼砂缓冲液

pH	A液/mL	B液/mL	pH	A液/mL	B液/mL
7.4	1.0	9.0	8.2	3.5	6.5
7.6	1.5	8.5	8.4	4.5	5.5
7.8	2.0	8.0	8.7	6.0	4.0
8.0	3.0	7.0	9.0	8.0	2.0

A液(0.05 mol·L^{-1}硼砂):$Na_2B_4O_7 \cdot 10H_2O$分子量为381.43,0.05 mol·L^{-1}溶液浓度为19.07 g·L^{-1}。

B液(0.2 mol·L^{-1}硼酸):H_3BO_3分子量为61.84,0.2 mol·L^{-1}的溶液浓度为12.37 g·L^{-1}。

硼砂易失去结晶水,必须在带塞的瓶中保存。

（十）巴比妥钠－盐酸缓冲液(18 ℃)

pH	A液/mL	B液/mL	pH	A液/mL	B液/mL
6.8	100	18.40	8.4	100	5.21
7.0	100	17.80	8.6	100	3.82
7.2	100	16.70	8.8	100	2.52
7.4	100	15.30	9.0	100	1.65
7.6	100	13.40	9.2	100	1.13
7.8	100	11.47	9.4	100	0.70
8.0	100	9.39	9.6	100	0.35
8.2	100	7.21			

A液(0.04 mol·L^{-1}巴比妥钠):巴比妥钠分子量为206.18,0.04 mol·L^{-1}溶液浓度为8.25 g·L^{-1}。

B液(0.2 mol·L^{-1} HCl)。

（周静文）

附录10　离心机转速与离心力的换算

离心机转速($r \cdot min^{-1}$)与离心力(g)的换算关系如附图1。

将离心机转速换算为离心力时，首先在R标尺上取已知的半径和在RPM标尺上取已知的离心转速。然后，将这两点间划一直线，在图中间的G标尺上有一交叉点即为相应的离心力数值。注意，若已知的转速处于$r \cdot min^{-1}$标尺左边，则读取G标尺左边的数值。图中R为离心机转子的半径(cm)。若为角转子，则是最大半径与最小半径的平均值；若为甩平转子，则是离心机中轴到离心管内底的距离。

$r \cdot min^{-1}$为离心机每分钟的转速，g为离心力，以地心引力即重力加速度的倍数来表示，一般用g(或$\times g$)表示，等于$980.6\ dyn \cdot cm^{-1} \cdot s^{-2}$。附图1是由下述公式计算而来的：

$$G = 1.119 \times 10^{-5} \times R \times (RPM)^2$$

例如半径8 cm的离心转子，600 g时，其每分钟转速为：用一直尺连接标尺R上的“8”和标尺G上“600”处，交于标尺RPM上的交点数值即为每分钟转速。注意：标尺G上左边的数值要读取标尺RPM相应左边读数。反之亦然。

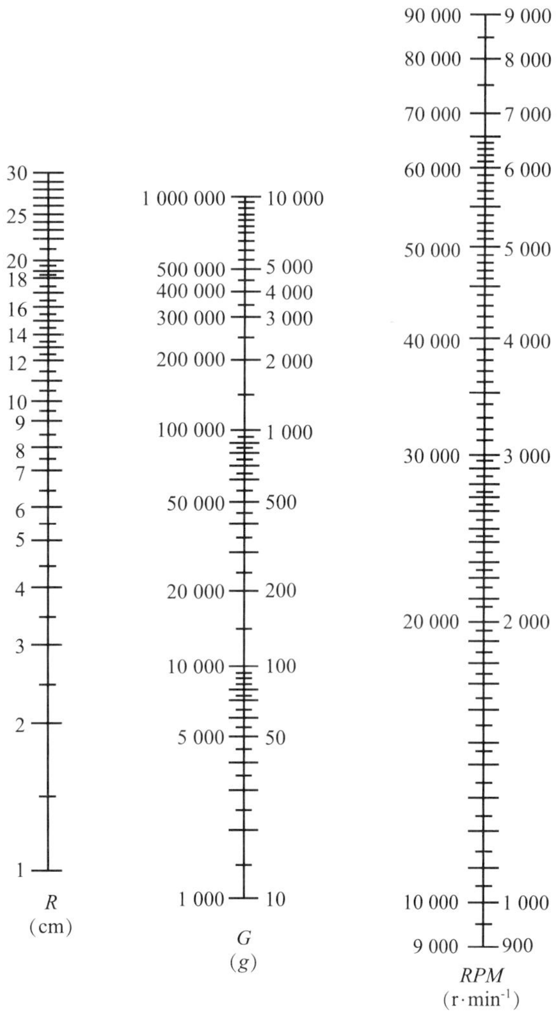

附图1　离心机转速与离心力的换算

(周静文)

读者意见反馈

为收集对教材的意见建议，进一步完善教材编写并做好服务工作，读者可将对本教材的意见建议通过如下渠道反馈至我社。

咨询电话　400-810-0598

反馈邮箱　gjdzfwb@pub.hep.cn

通信地址　北京市朝阳区惠新东街4号富盛大厦1座　高等教育出版社总编辑办公室

邮政编码　100029

防伪查询说明

用户购书后刮开封底防伪涂层，使用手机微信等软件扫描二维码，会跳转至防伪查询网页，获得所购图书详细信息。

防伪客服电话　（010）58582300